21世纪高等院校计算机网络工程专业规划教材

路由交换技术
（第2版）

孙良旭 李林林 吴建胜 主编
杨丹 王刚 董立文 编著

清华大学出版社
北京

内 容 简 介

本书共11章,以思科公司的交换机和路由器作为设备环境,全面介绍工程实践中基础、主流、实用的路由交换技术,主要包括 IOS 配置基础、接口与管理、IP 特性、广域网、网络安全、动态路由协议、交换机基础、虚拟局域网、生成树协议、VLAN 干道协议和综合案例。

本书内容丰富完整,组织结构合理,案例典型,图文并茂,分析清晰准确,适合作为高等院校相关课程教材使用,也可以作为网络工程技术人员参考使用。

本书封面贴有清华大学出版社防伪标签,无标签者不得销售。
版权所有,侵权必究。举报: 010-62782989, beiqinquan@tup.tsinghua.edu.cn。

图书在版编目(CIP)数据

路由交换技术/孙良旭,李林林,吴建胜主编. —2 版. —北京:清华大学出版社,2016(2024.1重印)
(21 世纪高等院校计算机网络工程专业规划教材)
ISBN 978-7-302-42490-1

Ⅰ. ①路… Ⅱ. ①孙… ②李… ③吴… Ⅲ. ①计算机网络—路由选择—高等学校—教材 ②计算机网络—信息交换机—高等学校—教材 Ⅳ. ①TN915.05

中国版本图书馆 CIP 数据核字(2015)第 311381 号

责任编辑:付弘宇　王冰飞
封面设计:何凤霞
责任校对:焦丽丽
责任印制:杨 艳

出版发行:清华大学出版社
　　　　网　　址:https://www.tup.com.cn, https://www.wqxuetang.com
　　　　地　　址:北京清华大学学研大厦 A 座　　　　邮　　编:100084
　　　　社 总 机:010-83470000　　　　　　　　　　邮　　购:010-62786544
　　　　投稿与读者服务:010-62776969, c-service@tup.tsinghua.edu.cn
　　　　质量反馈:010-62772015, zhiliang@tup.tsinghua.edu.cn
　　　　课件下载:https://www.tup.com.cn, 010-83470236
印 装 者:三河市铭诚印务有限公司
经　　销:全国新华书店
开　　本:185mm×260mm　　印　张:20.75　　字　数:499 千字
版　　次:2010 年 6 月第 1 版　　2016 年 3 月第 2 版　　印　次:2024 年 1 月第 11 次印刷
印　　数:18501～19300
定　　价:59.80 元

产品编号:064771-02

前　言

随着网络技术的发展,网络工程技术人员越来越受欢迎。辽宁科技大学网络工程专业成立于 2002 年,是我国高校网络工程专业首批试点单位,2013 获批辽宁省工程人才培养模式改革试点专业。本专业的"路由交换技术"课程是一门理论性和实践性要求都很强的课程,经过多年课程教学研究,形成了工程实践思想驱动的课程教学模式,研究成果集中体现在教材的结构和内容设计中,第 1 版教材在全国几十所高校得到了广泛的推广和使用,2014 年获批"十二五"普通高等教育本科国家级规划教材。

随着路由交换技术的进步,参考教材使用者的意见和建议,在出版社的大力支持下,对教材进行了修改,去掉过时的技术内容,完善当前主流实用技术的理论原理和实践应用,增加了工程实践综合案例。

本教材在内容上理论与实际紧密结合,注重现实应用背景,意在启发和引导学生能将重要的网络分层的概念、形式及理论付诸实践,帮助学生全面掌握安装、配置、测试和运营局域网、广域网等所需的实践技能,真正做到学以致用。

思科是目前全球领先的网络设备和解决方案供应商,其网络设备和解决方案在我国已得到广泛应用,并得到认可。交换机和路由器是组建网络基础设施的基石。本教材以思科的交换机和路由器作为授课的设备背景,全部的实践内容都可以在物理设备、思科 Packet Tracer 模拟器和开源 GNS3 模拟器上完成。

本教材具有如下特点。

(1) 涉及技术广泛。教材涵盖从数据链路层到应用层的重要网络技术。

(2) 知识点选取科学合理。教材讲授工程实践中基础的、实用的和主流的路由交换技术。

(3) 强调理论与实践相结合。教材讲授的路由交换技术原理准确、清晰和简洁,通过综合实践案例理解和应用路由交换技术。

(4) 结构完整统一,设计合理科学。教材每章分别设计的实验练习小节和习题小节,全部实验练习题目和习题题目都可在教材提供的综合拓扑中完成。

(5) 例题讲解图文并茂,过程完整,分析详细。全书典型例题都提供完整的拓扑图、命令配置、测试输出和解释说明,使读者知其然,更知其所以然。

(6) 命令讲解准确、规范和具体,并附有实例演示。

(7) 适合作为不同专业、不同层次读者的教材或者工程技术人员的参考手册。

由于作者水平有限,错误或不当之处在所难免,殷切期望读者批评指正。

作　者

2016 年 1 月于辽宁科技大学

目　录

第 1 章　IOS 配置基础 … 1
1.1　IOS 概述 … 1
1.2　基本硬件构件 … 3
1.2.1　中央处理器 … 3
1.2.2　接口 … 4
1.2.3　随机存取存储器 … 6
1.2.4　闪存 … 6
1.2.5　只读存储器 … 7
1.2.6　非易失性随机存取存储器 … 7
1.3　基本软件构件 … 7
1.3.1　IOS 映像文件 … 8
1.3.2　配置文件 … 8
1.3.3　数据流 … 8
1.4　IOS 配置过程 … 9
1.4.1　基本配置方式 … 9
1.4.2　初始化过程 … 10
1.4.3　建立初始配置 … 13
1.5　命令行接口 … 16
1.5.1　命令解释器 … 16
1.5.2　命令模式种类 … 16
1.5.3　获得帮助 … 19
1.5.4　简写命令 … 22
1.5.5　no 命令形式 … 22
1.5.6　搜索和过滤命令输出 … 22
1.6　实验练习 … 23
习题 … 23

第 2 章　接口与管理 … 25
2.1　接口配置 … 25
2.1.1　接口配置概述 … 25

2.1.2　配置逻辑接口 …………………………………………………… 27
　　2.1.3　配置接口描述信息 ………………………………………………… 28
　　2.1.4　配置接口保持队列长度 …………………………………………… 28
　　2.1.5　配置接口带宽 ……………………………………………………… 29
　　2.1.6　配置接口延时 ……………………………………………………… 29
　　2.1.7　配置接口存活计时器 ……………………………………………… 30
　　2.1.8　配置接口 MTU …………………………………………………… 30
　　2.1.9　配置接口 IP 地址 ………………………………………………… 31
　　2.1.10　监视与维护接口 …………………………………………………… 32
2.2　系统管理 ……………………………………………………………………… 34
　　2.2.1　配置线路 …………………………………………………………… 34
　　2.2.2　配置口令 …………………………………………………………… 35
　　2.2.3　配置主机名 ………………………………………………………… 37
2.3　文件管理 ……………………………………………………………………… 37
　　2.3.1　复制配置文件 ……………………………………………………… 37
　　2.3.2　复制映像 …………………………………………………………… 40
　　2.3.3　配置启动文件 ……………………………………………………… 41
2.4　故障处理 ……………………………………………………………………… 44
　　2.4.1　显示系统信息 ……………………………………………………… 44
　　2.4.2　测试网络连接 ……………………………………………………… 44
　　2.4.3　调试系统状态 ……………………………………………………… 51
　　2.4.4　系统日志消息 ……………………………………………………… 53
2.5　CDP 协议配置 ………………………………………………………………… 56
　　2.5.1　CDP 协议概述 ……………………………………………………… 56
　　2.5.2　配置 CDP 协议特性 ………………………………………………… 57
　　2.5.3　启用或禁用 CDP 协议 ……………………………………………… 58
　　2.5.4　监视与维护 CDP 协议 ……………………………………………… 59
2.6　实验练习 ……………………………………………………………………… 63
习题 ……………………………………………………………………………………… 67

第 3 章　IP 特性 …………………………………………………………………… 70

3.1　IP 寻址配置 …………………………………………………………………… 70
　　3.1.1　接口辅助 IP 地址 …………………………………………………… 70
　　3.1.2　全 1 和全 0 网段 …………………………………………………… 72
　　3.1.3　无编号 IP 地址 ……………………………………………………… 73
3.2　配置地址解析方法 …………………………………………………………… 75
　　3.2.1　IP 地址到 MAC 地址映射 ………………………………………… 75
　　3.2.2　主机域名到 IP 地址映射 …………………………………………… 77
3.3　配置广播包处理 ……………………………………………………………… 79

		3.3.1 启用定向广播到物理广播转换	79

　　　　3.3.1　启用定向广播到物理广播转换 …………………………………… 79
　　　　3.3.2　转发 UDP 广播 ……………………………………………………… 80
　　3.4　监视与维护 IP 寻址 ……………………………………………………………… 82
　　　　3.4.1　IP 地址到 MAC 地址映射 …………………………………………… 82
　　　　3.4.2　主机域名到 IP 地址映射 ……………………………………………… 85
　　3.5　自治系统 …………………………………………………………………………… 86
　　3.6　路由技术 …………………………………………………………………………… 88
　　3.7　路由表 ……………………………………………………………………………… 88
　　3.8　管辖距离 …………………………………………………………………………… 89
　　3.9　度量值 ……………………………………………………………………………… 90
　　3.10　路由更新 ………………………………………………………………………… 91
　　3.11　路由查找 ………………………………………………………………………… 91
　　3.12　静态路由和动态路由 …………………………………………………………… 92
　　3.13　默认路由 ………………………………………………………………………… 93
　　3.14　VLSM 与 CIDR ………………………………………………………………… 99
　　3.15　路由汇总 ………………………………………………………………………… 101
　　3.16　监视与维护路由 ………………………………………………………………… 102
　　3.17　DHCP 协议配置 ………………………………………………………………… 105
　　　　3.17.1　DHCP 协议概述 …………………………………………………… 105
　　　　3.17.2　配置数据库代理和冲突日志 ……………………………………… 107
　　　　3.17.3　配置排除 IP 地址 …………………………………………………… 107
　　　　3.17.4　配置地址池 ………………………………………………………… 108
　　　　3.17.5　配置手工绑定 ……………………………………………………… 112
　　　　3.17.6　配置服务器启动文件 ……………………………………………… 113
　　　　3.17.7　配置 ping 包数量 …………………………………………………… 113
　　　　3.17.8　配置 ping 包超时值 ………………………………………………… 114
　　　　3.17.9　启用服务 …………………………………………………………… 114
　　　　3.17.10　监视和维护服务 …………………………………………………… 114
　　　　3.17.11　接口启用客户机 …………………………………………………… 119
　　3.18　实验练习 ………………………………………………………………………… 120
　习题 …………………………………………………………………………………………… 121

第 4 章　广域网

　　4.1　DDN 配置 ………………………………………………………………………… 123
　　　　4.1.1　DDN 概述 …………………………………………………………… 123
　　　　4.1.2　配置 HDLC 协议 …………………………………………………… 124
　　　　4.1.3　配置 PPP 协议 ……………………………………………………… 125
　　4.2　帧中继配置 ………………………………………………………………………… 134
　　　　4.2.1　帧中继概述 …………………………………………………………… 134

		4.2.2	配置帧中继封装	136

    4.2.2 配置帧中继封装 …………………………………………… 136
    4.2.3 配置 DLCI 编号 …………………………………………… 137
    4.2.4 配置 LMI 类型 ……………………………………………… 138
    4.2.5 配置地址映射 ……………………………………………… 138
    4.2.6 配置子接口 ………………………………………………… 140
    4.2.7 配置帧中继交换 …………………………………………… 143
    4.2.8 监视与维护帧中继 ………………………………………… 146
  4.3 实验练习 ……………………………………………………………… 150
 习题 ………………………………………………………………………… 152

第 5 章　网络安全 …………………………………………………………… 154

  5.1 ACL 配置 ……………………………………………………………… 154
    5.1.1 ACL 概述 …………………………………………………… 154
    5.1.2 配置标准 ACL ……………………………………………… 156
    5.1.3 应用 ACL …………………………………………………… 157
    5.1.4 配置扩展 ACL ……………………………………………… 158
    5.1.5 配置命名 ACL ……………………………………………… 160
    5.1.6 配置时间 ACL ……………………………………………… 162
    5.1.7 ACL 网络应用位置 ………………………………………… 164
    5.1.8 监视与维护 ACL …………………………………………… 165
  5.2 NAT 配置 ……………………………………………………………… 167
    5.2.1 NAT 概述 …………………………………………………… 167
    5.2.2 内部源地址静态转换 ……………………………………… 168
    5.2.3 内部源地址动态转换 ……………………………………… 171
    5.2.4 内部源地址复用动态转换 ………………………………… 174
    5.2.5 配置转换超时 ……………………………………………… 176
    5.2.6 监视与维护 NAT …………………………………………… 177
    5.2.7 NAT 与路由 ………………………………………………… 179
    5.2.8 其他形式 NAT 转换及应用 ……………………………… 180
  5.3 实验练习 ……………………………………………………………… 182
 习题 ………………………………………………………………………… 184

第 6 章　动态路由协议 ……………………………………………………… 187

  6.1 RIP 协议配置 ………………………………………………………… 187
    6.1.1 RIP 协议概述 ……………………………………………… 187
    6.1.2 启用 RIP 协议 ……………………………………………… 189
    6.1.3 单播更新 …………………………………………………… 189
    6.1.4 配置计时器 ………………………………………………… 190
    6.1.5 配置最大路径数 …………………………………………… 191

6.1.6　配置 RIP 协议版本 ················ 191
　　　6.1.7　配置 RIP 协议认证 ················ 193
　　　6.1.8　水平分割 ······················· 197
　　　6.1.9　配置路由汇总 ···················· 198
　　　6.1.10　监视与维护 RIP ·················· 200
　6.2　OSPF 协议配置 ························ 202
　　　6.2.1　OSPF 协议概述 ··················· 202
　　　6.2.2　OSPF 协议基础 ··················· 203
　　　6.2.3　启用 OSPF 协议 ·················· 205
　　　6.2.4　配置接口度量 ···················· 206
　　　6.2.5　配置 OSPF 认证 ·················· 207
　　　6.2.6　NBMA 网络配置 OSPF ·············· 211
　　　6.2.7　配置路由器优先级 ················· 213
　　　6.2.8　配置路由汇总 ···················· 214
　　　6.2.9　监视与维护 OSPF ················· 214
　6.3　EIGRP 协议配置 ······················· 221
　　　6.3.1　EIGRP 协议概述 ·················· 221
　　　6.3.2　EIGRP 与 IGRP 协议 ··············· 221
　　　6.3.3　EIGRP 协议基础 ·················· 223
　　　6.3.4　启用 EIGRP 协议 ················· 224
　　　6.3.5　配置负载均衡 ···················· 225
　　　6.3.6　配置 EIGRP 认证 ················· 226
　　　6.3.7　配置路由汇总 ···················· 230
　　　6.3.8　监视和维护 EIGRP ················ 230
　6.4　实验练习 ···························· 233
　习题 ··································· 236

第 7 章　交换机基础 ························ 239

　7.1　交换机概述 ··························· 239
　　　7.1.1　交换机的工作原理 ················· 239
　　　7.1.2　交换机功能 ····················· 239
　　　7.1.3　交换机的工作特性 ················· 239
　　　7.1.4　交换机的分类 ···················· 240
　7.2　交换机的启动 ························· 240
　　　7.2.1　交换机物理启动 ··················· 240
　　　7.2.2　交换机指示灯 ···················· 241
　7.3　交换机初始配置 ······················· 242
　　　7.3.1　默认配置 ······················· 242
　　　7.3.2　端口属性 ······················· 243

7.3.3　VLAN 属性 …………………………………………………… 244
　　7.3.4　闪存目录 …………………………………………………… 244
　　7.3.5　版本信息 …………………………………………………… 245
7.4　交换机网络设置 ……………………………………………………… 246
　　7.4.1　配置主机名和密码 …………………………………………… 246
　　7.4.2　配置 IP 地址和默认网关 ……………………………………… 246
7.5　MAC 地址表管理 ……………………………………………………… 246
　　7.5.1　配置 MAC 地址老化 …………………………………………… 246
　　7.5.2　配置静态 MAC 地址 …………………………………………… 247
　　7.5.3　配置端口安全 ………………………………………………… 248
　　7.5.4　监视和维护 MAC 地址表 ……………………………………… 251
7.6　实验练习 ……………………………………………………………… 253
习题 ………………………………………………………………………… 254

第 8 章　虚拟局域网 …………………………………………………… 256

8.1　VLAN 概述 …………………………………………………………… 256
　　8.1.1　VLAN 的定义 ………………………………………………… 256
　　8.1.2　VLAN 的优点 ………………………………………………… 257
　　8.1.3　VLAN 划分 …………………………………………………… 257
　　8.1.4　VLAN 标准 …………………………………………………… 258
8.2　配置静态 VLAN ……………………………………………………… 258
8.3　监视与维护 VLAN …………………………………………………… 260
8.4　VLAN 干道配置 ……………………………………………………… 262
　　8.4.1　VLAN 干道概述 ……………………………………………… 262
　　8.4.2　配置干道端口 ………………………………………………… 263
　　8.4.3　配置干道允许 VLAN 列表 …………………………………… 264
　　8.4.4　配置本征 VLAN ……………………………………………… 264
　　8.4.5　配置 VLAN 间路由 …………………………………………… 265
8.5　实验练习 ……………………………………………………………… 270
习题 ………………………………………………………………………… 272

第 9 章　生成树协议 …………………………………………………… 273

9.1　生成树协议概述 ……………………………………………………… 273
9.2　生成树协议算法 ……………………………………………………… 273
　　9.2.1　网桥协议数据单元 …………………………………………… 274
　　9.2.2　端口状态 ……………………………………………………… 275
　　9.2.3　选举根网桥 …………………………………………………… 275
　　9.2.4　选举根端口 …………………………………………………… 276
　　9.2.5　选举指定端口 ………………………………………………… 276

9.3 启用或禁用 STP 协议 281
9.4 配置 STP 协议 282
9.5 配置端口路径成本 283
9.6 配置端口优先级 284
9.7 配置 STP 负载分担 284
 9.7.1 基于端口优先级 284
 9.7.2 基于端口路径成本 285
9.8 监视与维护 STP 协议 286
9.9 实验练习 289
习题 291

第 10 章 VLAN 干道协议 293

10.1 VLAN 干道协议概述 293
10.2 VTP 协议配置 294
 10.2.1 配置 VTP 版本 294
 10.2.2 配置 VTP 域 294
 10.2.3 配置 VTP 模式 295
 10.2.4 配置 VTP 剪裁 296
 10.2.5 监视与维护 VTP 297
10.3 实验练习 298
习题 300

第 11 章 综合案例 302

11.1 网络拓扑 302
11.2 配置需求 303
11.3 功能配置 303
 11.3.1 接口地址和类型配置 303
 11.3.2 DHCP 配置 304
 11.3.3 VTP 配置 305
 11.3.4 VLAN 间路由配置 305
 11.3.5 PPP 配置 306
 11.3.6 动态路由协议配置 307
 11.3.7 ACL 配置 308
 11.3.8 帧中继配置 309
 11.3.9 NAT 配置 310
 11.3.10 静态路由配置 310

附录 A 综合实验拓扑图和地址方案 311

附录 B 综合习题拓扑图和地址方案 313

参考文献 315

第 1 章　　IOS 配置基础

本章学习目标

- 了解 Cisco 设备基本的硬件构件和软件构件。
- 了解路由器初始化过程。
- 掌握命令模式种类和切换方法。

1.1　IOS 概 述

互联网操作系统(Internetwork Operating System,IOS)是思科公司所有的核心软件数据包,主要在思科路由器和交换机上实现。Cisco IOS 软件的增值技术和特性具有因特网智能作用,其精湛的网络技术,主要通过互联网设备诸如路由器、交换机、防火墙和工作站等实现。

Cisco 的网络设备需要依靠 IOS 进行工作,它指挥和协调 Cisco 设备的硬件进行网络服务和应用的传递。通过使用 IOS 命令,可以为 Cisco 网络设备进行各种各样的配置,使之适用于各种网络功能。

通过 IOS,可以完成以下 3 个方面的配置。

(1) 实现网络所需的策略。

(2) 设定协议地址和参数。

(3) 实现管理性的操作。

Cisco 的 IOS 是一种通过命令行方式进行配置的操作系统。对于不同型号的 Cisco 设备,由于其硬件结构不同,它们所使用的 IOS 也不一样。Cisco 所生产的路由器和交换机的 IOS 初始配置不太相同。交换机有初始的设置,即不对交换机进行任何配置,其也可以依靠初始配置进行工作。但是路由器必须进行初始配置,否则它不能进行任何工作。

Cisco 的 IOS 主要特征如下。

(1) 可靠的路径选择。Cisco IOS 软件为所有主要的互联网协议组(包括 IP、Novell NetWare、Apple AppleTalk、Banyan VINES、DECNet、OSI、XNS 等)提供了协议和路由选择支持。

(2) 带宽最优化。Cisco IOS 体系结构通过消除广域网(WAN)链路上不必要的流量以及智能选择最经济的可用 WAN 链路来实现带宽的最优化处理。IOS 的带宽预留和优先权排序等性能使得网络管理员能够存储带宽,并基于应用程序类型、源或目的地等划分流量优先级。

(3) 资源分配控制。Cisco IOS 中包含优先权排队和客户排队操作。优先权输出排队操作允许网络管理员传送一定的数据包到较高优先级的队列中,而客户排队操作允许网络管理员预留带宽,或基于用户定义的变量类型划分 WAN 链路上的流量优先级。Cisco 与其他桌面软件和计算机供应商共同合作,将 Cisco IOS 体系结构部件应用于服务器,并从服务器一直延伸至终端用户都支持带宽预留和排队技术。

(4) 管理和安全。Cisco IOS 具有网络管理的性能和特征,它可以降低网络带宽需求,并提供处理开销、卸载服务器、保存资源和减轻系统配置任务等功能。Cisco IOS 软件具有一组完善的安全工具箱,用以区分资源以及禁止访问敏感或保密的信息或程序。访问控制列表可以防止用户知道其他网络用户或资源信息。密码加密处理、拨入认证、多级配置权限、计费和日志等特性可以阻止未被授权的用户访问信息。强大的防火墙技术和远程访问安全方案主要用于保护共同信息和资产。

(5) 综合和可伸缩性。Cisco IOS 软件支持综合路由选择技术、LAN 交换技术及 ATM 信元交换技术,并提供了可伸缩性,即可以任意连接大量的 LAN 和终端。此外 IOS 也支持可伸缩路由选择协议,从而可以避免无用拥塞,克服协议固有局限性,并越过由于互联网区域分布特点及其分布范围引起的障碍。

思科产品中的 Cisco IOS 实现过程如图 1.1 所示。

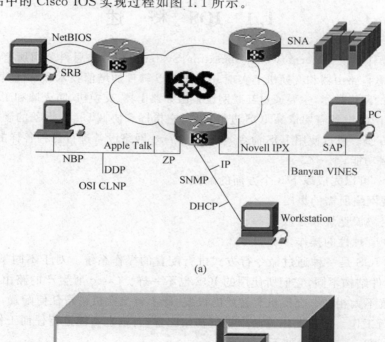

(a)

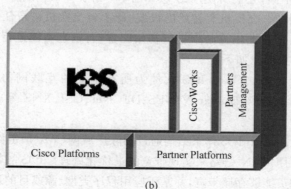

(b)

图 1.1 Cisco IOS 实现过程

1.2 基本硬件构件

Cisco 路由器系列包含有各种类型的路由产品,尽管这些产品的处理能力和所支持的接口数目具有相当大的差异,但它们都由相似的核心构件所组成。尽管中央处理器(CPU)、只读存储器(ROM)和随机存取存储器(RAM)的数目及所使用的接口、介质转换器的数量和方式会因产品类别的差异而不同,但每台路由器均含有如图 1.2 所示的构件,其中 2600 系列路由器内部构成如图 1.3 所示。

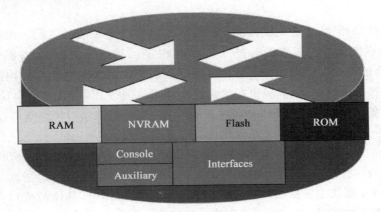

图 1.2 路由器基本硬件构件

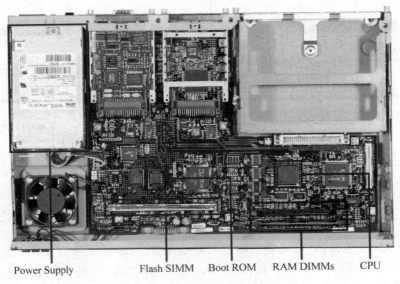

图 1.3 2600 系列路由器硬件构件

1.2.1 中央处理器

大部分 Cisco 设备需要用 CPU 执行大量的软件计算。Cisco 在不同设备中使用不同类型的 CPU,这依赖于设备的使用目的。在路由器中,CPU 占据特别重要的地位,因为大部分的路由功能需要软件计算，CPU 的好坏将对性能产生决定性的影响，而在交换机中，CPU 的作用通常没有那么重要，因为大部分交换计算由专用集成电路完成。

1.2.2 接口

固化接口是指固化在网络设备上的接口，其缺点是实用性和扩展性不强。用户的需求多种多样，一台性能合适的设备的所有接口也许不能满足用户的全部需要，也许根本用不了那么多接口。当一个接口因某种原因而不能正常工作，但其他硬件部分还可以正常运行时，整台设备将面临无法使用的可能。老一代低端的 Cisco 设备上的接口都是固化的。

与固化的接口相比，模块化接口的实用性和扩展性产生了质的飞跃。用户可以在现场进行升级以提供满足当前需求的解决方案，同时又能采用以后的技术，需要时增加其他接口，以适应网络的增长。用户能轻而易举地根据个人需求对局域网和广域网网络接口进行配置。在接口损坏的情况下，只要更换接口模块即可恢复使用，而且接口模块具有通用性，一些模块在设备间可以通用，如 Cisco 2600 系列路由器广域网接口模块既可以用于 1700 系列上，也可以用于 3600 系列上，这是固化接口不能实现的。

在模块化 Cisco 设备上主要有 Network 模块和 WAN 模块两种。Network 模块主要是针对内部网络的一些接口的集合，如以太网接口、串行接口，但也可以包括像 BRI 这样的广域网接口。WAN 模块主要提供一些广域网接口。实际操作中，具体的接口要依据设备的型号和用户的实际需求决定。2600 系列路由器接口如图 1.4 所示。

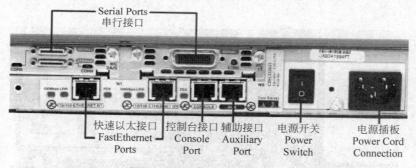

图 1.4　2600 系列路由器接口

Cisco 设备上的接口有许多种，且各具不同的功能。一些现在常见和常用的接口如下。

(1) Console 接口(控制台接口)。Cisco 设备的控制台接口是大部分 Cisco 设备的基本接口，管理员可以通过它对路由器或交换机进行控制和设置。Console 接口是一个 RJ-45 接口，通过一个 RJ-45 连接器，可以对 IOS 进行初始配置。Console 接口实际上是一种低速异步串行接口(类似于 PC 的串行接口)，Console 接口通过连接 PC 的 COM 口进行控制操作。它有着特殊的插脚引线并连接专用线缆，绝对不能用控制线以外的其他线缆插进 Console 接口，以避免损坏或烧毁设备。在默认状态下，控制台接口会对产生的所有信号响应，因而在故障诊断时就成为最重要的接口。

(2) AUX 接口(辅助接口)。辅助接口用 AUX 来表示，是另一种低速、异步的串行接口。大部分 Cisco 设备都有一个 AUX 接口。它具有多种功能，主要有以下几个作用。

① 远程拨号调试功能。AUX 串行接口可以连接调制解调器，用户可以通过电话拨号方式对设备进行远程调试。

② 拨号备份功能。作为主干线路的备份，AUX 串行接口连接调制解调器，当主线路断掉后，系统会自动启动 AUX 接口电话拨号，保持线路的连接。当主干线路恢复后，电话线路自动断掉。

③ 网络设备之间的线路连接。AUX 串行接口也可以实现两台路由器通过电话拨号方式的线路连接。

④ 本地调试接口。直接连接 AUX 接口，做本地调试。

(3) Ethernet 接口（以太网接口）。用于连接网络或主机的接口。路由器和交换机上都有。该种接口现在一般都是 RJ-45 接口。大部分 Cisco 设备至少提供一个 10BaseT 以太网接口，但是否提供还要看 Cisco 设备的型号。以太网接口允许使用不同类型的以太网线缆，如同轴线缆。

(4) Serial 接口（串行接口）。常用于连接广域网接入，如帧中继、DDN 专线等，也可通过背对背电缆实现路由器之间的互联。有几种类型的 Cisco 设备提供了高速和低速串行接口。路由器通常使用高速同步串行接口与 WAN 的信道服务单元/数据服务单元（CSU/DSU）通信。而访问服务器一般使用多路低速异步串行端口与调制解调器进行通信。连在 Serial 接口上的电缆绝对不能带电插拔，这样可以避免 Serial 接口被烧坏。

路由器接口编号方式，主要有以下几种。

① 类型接口。

首先要指明接口的类型，如 Ethernet，然后是接口号。

【例 1.1】 以太网接口 0。

```
Ethernet 0
```

【例 1.2】 快速以太网接口 1。

```
FastEthernet 1
```

【例 1.3】 串行接口 2。

```
Serial 2
```

② 类型模块/接口（或是插槽/接口）。

首先指明接口的类型，如 Ethernet，然后是模块或插槽号（后跟"/"），最后是接口号。

【例 1.4】 以太网接口 0/0。

```
Ethernet 0/0
```

【例 1.5】 快速以太网接口 1/0。

```
FastEthernet 1/0
```

【例 1.6】 串行接口 1/1。

```
Serial 1/1
```

③ 类型卡/子卡/接口。
首先指明接口的类型,然后是卡号,其次是子卡号,最后是接口号。

【例 1.7】 以太网接口 0/0/0。

```
Ethernet 0/0/0
```

【例 1.8】 快速以太网接口 0/1/0。

```
FastEthernet 0/1/0
```

【例 1.9】 串行接口 1/1/1。

```
Serial1/1/1
```

Cisco 路由器上的接口按照基本连接类型还可分为 LAN 接口、WAN 接口和管理接口。

1.2.3 随机存取存储器

Cisco 设备像 PC 一样使用动态 RAM 作为工作存储器。这些 RAM 保存系统当前的配置,即运行配置,并保存 IOS 的运行版本。当设备在运行时,RAM 用来保存路由表,执行包缓冲,并对那些因某一端口超载而不能直接输出的包进行排队。另外,RAM 可缓存 ARP 协议中地址映射的信息,这样可减少地址解析消息的数量,并提高与路由器相连的局域网的通信能力。当路由器断电后,RAM 的内容就丢失。

在大多数情况下,Cisco 设备不需要像常规 PC 那么多的内存,因为 IOS 要比现在的 PC 操作系统小很多。通常情况下,大部分路由器只需要 16MB RAM 就可以正常工作。但是对于一些高端的特性,就不得不增加 RAM 来支持这些特性。

Cisco 设备像 PC 一样,一般使用单列直插式内存模块(SIMM)和双列直插式内存模块(DIMM)。但它们不是那种为 PC 配置的标准 SIMM 或 DIMM。准确地说,它们是专门为 Cisco 设备制造的,所以价格相对要贵一些。

1.2.4 闪存

闪存(Flash Memory)在 Cisco 设备中的作用与 PC 中的硬盘相似。闪存用于保留操作系统和路由器微代码映像。由于路由器断电时,闪存中的信息不会丢失,因此它是比 RAM 保存更永久的存储器。已上市的 Cisco 设备闪存有两种基本类型:一种是像标准 RAM 那样可插入的 SIMM 或 DIMM,另一种是闪存 PCMCIA 卡。无论使用哪种闪存,它都是 Cisco 设备所必需的一部分。

由于闪存在更新内容时无须拔插芯片,因而可以节省芯片升级带来的费用和时间。只要有足够有效的空间,闪存可保留多于一个操作系统的映像。这对于测试新的系统映像是很有用的。路由器里的闪存也可用于通过 TFTP 协议传送操作系统映像到另一个路由器。

另外,闪存可存放路由器配置文件的备份,这有利于当 TFTP 服务器失效或系统紧急恢复情况下的操作。

1.2.5 只读存储器

ROM 在 Cisco 设备中通常为当前正在使用的 IOS 提供一个基本的版本备份。当用其他方法不能启动设备时,可以使用 ROM 中的备份。

ROM 中包含 ROM 监控代码,当闪存中的 IOS 被破坏或者不能引导,或者做低级诊断和系统重新设置时,就要使用这些代码。ROM 装载了系统加电时的诊断代码,路由器运行时首先运行 ROM 中的诊断代码,主要进行低层 CPU 初始化和加电自检,对路由器的硬件进行检测。ROM 中有一段启动程序用作操作系统代码的加载。

当路由器断电后,ROM 的内容不会丢失。因为 ROM 是只读的,所以升级 ROM 的版本时,必须要用集成电路拔取器,从插槽中拔出旧的 ROM 芯片,然后插入新的 ROM 芯片。

1.2.6 非易失性随机存取存储器

非易失性随机存取存储器(NVRAM)是一种在掉电后不会丢失信息的 RAM。大部分 Cisco 设备中的 NVRAM 都比较小,通常在 32KB 到 256KB 之间,用来存储用于启动的配置(启动配置)。若把配置文件保存到 NVRAM 中,则路由器可以很快地从断电灾难中恢复工作,而无须使用硬盘或软盘来备份路由器的配置文件。在计算机里的很多硬件,如硬盘等,因在移动中造成的老化和损害而经常失效。因为使用了 NVRAM 而无须移动路由器里的各个部分,这使得路由器里各个部件的寿命得以延长。

由于 Cisco 路由器没有硬盘或软盘,配置文件通常存放在 PC 中,这样可使用文件编辑器方便地修改配置文件,通过网络的 TFTP 协议直接将配置文件加载到 NVRAM 上。当使用网络加载路由器的配置信息时,路由器应作为客户端而文件所在的 PC 则应为服务器,即必须给 PC 安装 TFTP 服务器软件来支持文件的存取。

1.3 基本软件构件

Cisco 路由器有两种主要的软件构件:IOS 的映像文件和配置文件。这两种主要的路由器软件构件与路由器内存的对应关系如图 1.5 所示。

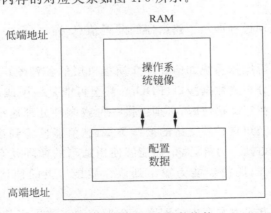

图 1.5 路由器基本软件构件

1.3.1 IOS 映像文件

IOS 的映像是保存在存储器的 IOS 代码。映像文件以二进制形式保存。自启加载器根据配置寄存器所设定的内容定位操作系统镜像文件的位置，一旦找到镜像文件，便将其加载到内存的低端地址。操作系统的镜像文件包含一系列规则，这些规则规定如何通过路由器传送数据、管理缓存空间、支持不同的网络功能、更新路由表和执行用户命令。

路由器可以使用下列两种主要映像。

(1) 系统映像。系统映像是完整的 IOS。当路由器启动时，自启加载器根据配置寄存器所设定的内容定位操作系统映像文件的位置，一旦找到映像文件，便将其加载到内存的低端地址。一旦映像被装入内存，那么在设备运行的大部分时间里都需要使用它。在大多数平台上该映像存储在闪存中。

(2) 引导映像。引导映像是 IOS 的一个子集。该映像用于完整的网络引导或加载 IOS 到路由器，也用于当路由器不能找到一个有效的系统映像时使用。在一些平台上，该映像存储在 ROM 中，而在另一些平台上，它存储在闪存中。

1.3.2 配置文件

配置文件由路由器管理员创建，其中存放的配置内容由操作系统解释，操作系统指示路由器如何完成其中的各项功能。例如，配置文件可以定义一个或多个访问控制表，并要求操作系统设置不同的访问控制表到不同的访问接口，以提供流入该路由器的包的不同控制。尽管配置文件定义了如何完成影响路由器运行的各种功能，实际上是由操作系统来完成这些工作的，这是因为操作系统解释并响应配置文件中所陈述的要求。

配置文件的内容以 ASCII 码形式保存，因此，其内容可在路由器控制台终端或远程终端上显示。这一点十分重要，当使用与网络相连接的一台 PC 创建并修改配置文件，然后使用 TFTP 协议将文件加载到路由器时，由于所使用的文本编辑器或字处理器通常会在保存的文件加入一些控制字符，致使路由器不能识别文件的内容。所以，当使用文件编辑器或字处理器创建并维护配置文件时，切记把文件保存为 ASCII 码的文本文件。配置文件保存后，就可存储在 NVRAM 中，并在每次路由器初始化时被加载到内存的高端地址空间中。

1.3.3 数据流

路由器中的数据流动过程展示了路由器的配置信息，路由器中一般情况下的数据流如图 1.6 所示。

预先输入的命令告诉操作系统如何处理介质接口层的各种帧。例如，这些接口可以是以太网、令牌环网、光纤分布式数据接口(FDDI)，甚至可能是一个或一组如 X.25 的广域网接口或者帧中继接口。在定义接口时，必须提供一种或多种处理速率及其他参数来全面定义该接口。一旦路由器获知它必须支持的接口类型，它就能校验到达数据的帧格式并按照该接口来生成正确的输出帧。另外，路由器能够使用适当的循环冗余校验码对到达帧的数据完整性进行校验。同样，路由器能为输出到该介质接口上的帧计算并添加循环冗余检验码。

路由表条目产生的方式由主存中的配置命令来控制。如果将其配置为静态路由条目，则该路由器不会与其他路由器交换路由条目。ARP 缓存是在内存中记录了 IP 地址与第二层(MAC)地址映射关系的一片区域。当接收到数据或准备发送数据时,数据将流入一个或多个优先级队列。在那里,优先级别低的业务量将被延时发送,这让路由器优先处理高优先级的业务量。若路由器能支持业务量的优先级别,则需要一些配置参数来告知路由器的操作系统如何完成优先处理任务。

当数据流入路由器后,它的位置及状态由保持队列(Hold Queue)来跟踪。路由表中的条目将指定包应从哪个目的接口转发出去。若包的目的地为局域网并且需要进行地址解析,路由器将使用 ARP 缓存来判定 MAC 层发送地址并产生输出帧;如果在缓存中找不到适当的地址,则路由器会生成并发出一个 ARP 包来请求所必需的第二层地址。当确定包的目的地址和封装方法后,即可准备把包发送到输出端口。在包被传送到与介质连接的接口中的发送缓存区前,它再一次地被放到优先级队列中。

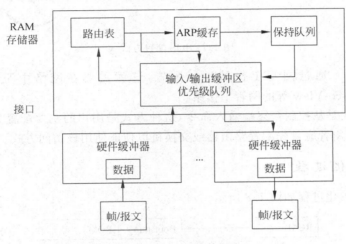

图 1.6 路由器内数据流

1.4 IOS 配置过程

1.4.1 基本配置方式

对 Cisco 设备的配置可以通过 5 种方法实现,如图 1.7 所示。

(1) 通过 Console 接口直接配置。将主机的串口通过 Console 线连接到设备的 Console 接口,并且使用主机的超级终端对设备进行配置。

(2) 通过 AUX 接口进行远程配置。通过 MODEM 连接设备的 AUX 接口,从远程通过拨号的方式配置设备。

(3) 通过 Telnet 进行远程配置。通过 Telnet 远程登录到设备上进行配置。

(4) 通过 TFTP 服务器进行远程配置。在网络中建立 TFTP 服务器,把设备的 IOS 和启动配置备份到该服务器,在必要时可以把该服务器上的备份恢复到设备中。

(5) 通过 Web 或者 SNMP 网管工作站远程配置。通过启用 Web 配置方式,以使管理人员能够从远程通过浏览器来配置设备。由于 HTTP 协议的不安全性,不建议采用这样的

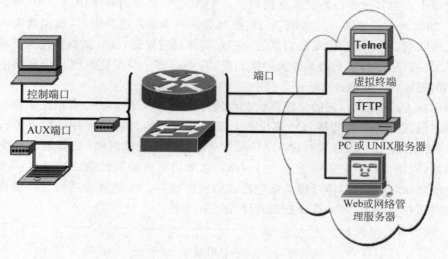

图 1.7 IOS 配置方式

方法配置路由器。通过网管工作站进行配置,这就需要在网络中至少有一台运行 Ciscoworks 及 Cisco View 等的网管工作站。

IOS 默认方式是从控制台终端输入命令,这种方式是用户的主要配置方式。如果通过其他方式访问,使用者应首先配置路由器或交换机以便能使用该访问方式。

1.4.2 初始化过程

路由器的初始化过程如图 1.8 所示。

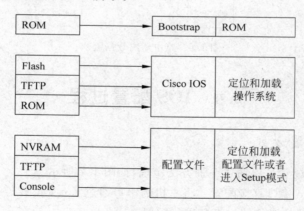

图 1.8 路由器初始化过程

(1) 路由器在加电后首先会进行 POST,对硬件进行检测。

(2) POST 完成后,读取 ROM 里的 BootStrap 程序进行初步引导。

(3) 初步引导完成后,尝试定位并读取完整的 IOS 镜像文件。路由器首先在 Flash 中查找 IOS 文件,如果找到了 IOS 文件的话,那么读取 IOS 文件,引导路由器。

(4) 如果在 Flash 中没有找到 IOS 文件,那么路由器将会进入 BOOT 模式,在 BOOT 模式下可以使用 TFTP 上的 IOS 文件,或者使用 TFTP/X-MODEM 来给路由器的 Flash 中传一个 IOS 文件。传输完毕后重新启动路由器,路由器就可以正常启动到 CLI(Command Line Interface)模式。

（5）当路由器初始化完成后,就会开始在 NVRAM 中查找 STARTUP-CONFIG 文件,STARTUP-CONFIG 称为启动配置文件。该文件里保存了路由器所有的配置。当路由器找到了这个文件后,路由器就会加载该文件里的所有配置,并且根据配置来学习、生成、维护路由表,并将所有的配置加载到 RAM 里后,进入用户模式,最终完成启动过程。

（6）如果在 NVRAM 里没有 STARTUP-CONFIG 文件,则路由器会进入 Setup 配置模式,在该模式下所有关于路由器的配置都可以以问答的形式进行配置。一般情况下,基本上不会使用该配置模式。一般都会进入 CLI 命令行模式,然后对路由器进行配置。

配置寄存器是一个 16 位的虚拟寄存器,用于指定路由器启动的次序、中断参数和设置控制台波特率等。该寄存器的值通常是以十六进制来表示的。利用配置命令 config register 可以改变配置寄存器的值。

配置寄存器的最后 4 位,指定的是路由器在启动的时候使用的启动文件所在的位置。

① 0x0000 指定路由器进入 ROM 监控模式。
② 0x0001 指定从 ROM 中启动。
③ 0x0002～0x000F 参照在 NVRAM 配置文件中 boot system 命令指定的顺序。

如果配置文件中没有 boot system 命令,路由器会试图用系统 Flash 存储器中的第一个文件来启动；如果失败,路由器就会试图用 TFTP 从网络上加载一个默认文件名的文件；如果还失败,系统就从 Flash 中加载启动,默认的文件名是由单词 cisco、启动位的值以及路由器类型或处理器的名称构成的。例如,某台 4500 上启动字段设为 3,那么默认的启动文件名就是"cisco3-4500"。

配置寄存器各位的含义如表 1.1 所示。

表 1.1 配置寄存器各位含义

位数	十六进制	功能描述
0～3	0x0000～0x000F	0x0000 进入 ROM 监控模式 0x0001 使用 ROM 中启动映像文件 0x0002～0x000F 根据 NVRAM 中配置决定启动位置
6	0x0040	忽略 NVRAM 配置文件
7	0x0080	启用 OEM 位
8	0x0100	禁用 Break 键
9		未使用
10	0x0400	IP 广播到所有域
5,11,12	0x0020,0x0800,0x1800	控制台端口速率
13	0x2000	如果网络启动失败,默认从 ROM 启动
14	0x4000	IP 广播不包含网络号
15	0x8000	启用诊断消息并忽略 NVRAM 内容

通过 show version 命令可以看到路由器配置寄存器的值,默认情况下为 0x2102。这 4 个数字每一个均有着重要的意义。下面从低到高进行介绍。

第一位 2,还原成二进制为 0010,这一部分为启动域(Boot Field),对路由器 IOS 的启动起着至关重要的作用,当 Boot Field 的值为 2~15 中的任何一个时,路由器属于正常启动,当此值为 0 时,路由器启动后会进入 ROMMON 模式,此值为 1 时,路由器进入到 RXBOOT 模式。

第二位 0,还原成二进制为 0000,这 4 位中,起关键作用的是第三位(即整个寄存器里面的 BIT6)。值为 0 表示当路由器启动后会将 NVRAM 里面的配置文件调到 RAM 里运行;值为 1 表示路由器启动后会忽略 NVRAM 的配置,这就是在进行密码恢复时把寄存器的值改为 2142 的原因。

第三位 1,还原成二进制为 0001,BIT8 值为 0 时,路由器在正常运行模式下 Ctrl+Break 组合键无效;值为 1,路由器在任何运行模式下只要按下 Ctrl+Break 组合键均会立即进入 ROMMON 模式。

第四位 2,还原成二进制为 0010,其中 BIT13 值为 0 时,路由器如果进行网络启动会尝试无穷多次。当值为 1 时,路由器最多进行 5 次的网络启动尝试。

下面是 Cisco 路由器 2811 加电、自启、加载预定义的配置信息到内存时所产生的输出信息。注意显示信息末端的提示。

```
System Bootstrap, Version 12.1(3r)T2, RELEASE SOFTWARE (fc1)
Copyright (c) 2000 by cisco Systems, Inc.
cisco 2811 (MPC860) processor (revision 0x200) with 60416K/5120K bytes of memory
Self decompressing the image :
################################################################ [OK]
                Restricted Rights Legend
Use, duplication, or disclosure by the Government is
subject to restrictions as set forth in subparagraph
(c) of the Commercial Computer Software - Restricted
Rights clause at FAR sec. 52.227 - 19 and subparagraph
(c) (1) (ii) of the Rights in Technical Data and Computer
Software clause at DFARS sec. 252.227 - 7013.
           cisco Systems, Inc.
           170 West Tasman Drive
           San Jose, California 95134 - 1706

Cisco IOS Software, 2800 Software (C2800NM - ADVIPSERVICESK9 - M), Version 12.4(15)T1,
RELEASE SOFTWARE (fc2)
Technical Support: http://www.cisco.com/techsupport
Copyright (c) 1986 - 2007 by Cisco Systems, Inc.
Compiled Wed 18 - Jul - 07 06:21 by pt_rel_team
Image text - base: 0x400A925C, data - base: 0x4372CE20
This product contains cryptographic features and is subject to United
States and local country laws governing import, export, transfer and
use. Delivery of Cisco cryptographic products does not imply
third - party authority to import, export, distribute or use encryption.
Importers, exporters, distributors and users are responsible for
compliance with U.S. and local country laws. By using this product you
agree to comply with applicable laws and regulations. If you are unable
to comply with U.S. and local laws, return this product immediately.
A summary of U.S. laws governing Cisco cryptographic products may be found at:
http://www.cisco.com/wwl/export/crypto/tool/stqrg.html
```

```
If you require further assistance please contact us by sending email to
export@cisco.com.
cisco 2811 (MPC860) processor (revision 0x200) with 60416K/5120K bytes of memory
Processor board ID JAD05190MTZ (4292891495)
M860 processor: part number 0, mask 49
2 FastEthernet/IEEE 802.3 interface(s)
239K bytes of non-volatile configuration memory.
62720K bytes of ATA CompactFlash (Read/Write)
Cisco IOS Software, 2800 Software (C2800NM-ADVIPSERVICESK9-M), Version 12.4(15)T1,
RELEASE SOFTWARE (fc2)
Technical Support: http://www.cisco.com/techsupport
Copyright (c) 1986-2007 by Cisco Systems, Inc.
Compiled Wed 18-Jul-07 06:21 by pt_rel_team
Press RETURN to get started!
```

1.4.3 建立初始配置

在某些 Cisco 设备(大都是路由器)上,最初可能会遇到称为系统配置对话(System Configuration Dialog)的安装界面。通过问一系列简单的问题来指导进行最初的系统配置。下面讨论这些提示以及它们所代表的意思。

```
        --- System Configuration Dialog ---
Continue with configuration dialog? [yes/no]:
```

输入"yes",按下 Enter 键后,将会有如下提示:

```
At any point you may enter a question mark '?' for help.
Use ctrl-c to abort configuration dialog at any prompt.
Default settings are in square brackets '[]'.
Basic management setup configures only enough connectivity
for management of the system, extended setup will ask you
to configure each interface on the system
Would you like to enter basic management setup? [yes/no]:
```

这里的[yes]表示这个问题的默认答案是 yes,此时如果简单按下 Enter 键,就相当于选择了 yes。如果选择了 yes,就会进入基本管理安装的 setup wizard,否则就会直接进入 CLI。如果选择了 no,但是想进入 wizard,可以重新启动系统(只要设备还是空余的 NVRAM 或者引导配置),就可以得到同样的提示。除此之外还有一种选择,可以先进入特权模式(Enable Mode),然后输入 setup 并按 Enter 键。

如果确信出现了错误,则任何时候都可以使用 Ctrl+C 组合键来退回到 IOS。在这个配置进程没有结束前,任何对配置的修改都是无效的。

假设选择了 yes,将会看到下面的提示信息:

```
First, would you like to see the current interface summary?[yes]:
```

这里只是简单询问是否现在就要安装路由器的接口以及在这些接口上安装什么样的设

置。选择 yes 就会显示如下的信息。

```
Any interface listed with OK? Value "NO"does not have a valid configuration.
Interface       IP-Address      OK?     Method      Status      Protocol
Ethernet0       unassinged      YES     not set     down        down
Serial0         unassinged      YES     not set     down        down
TokenRing0      unassinged      YES     not set     down        down
```

上述显示信息中各列分别表示：这个接口叫什么名字、是否已经为接口配置了 IP 地址、是不是物理上的可用、上次这个接口是怎样配置的、接口是否活跃、接口上是否有活跃的协议。

在大多数情况下，关心的只是预期的路由器上安装的接口是否全部列了出来。如果接口没有列出来，那么这个接口要么就是完全失效，要么就是存在 Bug 使 IOS 找不到接口。

之后就会出现类似下面的提示：

```
Configuring global parameters:
Enter host name [Router]:
```

此时可以为路由器输入想要的 DNS 主机名。注意，在这里输入 DNS 的主机名并不意味着这个路由器的名字可以被网络中的 PC 接受。因为这个名字要被其他的设备承认，必须在 DNS 服务器上输入这个主机名的记录，或者在能工作机器上的主机列表文件中加入一个它的入口。这里的 DNS 主机名只不过让路由器知道自己叫什么而已。

之后还会看到如下信息：

```
The enable secret is a password used to protect access to
privileged EXEC and configuration modes. This password, after
entered, becomes encrypted in the configuration.
Enter enable secret:
The enable password is used when you do not specify an
enable secret password, with some older software versions, and
some boot images.
Enter enable password:
```

启用加密口令(enable secret password)和启用口令(enable password)具有与设备管理员口令类似的功能。通过进入特权模式，使用启用加密口令或启用口令就可以更改系统配置，或者调试那些潜在可能使设备发生混乱的操作。启用加密口令和启用口令的不同处在于：启用加密口令在配置系统时是加密过的并且不可见；相反，启用口令在纯文本情况下就可以显示出来。如果两个口令都设置的话，启用加密口令总是优先使用。在安装模式中，IOS 不允许把这两种口令设成一样的名字，它要求这两个口令必须存在差别。

然后还会看到类似下面的提示信息：

```
The virtual terminal password is used to protect
access to the router over a network interface.
Enter virtual terminal password:
```

这是虚拟终端（virtual terminal，VTY）或者 Telnet 口令。只要设置了口令，当用户通过 Telnet 访问路由器的时候，就需要输入口令。之后还会有如下的提示信息：

```
Configure SNMP Network Management? [yes]:
Community string [public]:
Any interface listed with OK? Value "NO"does not have a valid configuration.
Interface     IP-Address    OK?   Method    Status    Protocol
Ethernet0     unassinged    YES   not set   down      down
Serial0       unassinged    YES   not set   down      down
TokenRing0    unassinged    YES   not set   down      down
Enter interface name used to connect to the
management network from the above interface summary:ethernet0
```

这些输出表明可以在路由器上安装基本的 SNMP（简单网络管理协议）功能，包括设置接口的名字，通过这些可以对该路由器进行管理。下面还会继续显示：

```
Configure IP? [yes]:
Configure IGRP routing? [yes]:
Your IGRP autonomous system number[1]:1
```

这里就允许在某些接口上设置 IP 协议了。注意，这些特殊的选项很大程度上依赖于路由器的型号和 IOS 的特性集。如果路由器支持的话，这里还会提示是否安装 IPX、DEC 网络、AppleTalk 等协议。此时有可能需要配置路由协议。紧跟着，还会有如下提示信息：

```
Configuring interface parameters:Ethernet0
Configure IP on this interface? [yes]:
IP address for this interface : 192.168.1.1
Subnet mask for this interface [255.255.255.0]:
Class C network is 192.168.1.0, 0 subnet bits; mask is /24
```

此时的输出，表示可以在所有接口上进行基本的 IP 设置。同样这些提示信息很大程度上依赖于路由器的型号和已经安装的接口。最后还会建立类似下面的配置文件：

```
hostname Router
enable secret 5 $1$ soiv $ pyh65G.wUNxX9LK90w7yc.
enable password test
line vty 0 4
password open
snmp-server community public
!
ip routing
!
interface Ethernet0
ip address 192.168.1.1 255.255.255.0
interface Serial0
no ip address
!
router igrp 1
```

```
network 192.168.1.0
!
End
```

这些简单的细节信息是用 IOS 的命令格式来描述所有做过的修改，同时还会得到类似下面的提示以保存配置：

```
[0] Go to the IOS command prompt without saving this config.
[1] Return back to the setup without saving this config.
[2] Save this configuration to nvram and exit.
Enter your selection [2]:
```

选择 0 表示返回 IOS，并放弃所有的修改。选择 1 表示放弃修改，并重新设置。选择 2 就是保存配置并返回 IOS，一般都选择 2。

上面所述就是 IOS 的安装模式。通过询问一系列简单的问题，就可以对路由器进行基本的配置。当然使用安装模式也有糟糕的方面，就是不能配置复杂的或者独有的某些东西。同时对于经验丰富的工程师而言安装模式要比使用命令花费更多的时间代价，但是对于初学者来讲，这可以很容易地使路由器运转起来。

1.5 命令行接口

1.5.1 命令解释器

Cisco 命令行界面（CLI）是一个分等级的结构，这个结构需要在不同的模式下来完成特定的任务。例如，配置一个路由器的接口，用户就必须进入到路由器的接口配置模式下，所有的配置都只会应用到这个接口上。每一个不同的配置模式都会有特定的命令提示符。使用者可使用的命令取决于目前所处的模式。EXEC 为 IOS 软件提供一个命令解释服务，当每一个命令输入后，EXEC 便会执行该命令或者给出错误和提示信息。

1.5.2 命令模式种类

（1）用户模式。当用户登录到路由器后，就进入了用户模式，在本模式中系统提示符为"＞"。如果用户先前已为路由器命名了，则名字将会位于"＞"之前，否则，默认的 Router 将会显示在"＞"之前。

（2）特权模式。既然用户可以通过路由器的特权 EXEC 模式操作配置这个路由器，那么也可以对这个操作模式加上一个口令。如前面所讲的，用户可以用 enable password 或者 enable secret password 配置命令，这就是说用户首先进入没有口令保护的特权模式，然后再设置口令保护此模式。

为了进入特权 EXEC 模式，需要在提示符"＞"后输入 enable 命令，然后机器会提示输入一个口令。口令输入正确之后，提示符将变为"#"，这表明用户已经在特权 EXEC 模式。如果用户在用户模式或者特权模式时使用命令"?"，则显示当前模式的命令集，包括了所有用户可以在当前模式下使用的 EXEC 命令。此外，特权模式还包括配置命令，这个命令允许用户提供一个对路由器在全局上产生影响的参数表。

（3）全局配置模式。全局配置模式按照层次结构方式进行组织，允许使用者对当前的运行配置进行改变。如果使用者保存了配置，当路由器或交换机重启时，这些命令可恢复和使用。为访问不同的配置模式，使用者必须从全局配置模式开始。全局配置命令定义了系统范围的参数，包括路由器接口以及适用于这些接口的访问控制表。如果使用者想要路由器运行，有些全局配置命令是强制性的。例如，用户必须配置自己的 LAN 和串口，以便连接 Internet。其他的配置命令，如创建并申请一个访问控制表，则是可选项。

用户进入路由器的全局配置模式后，输入"?"命令，路由器显示的一串全局配置命令是有效的。为了做到这些，用户必须使用 enable 命令进入特权访问模式，这是由于 configure 是一个特权命令。进入特权模式后，输入 configure 命令，路由器的提示符改变为"Router (config)#"，其中 Router 是用户为路由器配置的名称，config 表示用户处于全局配置模式。在此模式中，输入"?"子命令，列出了该路由器适用的全局配置命令。

```
User Access Verification
Password:
Router>enable
Password:
Router#configure
Configuring from terminal, memory, or network [terminal]?
Enter configuration commands, one per line. End with CNTL/Z.
Router(config)#?
```

（4）接口配置模式。接口配置模式定义一个 LAN 和 WAN 接口的特征。在用户模式或特权模式下使用 show interfaces 命令显示当前设备具有的所有接口的特征信息。在全局配置模式下使用 interface 命令进入到当前设备具有的某个类型及编号的接口的接口配置模式，路由器的提示符改变为"Router(config-if)#"，然后可以为接口配置一个或多个具体参数。interface 命令格式是 interface type number，其中 type 指出配置的接口类型，number 指出配置的接口编号。

【例 1.10】 配置以太网接口 0。

```
Router(config)#interface ethernet 0
Router(config-if)#
```

【例 1.11】 配置快速以太网接口 0。

```
Router(config)#interface fastethernet 0
Router(config-if)#
```

【例 1.12】 配置串口 0。

```
Router(config)#interface serial 0
Router(config-if)#
```

（5）子接口配置模式。可以将设备中的一个物理接口划分为多个虚拟接口,每个虚拟接口称为子接口,其接口的特征同所在物理接口特征类似。Cisco 提供子接口(subinterface)作为分开的接口对待,可以将路由器逻辑地连接到相同物理接口的不同子接口,即可以在一个物理接口上连接不同的网络。在全局配置模式下使用类似进入接口配置模式的命令进入某一物理接口的子接口配置模式,其中 number 参数指出配置的子接口编号,即物理接口编号.X,X 为子接口序号,路由器的提示符改变为"Router(config-subif)#"。

【例 1.13】 配置快速以太网接口 0 上的子接口 1

```
Router(config)# interface fastethernet 0.1
Router(config-subif)#
```

（6）线路配置模式。线路配置模式定义了一个串行终端线路的特征。在全局配置模式下使用 line 命令进入到当前设备具有的某个类型及编号的线路的线路配置模式,"Router(config-line)#"为路由器改变后的提示符,此时可以为线路配置一个或多个具体参数。line 命令格式是"line type number",其中 type 指出配置的线路类型,number 指出配置的线路编号。

【例 1.14】 配置控制台线路。

```
Router(config)# line console 0
Router(config-line)#
```

【例 1.15】 配置虚拟终端线路 0 到 4。

```
Router(config)# line vty 0 4
Router(config-line)#
```

（7）ROM 监控模式。ROM 监控模式是一个独特的模式,用于路由器或者交换机不能正常启动时。如果路由器、交换机或者接入服务器在引导时找不到一个有效的系统映像,或者它的配置文件在启动时被损坏,系统将进入到 ROM 监控模式。当设备正常启动后,在特权 EXEC 模式下使用 reload 命令,在系统重新启动的前 60 秒内按 Break 键,系统也可以进入到 ROM 监控模式。在 ROM 监控模式下可以对系统进行调试和维护。路由器的提示符改变为"rommon>"。

（8）路由器配置模式。路由器配置模式是路由器独有的配置模式,配置某种路由选择协议的参数。在全局配置模式下使用 router 命令进入到某种路由选择协议的路由器配置模式,路由器的提示符改变为"Router(config-router)#",然后可以为该路由选择协议配置一个或多个具体参数。router 命令格式是"router protocol [parameter]",其中 protocol 指出路由选择协议种类,路由选择协议的参数通过可选项 parameter 指出。

【例 1.16】 配置 RIP 路由选择协议。

```
Router(config)# router rip
Router(config-router)#
```

【例 1.17】 配置 EIGRP 路由选择协议。

```
Router(config)# router eigrp 100
Router(config-router)#
```

【例 1.18】 配置 OSPF 路由选择协议。

```
Router(config)# router ospf 1
Router(config-router)#
```

(9) VLAN 配置模式。VLAN 配置模式是交换机独有的配置模式，在交换机上配置 VLAN 的参数。在用户模式或特权模式下使用 show vlan 命令显示当前设备具有的所有 VLAN 的信息。在全局配置模式下使用 vlan 命令进入到 VLAN 配置模式，交换机的提示符改变为"Switch(config-vlan)#"，然后可以配置一个或多个 VLAN 具体参数。

【例 1.19】 配置 VLAN。

```
Switch(config)# vlan 2
Switch(config-vlan)#
```

1.5.3 获得帮助

Cisco 的 IOS 提供了三大帮助工具，这对配置和故障排除工作给予了很大的帮助，下面分别加以介绍。

1. 有关于上下文的帮助

当忘记命令或不知道该如何使用命令的时候，可以不用查找命令手册，而直接通过使用这种工具找出想要的命令，其使用方法如下。

(1) 当不知道完成某功能该使用什么命令的时候，可以在提示符下输入一个"?"查找想要的命令，这样 IOS 会列出该模式下所有的命令以供查找。

(2) 如果忘记了一个命令的拼写方法，只要给出该命令的前几个字母并且紧跟一个"?"，就可以列出所有以这几个字母开始的命令，以供查找。

【例 1.20】 查看 cl 开头的命令。

```
Router# cl?
clear clock
```

说明：当忘记了 clock 命令的拼写时，可以使用在 cl 后面紧跟一个"?"的方法来列出所有以 cl 开头的命令。

(3) 如果忘记了一个命令语句的语法，可以使用在该命令后面加一个空格，再输入"?"的方法查询。

【例 1.21】 查看 show 的语法规则。

```
Router>show ?
cdp                CDP information
```

clock	Display the system clock
controllers	Interface controllers status
crypto	Encryption module
flash:	Display information about flash: file system
frame-relay	Frame-Relay information
history	Display the session command history
hosts	IP domain-name, lookup style, nameservers, and host table
interfaces	Interface status and configuration
ip	IP information
ipv6	IPv6 information
protocols	Active network routing protocols
sessions	Information about Telnet connections
ssh	Status of SSH server connections
tcp	Status of TCP connections
terminal	Display terminal configuration parameters
users	Display information about terminal lines
version	System hardware and software status
vlan-switch	VTP VLAN status
vtp	Configure VLAN database

2. 错误信息提示

在 Cisco 的设备上，错误信息和通告信息默认输出到控制台。在控制台接口配置设备时可以看到这些信息，这有利于对设备状况的了解，故障排除时能够更准确地判断故障。

EXEC 只给出了问题所在的总体指示和关于问题的简要说明。因此，只能说错误信息是用来提醒使用者输入的命令存在错误。常见的错误类型如下。

（1）不明确的命令。

错误原因：没有输入足够的字符，路由器无法识别该命令。

解决方法：重新输入命令，其后跟随问号"?"，在命令与问号之间不加空格。

【例 1.22】 不明确命令错误。

```
Router#show c
% Ambiguous command: "show c"
Router#show c?
cdp class-map clock controllers crypto
```

（2）不完整的命令。

错误原因：没有输入这个命令要求的所有关键字或值。

解决方法：重新输入命令，其后跟随问号"?"，在命令与问号之间加空格，命令输入的关键字或者参数将被显示。

【例 1.23】 不完整命令错误。

```
Router#clock set
% Incomplete command.
Router#clock set ?
hh:mm:ss  Current Time
```

(3) 检测到非法输入。

错误原因：输入了不正确的命令，标记符(^)标识了错误位置。

解决方法：重新输入错误位置之前的命令，其后跟随问号"?"，在命令与问号之间加空格。命令输入的关键字或者参数将被显示。

【例1.24】 非法输入错误。

```
Router#show ethernet
          ^
% Invalid input detected at '^' marker.
Router#show ?
  aaa                  Show AAA values
  access-lists         List access lists
  arp                  Arp table
  cdp                  CDP information
  class-map            Show QoS Class Map
  clock                Display the system clock
  controllers          Interface controllers status
  crypto               Encryption module
  debugging            State of each debugging option
  dhcp                 Dynamic Host Configuration Protocol status
  file                 Show filesystem information
  flash:               Display information about flash: file system
  frame-relay          Frame-Relay information
  history              Display the session command history
  hosts                IP domain-name, lookup style, nameservers, and host table
  interfaces           Interface status and configuration
  ip                   IP information
  ipv6                 IPv6 information
  logging              Show the contents of logging buffers
  login                Display Secure Login Configurations and State
  mac-address-table    MAC forwarding table
  ntp                  Network time protocol
 --More--
```

3. 历史命令缓存

当在配置设备的时候，经常会重复使用命令，或者在一条很长的命令中打错了一个字母从而使该命令无效，在这种时候可以使用设备上的命令缓存，调出先前的命令来使用或者修改。

可以使用Ctrl+P组合键或者"上箭头"向上查找先前所使用的命令。如果翻过了所需要的命令，可以使用Ctrl+N组合键或者"下箭头"键向下翻回。

在默认情况下，Cisco设备的历史命令缓存可以保存10条命令。可以使用show history命令查看历史命令缓存。

【例1.25】 查看历史命令缓存。

```
Router#show history
  enable
```

```
show clock
show ip
show ip interface
show protocols
show history
```

如果认为这个缓存太大或太小,可以使用 terminal history size *lines* 命令改变它的大小,其中,*lines* 表示可缓存的命令数量。

1.5.4　简写命令

路由器接收一个命令时,并不需要将整词输入。一般来说,命令的 3～4 个字母就可以使路由器分清所用的命令,并执行相应的动作。

【例 1.26】　输入完整命令和其简写命令。

```
Router# show interface serial 0
```

能简写为:

```
Router# sh int s0
```

但是,使用者必须输入足够的字符以便路由器唯一识别命令。当有疑问时,首先输入命令的前 3 个字母,如果前 3 个字母不能使路由器决定使用哪一个命令,使用者会在提示行得到"ambiguous command"的错误信息。然后使用者可以输入前 3 个字符再加一个"?",这样可得到路由器的上下文敏感帮助。路由器将会显示所有与此 3 个字符相匹配的命令,然后,使用者可以输入足够多的字符来完成命令的输入。

1.5.5　no 命令形式

几乎每个命令都有 no 形式。使用 no 形式通常是为了禁止某个特性或功能,或是执行相反的命令动作。使用不带关键字 no 命令可重新启用已被禁止的特性或启用被默认禁止的特性。例如,接口配置命令 no shutdown 执行与 shutdown 关闭接口的相反动作,即启用接口。

1.5.6　搜索和过滤命令输出

当使用者需要对大量的输出进行分类或者使用者想排除不需要见到的输出,使用者可使用 show 和 more 命令搜索和过滤输出。

为使用这项功能,输入 show 和 more 命令,其后跟随管道字符(|)、关键字(begin、include 或 exclude),搜索和过滤的表达式如下:

```
command |{begin | include | exclude} regular-expression
```

描述区分大小写。例如,使用者输入"|exclude output",包含 output 的命令行将不显示,但是包含 Output 的命令行将被显示。

【例 1.27】 在输出显示中只包含有表达式 FastEthernet。

```
Router# show interfaces|include FastEthernet
FastEthernet0/0 is administratively down, line protocol is down (disabled)
FastEthernet0/1 is administratively down, line protocol is down (disabled)
```

1.6 实验练习

熟悉路由器 CLI 的各种模式,查看路由器的有关信息。
Router1 上配置步骤如下。
(1) 用户模式、特权模式和全局配置模式的切换:

```
Router>
Router> enable
Router#
Router# disable
Router>
Router> enable
Router# configure terminal
Router(config)#
Router(config-if)# ctrl-z
Router#
```

(2) 各种 show 命令:

```
Router# show version
Router# show protocols
Router# show running-config
Router# show interfaces
Router# show flash
Router# show history
```

习 题

1. 在路由器上完成用户模式、特权模式和全局配置模式的切换,并查看系统相关信息。
2. 写出路由器配置,完成如下配置要求。
(1) 当前 CLI 命令提示符为 Router>。
(2) 进入特权模式。
(3) 进入全局配置模式。
(4) 进入以太网接口 0 接口配置模式。
(5) 进入快速以太网接口 0/0 接口配置模式。

(6) 进入串口 0/0/0 接口配置模式。
(7) 进入控制台线路配置模式。
(8) 进入虚拟终端线路配置模式。
(9) 退出到特权模式。
(10) 退出到用户模式。

第 2 章　接口与管理

本章学习目标

- 掌握接口参数配置方法。
- 掌握模式口令配置方法。
- 掌握 Telnet 配置和使用方法。
- 掌握 CDP 配置和使用方法。

2.1　接口配置

2.1.1　接口配置概述

　　Cisco 路由器支持两种类型的接口：物理接口和逻辑接口。在一个设备上的物理接口类型依赖于它自身的接口处理器或接口适配器。Cisco 路由器支持的逻辑接口包括 NULL 空接口、Loopback 环回接口、子接口等。

　　为了配置一个接口，无论是物理接口还是逻辑接口，使用的配置命令和基本的配置步骤如下。

　　首先，在特权模式下使用 configure terminal 命令进入到全局配置模式。

　　然后，在全局配置模式下使用 interface 命令进入到指定接口类型和编号接口的接口配置模式。

　　最后，在指定接口的接口配置模式下，使用该模式下支持的接口配置命令，定义该接口的特征信息，如封装的协议、地址信息、功能参数等，为了使配置立即生效，一般需要重新激活该接口。

　　一旦一个接口配置完毕，可以通过显示接口信息和运行配置信息了解设置是否已经生效，可以通过调试接口功能，根据调试信息和实际运行效果了解设置是否已经按照功能需求正确配置。如果配置后与功能需求不符合，可以按照上述步骤，重新进行配置并验证配置的正确性。

　　通过查看设备安装的连接器或接口卡可以识别当前设备已经安装的接口类型，这些接口的编号是设备安装出厂时或者接口卡添加到设备时被分配的。除了可以通过设备的技术参考资料查看上述接口信息之外，也可以通过在用户模式或特权模式下，使用 show interfaces 命令查看当前设备安装的全部接口的相关信息。

不同类型的接口具有不同的功能需求,因此不同类型接口的接口配置模式支持不同的配置命令,实现不同的功能需求。可以在指定类型接口配置模式下,利用"?"命令查看当前类型接口支持的所有配置命令,所有输入的正确的配置命令都对当前配置接口有效,为了配置其他接口,需要再次使用 interface 命令切换到其他接口的接口配置模式。

在全局配置模式下,使用 interface 命令进入指定接口的配置模式,实现对接口的配置。interface 命令的格式如下,其语法说明如表 2.1 所示,常见接口类型关键字和说明如表 2.2 所示。

```
interface type number
interface type slot/port
interface type slot/port-adapter/port
```

表 2.1 interface 命令语法说明

type	接口类型
number	端口、连接器或接口卡号
slot	槽口号
port	端口号
port-adapter	端口适配器号

表 2.2 常见接口类型的关键字和说明

关 键 字	接 口 类 型
Bri	ISDN BRI 接口
Dialer	拨号接口
Ethernet	以太网 IEEE 802.3 接口
Fastethernet	100Mbps 以太网接口
Fddi	FDDI 接口
Loopback	环回接口
Null	空接口
port-channel	端口通道接口
Serial	串行接口
Tokenring	令牌环接口
Tunnel	隧道接口

可以使用"interface ?"命令查看当前设备上已经安装的接口类型。任何一种接口类型的接口编号一般都是从 0 开始计数,即第一个接口的接口编号为 0。可以使用"interface type ?"查看当前设备上已经安装指定 type 类型接口的编号范围。

一般情况下,接口默认是被关闭的。为了激活或者重新激活一个接口,可以使用接口配置命令 no shutdown;为了关闭一个接口,可以使用接口配置命令 shutdown,关闭后的接口上所有功能都将关闭,并在所有监视命令显示上将此接口标记为不可用接口。

【例 2.1】 重新激活以太网接口 0/0。

```
Router(config)# interface ethernet 0/0
Router(config-if)# no shutdown
```

2.1.2 配置逻辑接口

1. 环回接口

Loopback(环回)接口是完全软件模拟的路由器本地接口,它永远都处于 UP 状态,即使通往外部的接口被关闭也不停止。路由分配给环回接口的包被重新路由回路由器,并且在本地被处理。被路由分配出环回接口,但是其目的地不是环回接口的 IP 包将被丢弃。配置一个 Loopback 接口类似于配置一个以太网接口,可以把它看做一个逻辑的以太网接口。环回接口的编号范围为 0~2147483647。

【例 2.2】 设置 lookback 接口 0。

```
Router(config)# interface loopback 0
```

【例 2.3】 删除 loopback 接口 0。

```
Router(config)# no interface loopback 0
```

【例 2.4】 显示 loopback 接口 0 状态。

```
Router# show interface loopback 0
```

2. 空接口

路由器还提供了 NULL(空)的逻辑接口。该逻辑接口仅仅相当于一个可用的系统设备。NULL(空)永远都处于 UP 状态并且永远都不会主动发送或者接收网络数据,任何发往 NULL 接口的数据包都会被丢弃,在 NULL 接口上任何链路层协议封装企图都不会成功。

【例 2.5】 进入 NULL 接口配置。

```
Router(config)# interface null 0
```

【例 2.6】 允许 NULL 接口发送 ICMP 的 unreachable 消息。

```
Router(config-if)# ip unreachables
```

【例 2.7】 禁止 NULL 接口发送 ICMP 的 unreachable 消息。

```
Router(config-if)# no ip unreachables
```

NULL 接口更多地用于网络数据流的过滤。如果使用空接口,可以通过将不希望处理的网络数据流路由给 NULL 接口,而不必使用访问控制列表。

【例 2.8】 将到 127.0.0.0 的网络数据流路由给 NULL 接口。

```
Router(config)# ip route 127.0.0.0 255.0.0.0 null 0
```

3. 子接口

在单个物理接口上配置多个逻辑接口,即子接口,可使接口在网络上具有更强的适应性和连通性。子接口提供在一个物理接口上支持多个逻辑接口与网络互联,即将多个逻辑接口与一个物理接口建立关联,这些逻辑接口在工作时,共用物理接口的物理配置参数,但有各自的链路层和网络层配置参数。

【例 2.9】 配置串口 0 的子接口。

```
Router(config)# interface serial 0.1
Router(config - subif)# ip address 202.38.161.1 255.255.255.0
```

2.1.3 配置接口描述信息

接口描述信息用于标识重要的信息,如远程的路由器、电路编号或者特定的网络分段。对于接口的描述有助于网络用户记住关于该接口的特殊信息,如接口所服务的网络。

描述信息只是作为对接口的注释。尽管描述信息出现在路由器内存的配置文件中,但并不影响路由器的运行。描述信息的创建需要遵循适用于每个接口的标准格式。描述信息可以包括接口的用途和位置、连接到接口的其他设备或其他位置、电路标识。描述信息使得支持人员能更好地了解与某个接口相关的问题范围,从而能更好地解决问题。

为向一个接口添加一条描述,在接口配置模式下,使用 description 命令。为清除描述信息,使用该命令的 no 形式。description 命令的格式如下,其语法说明如表 2.3 所示。

```
description string
no description
```

表 2.3 description 命令语法说明

string	描述信息

【例 2.10】 为快速以太网接口 0/0 添加描述信息。

```
Router(config)# interface fastethernet 0/0
Router(config - if)# description link to primary fastethernet network
```

【例 2.11】 在快速以太网接口 0/0 显示命令中查看描述信息。

```
Router# show interfaces fastEthernet 0/0
FastEthernet0/0 is administratively down, line protocol is down (disabled)
Hardware is Lance, address is 00d0.ff9b.5e01 (bia 00d0.ff9b.5e01)
Description: link to primary fastethernet network
MTU 1500 bytes, BW 100000 Kbit, DLY 100 usec, rely 255/255, load 1/25
...
```

2.1.4 配置接口保持队列长度

每一个接口都有一个保持队列的限度。这一限度是接口在拒绝接收新的分组包之前,可在它的保持队列中存储的数据分组包个数。当接口从保持队列中空出一个或多个分组包时,它能再接收新的分组包。

为限制一个接口的保持队列长度,在接口配置模式下,使用 hold-queue 命令。为恢复默认值,使用该命令的 no 形式。hold-queue 命令的格式如下,其语法说明如表 2.4 所示。

```
hold-queue length {in | out}
no hold-queue {in | out}
```

表 2.4 hold-queue 命令语法说明

length	队列长度
in	输入队列
out	输出队列

【例 2.12】 设置低速串行线路上的输出保持队列。

```
Router(config)# interface serial 0
Router(config-if)# hold-queue 30 out
```

2.1.5 配置接口带宽

接口带宽通常是指接口的运行速率,用每秒千比特位表示。因为以太网运行速率为 10Mbps,所以带宽值显示为 10 000Kb。可以用 bandwidth 命令设置接口带宽值,但实际上不用它来调整接口的带宽,因为对于某些类型的介质,如以太网,带宽是固定的。对于其他的介质,如串行线,通常通过调整硬件来调整其运行速率。例如,通过在信道服务单元/数据服务单元(CSU/DSU)上设置不同的时钟速率来提高或降低串行接口的运行速率。因此,bandwidth 命令主要目的是使用当前带宽与高层协议通信。

为设置一个接口的带宽值,在接口配置模式下,使用 bandwidth 命令。为恢复默认值,使用该命令的 no 形式。bandwidth 命令的格式如下,其语法说明如表 2.5 所示。

```
bandwidth kbps
no bandwidth kbps
```

表 2.5 bandwidth 命令语法说明

kbps	带宽,单位为千比特每秒

【例 2.13】 设置串行接口 0 带宽为 10Mbps。

```
Router(config)# interface serial 0
Router(config-if)# bandwidth 10000
```

2.1.6 配置接口延时

延迟代表穿过一个无负载的链路所经历的时长。接口的延迟用微秒表示。延时设置仅是设置了一个信息参数,它不能调整一个接口的实际延时。

为向一个接口设置一个延时值,在接口设置模式下,使用 delay 命令。为恢复默认值,使用该命令的 no 形式。delay 命令的格式如下,其语法说明如表 2.6 所示。

```
delay tens-of-microseconds
no delay
```

表 2.6　delay 命令语法说明

tens-of-microseconds	接口延时,单位为 10μs

【例 2.14】 设置串行接口 3 延时为 30ms。

```
Router(config)# interface serial 3
Router(config-if)# delay 3000
```

2.1.7　配置接口存活计时器

IOS 定期向自身(以太网和令牌环)或其他终端(HDLC 和 PPP 串行链接)发送消息,以证实在一个指定间隔内一个网络接口处于存活状态。相邻接口的存活时间间隔应一致,否则设置存活时间间隔短的接口有可能错过其相邻接口发送来的存活消息,如果连续错过三次,将使自身复位,从而增加链路负载。

为启用存活包和指定 Cisco IOS 软件在关闭接口前或者关闭隧道协议前没有收到响应而尝试发送存活包的次数,在接口设置模式下,使用 keepalive 命令。当存活功能启用的时候,在指定的时间间隔发送存活包来保持接口的活动状态。为了完全关闭存活包,使用该命令的 no 形式。keepalive 命令的格式如下,其语法说明如表 2.7 所示。

```
keepalive[ period [ retries ] ]
no keepalive[ period [ retries ] ]
```

表 2.7　keepalive 命令语法说明

period	(可选项)发送消息的时间间隔,单位为秒,默认值是 10
retries	(可选项)在关闭接口或者隧道接口协议前,设备没有收到响应将继续发送存活包的次数,默认值是 5

【例 2.15】 为以太网接口 0 启用存活包,并设置存活间隔为 3 秒。

```
Router(config)# interface ethernet 0
Router(config-if)# keepalive 3
```

2.1.8　配置接口 MTU

最大传输单元(MTU)表示运行在接口上的协议信息字段所支持的最大字节数。如果 IP 数据报超过最大的 MTU,将对它进行分段,这将增加额外开销,因为每个分段的数据报都包含它自己的报头。虽然在高速 LAN 连接中,通常无须担心与分段有关的额外开销,但在低速串行接口上,这可能会是一个比较严重的问题。

为了调整最大传输单元大小,在接口配置模式下,使用 mtu 命令。为恢复 MTU 默认值,使用该命令的 no 形式。mtu 命令的格式如下,其语法说明如表 2.8 所示,默认介质 MTU 值如表 2.9 所示。

```
mtu bytes
no mtu
```

表 2.8 mtu 命令语法说明

bytes	MTU 大小,单位为字节

表 2.9 默认介质 MTU 值

介质类型	默认 MTU/B	介质类型	默认 MTU/B
以太网	1500	ATIM	4470
串行	1500	FDDI	4470
令牌环	4464		

【例 2.16】 设置串行接口 1 的 MTU 为 1000 字节。

```
Router(config)# interface serial 1
Router(config-if)# mtu 1000
```

2.1.9 配置接口 IP 地址

在一个路由器接口上定义 IP 地址使得该接口可以传输基于 IP 的应用数据。在接口上定义 IP 地址需要确定 IP 子网空间。空间是指计划在公司范围的网络中所需支持的网络和主机的数目。为使 Cisco 路由器在 IP 网络中正常工作,IP 地址的规划一般要遵循一些规则如下。

(1) 一般来说,路由器的物理网络端口通常要有一个 IP 地址。

(2) 相邻路由器的相邻接口 IP 地址必须在同一 IP 网络上。

(3) 同一路由器的不同接口的 IP 地址必须在不同 IP 网段上。

(4) 除相邻路由器的相邻接口外,所有网络中路由器所连接的网段,即所有路由器的任何两个非相邻端口都必须不在同一网段上。

在每个子网内,必须确定所支持的主机数目。一个路由器接口被表示为所定义的 IP 子网上的一台主机。一个接口只能有一个主 IP 地址。

为给一个接口设置主 IP 地址和辅助 IP 地址,在接口配置模式下,使用 ip address 命令。为移除一个 IP 地址或者禁用 IP 处理,使用该命令的 no 形式。ip address 命令的格式如下,其语法说明如表 2.10 所示。

```
ip address ip-address mask [secondary]
no ip address ip-address mask [secondary]
```

表 2.10 ip address 命令语法说明

ip-address	IP 地址
mask	子网掩码
secondary	（可选项）辅助 IP 地址

【例 2.17】 为路由器 0 和路由器 1 的各个接口配置 IP 地址，拓扑结构如图 2.1 所示。

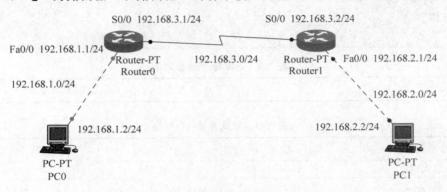

图 2.1 路由器接口地址分配

```
Router0 >enable
Router0 # config terminal
Router0(config) # interface fastethernet 0/0
Router0(config-if) # ip address 192.168.1.1 255.255.255.0
Router0(config-if) # no shutdown
Router0(config-if) # interface serial 0/0
Router0(config-if) # ip address 192.168.3.1 255.255.255.0
Router0(config-if) # clock rate 56000
Router0(config-if) # no shutdown

Router1 >enable
Router1 # config terminal
Router1(config) # interface fastethernet 0/0
Router1(config-if) # ip address 192.168.2.1 255.255.255.0
Router1(config-if) # no shutdown
Router1(config-if) # interface serial 0/0
Router1(config-if) # ip address 192.168.3.2 255.255.255.0
Router1(config-if) # no shutdown
```

2.1.10 监视与维护接口

在 EXEC 提示符下使用 show 命令显示有关接口信息，包括软件和硬件的版本号、控制器状态和关于接口的统计。在 EXEC 提示符下可用"show ?"命令显示 show 命令的全部列表。

（1）为了显示所有路由器配置接口的统计信息，在特权模式下，使用 show interfaces 命令。输出的结果依赖配置接口的网络变化。show interfaces 命令的格式如下，其语法说明如表 2.11 所示。

```
show interfaces[ type interface-number ] [ accounting ]
show interfaces[ type slot/port ] [ accounting ]
show interfaces [ type slot/port - adapter/port ]
```

表 2.11　show interfaces 命令语法说明

type	（可选项）接口类型
interface-number	（可选项）接口号
accounting	（可选项）接口发送每种协议的包数量
slot	（可选项）槽口号
port	（可选项）端口号
port-adapter	（可选项）端口适配器号

【例 2.18】 显示路由器上全部接口信息。

```
Router# show interfaces
FastEthernet0/0 is administratively down, line protocol is down (disabled)
Hardware is Lance, address is 00e0.a301.5801 (bia 00e0.a301.5801)
MTU 1500 bytes, BW 100 000 Kbit, DLY 100 usec, rely 255/255, load 1/255
Encapsulation ARPA, loopback not set
ARP type: ARPA, ARP Timeout 04:00:00,
Last input 00:00:08, output 00:00:05, output hang never
Last clearing of "show interface" counters never
Queueing strategy: fifo
Output queue :0/40 (size/max)
5 minute input rate 0 bits/sec, 0 packets/sec
5 minute output rate 0 bits/sec, 0 packets/sec
    0 packets input, 0 bytes, 0 no buffer
    Received 0 broadcasts, 0 runts, 0 giants, 0 throttles
    0 input errors, 0 CRC, 0 frame, 0 overrun, 0 ignored, 0 abort
    0 input packets with dribble condition detected
    0 packets output, 0 bytes, 0 underruns
    0 output errors, 0 collisions, 1 interface resets
    0 babbles, 0 late collision, 0 deferred
    0 lost carrier, 0 no carrier
    0 output buffer failures, 0 output buffers swapped out
-- More --
```

通过使用该命令可以获得接口相关信息：接口种类、接口状态、接口速度，以及单/双工情况、封装、接口上的错误、上一次接口弹回时间、上一次错误计数器复位时间、利用情况、IP地址、子网掩码、MAC 地址等。

使用 show interfaces 命令主要是用于 5 个重要方面。
① 确定接口和协议是否正常。
② 探测接口是否出现错误，特别是 CRC 错误。
③ 查明接口的速率和单/双工状态(如果它不是以太网接口的话)。
④ 了解当前操作以及在此之前 5 分钟之内的操作。
⑤ 确定最后一次接口弹回的时间。

（2）为显示 IP 配置接口的可用性状态，在特权模式下，使用 show ip interface 命令。show ip interface 命令的格式如下，其语法说明如表 2.12 所示。

```
show ip interface[type number][brief]
```

表 2.12 show ip interface 命令语法说明

type	（可选项）接口类型
number	（可选项）接口号码
brief	（可选项）接口摘要信息

【例 2.19】 显示路由器全部接口的摘要信息。

```
Router# show ip interface brief
Interface          IP-Address      OK?    Method Status                  Protocol
FastEthernet0/0    unassigned      YES    manual administratively down   down
FastEthernet0/1    unassigned      YES    manual administratively down   down
```

通过使用该命令可以获得接口的 IP 层配置信息，包括接口状态、IP 地址、子网掩码、基本的 IP 信息和访问列表。

关于接口状态，如果接口的物理层可用，则接口状态标记为 UP，否则标记为 DOWN；如果接口的数据链路层可用，则接口的协议状态标记为 UP，否则标记为 DOWN。

如果通过 type 和 number 参数指定了一个可选接口类型和编号，将只看到关于那个指定接口的信息；如果使用者没指定可选参数，使用者将看到所有接口的信息。

2.2 系统管理

2.2.1 配置线路

Cisco 设备有 4 种线路：控制台线路、辅助线路、异步线路和虚拟终端线路。不同路由器有不同线路类型数。为了配置指定类型的某个线路，需要进入线路配置模式，在全局配置模式下，使用 line 命令。line 命令的格式如下，其语法说明如表 2.13 所示。

```
line [aux | console | tty |vty] line-number [ending-line-number]
```

表 2.13 line 命令语法说明

aux	辅助线路，线路号 line-number 必须为 0
console	控制台线路，线路号 line-number 一般为 0
tty	标准异步线路
vty	虚拟终端线路
line-number	终端线路或者相邻组中的起始线路相对号
ending-line-number	相邻组中最后线路相对号

【例 2.20】 进入控制台终端线路配置模式。

```
Router(config)# line console 0
Router(config-line)#
```

【例 2.21】 进入虚拟终端线路配置模式。

```
Router(config)# line vty 0 4
Router(config-line)#
```

2.2.2 配置口令

IOS 拥有五大口令,分别是控制台端口口令、辅助端口口令、虚拟终端端口口令、enable password 口令、enable secret 口令。

(1) 控制台端口口令。如果用户没有在路由器的控制台上设置口令,其他用户就可以通过控制台端口访问。如果没有设置其他模式的口令,别人也可以进入其他模式。控制台端口是用户最初开始设置路由器的地方。在路由器的控制台端口上设置口令极为重要,因为这样可以防止其他人连接到路由器并访问用户模式。

因为每一个路由器仅有一个控制台端口,所以可以在全局配置中使用 line console 0 命令,然后再使用 login 和 password 命令完成设置。这里 password 命令用于设置控制台端口口令。

【例 2.22】 设置控制台端口口令为"SecR3t! pass"。

```
Router(config)# line console 0
Router(config-line)# password SecR3t!pass
Router(config-line)# login
```

注意:最好设置复杂的口令避免被其他人猜测出来。

(2) AUX 辅助端口口令。这也是路由器上的一个物理访问端口,不过并非所有的路由器都有这个端口。因为 AUX 端口是控制台端口的一个备份端口,所以为它配置一个口令也是同样重要的。

【例 2.23】 设置辅助端口口令为"SecR3t! pass"。

```
Router(config)# line aux 0
Router(config-line)# password SecR3t!pass
Router(config-line)# login
```

(3) 虚拟终端端口口令。虚拟终端连接并非是一个物理连接,而是一个虚拟连接。可以用它来 telnet 或 ssh 进入路由器。当然,需要在路由器上设置一个活动的 LAN 或 WAN 接口以便于 telnet 工作。因为不同的路由器和交换机拥有不同的 VTY 端口号,所以应当在配置这些端口之前查看有哪些端口。为此,可以在特权模式中输入"line vty ?"命令。

【例 2.24】 设置虚拟终端端口口令为"SecR3t! pass"。

```
Router(config)#line vty 0 4
Router(config-line)#password SecR3t!pass
Router(config-line)#login
```

(4) enable password 口令。enable password 命令可以防止某人完全获取对路由器的访问权。enable 命令实际上可以用于在路由器的不同安全级别上切换(有 0~15 共 16 个安全级别)。不过,它最常用于从用户模式(级别 1)切换到特权模式(级别 15)。事实上,如果处于用户模式,而用户输入了 enable 命令,此命令将假定进入特权模式。为设置本地口令控制对不同特权级别的访问,在全局配置模式下,使用 enable password 命令。为移除口令,使用该命令的 no 形式。enable password 命令的格式如下,其语法说明如表 2.14 所示。

```
enable password[level level]{password | [encryption-type] encrypted-password}
no enable password[level level]
```

表 2.14 enable password 命令语法说明

level level	(可选项)口令应用的等级,默认为 15
password	口令
encryption-type	(可选项)Cisco 私有算法加密,当前唯一值为 5
encrypted-password	加密口令,从其他路由器配置中复制

【例 2.25】 设置用户模式切换特权模式口令为"SecR3t! pass"。

```
Router(config)#enable password SecR3t!pass
```

(5) enable secret 口令。enable password 口令是不加密存储的,通过查看配置可以直接看到口令的明文,因此使用 enable password 口令是不安全的,这也正是需要使用 enable secret 口令的原因。

enable secret 与 enable password 的功能是相同的。但通过使用 enable secret 口令就可以一种更加强劲的加密形式被存储下来。通过查看配置可以看到的是口令加密后的密文,因此相对于 enable password 口令要安全得多。

为在 enable password 命令上指定一项附加的安全层次,在全局配置模式下,使用 enable secret 命令。为关闭 enable secret 功能,使用该命令的 no 形式。enable secret 命令的格式如下,其语法说明如表 2.15 所示。

```
enable secret[level level]{password | [encryption-type] encrypted-password}
no enable secret[level level]
```

表 2.15 enable secret 命令语法说明

level level	(可选项)口令应用的等级,默认为 15
password	口令
encryption-type	(可选项)Cisco 私有算法加密,当前唯一值为 5
encrypted-password	加密口令,从其他路由器配置中复制

【例 2.26】 设置用户模式切换特权模式口令为"SecR3t!secr"。

```
Router(config)#enable secret SecR3t!secr
```

2.2.3 配置主机名

对路由器命名的名字被认为是主机名字,并且是系统提示符所显示的那个名字。为指定和修改路由器的主机名,在全局配置模式下,使用 hostname 命令。hostname 命令的格式如下,其语法说明如表 2.16 所示。

```
hostname name
```

表 2.16 hostname 命令语法说明

name	新主机名

【例 2.27】 设置路由器的主机名为 R1。

```
Router(config)#hostname R1
R1(config)#
```

参数 name 指定路由器的新名字,名字必须以一个字母开始,以一个字母或数字结束,并且只有字母、数字和连字符作为合法字符,最多 63 个字符。默认为 Router。主机名字的前 20 个字符用作系统提示符的显示名字。

2.3 文件管理

2.3.1 复制配置文件

使用者可将由某个源位置所指定的配置文件复制到目的地所指定的位置处,这些配置文件的相关存放位置和 copy 命令的使用如图 2.2 所示。

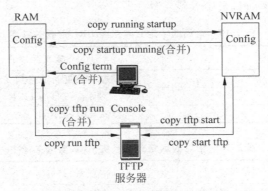

图 2.2 配置文件位置及复制

简单文件传输协议(TFTP)是允许文件在网络中从一台主机传输到另一台主机的简化的 FTP 版本,大多数的软件升级采用 TFTP 的方式。TFTP Server 是常用的 TFTP 服务器软件,可以从 Cisco 网站上下载。

如果要使用 TFTP 服务器复制文件,要求 TFTP 服务器必须正在运行,要复制的文件在 TFTP 服务器的根目录下。TFTP 服务器必须与 Cisco 路由器的某个活动端口处在同一网段。一般 TFTP 服务器在本地 LAN 中。

为从一个源到一个目的复制文件,在特权模式下,使用 copy 命令。copy 命令的格式如下,其语法说明如表 2.17 所示。

copy [/erase] *source-url destination-url*

表 2.17 copy 命令语法说明

关键字	说明
/erase	(可选项)复制前清空目标文件系统
source-url	源文件或者目录的位置
destination-url	目的文件或者目录的位置

源和目的 URL 的确切格式取决于文件或目录的位置。可以输入一个特定文件的别名关键字,也可以按照标准 Cisco IOS 文件系统语法($filesystem:[/filepath][/filename]$)输入一个文件名。

内存中的运行配置文件和 NVRAM 中的启动配置文件的 URL 关键字别名如表 2.18 所示。

表 2.18 URL 关键字别名

关 键 字	源 或 目 的
running-config	(可选项) system:running-config URL 的关键字别名
startup-config	(可选项) nvram:startup-config URL 的关键字别名

常见的特定文件系统类型的 URL 前缀关键字如表 2.19 所示。常见的远端文件系统类型的 URL 前缀关键字如表 2.20 所示。常见的本地可写存储器的 URL 前缀关键字如表 2.21 所示。不同的平台支持的可用文件系统类型存在差异。如果没有指定一个 URL 前缀关键字,路由器在当前目录中寻找文件。

表 2.19 常见的特定文件系统 URL 前缀关键字

关 键 字	源或者目的
logging	从日志缓存复制消息到文件的源 URL
nvram:	NVRAM 源或目的 URL
system:	内存源或目的 URL

表 2.20 常见的远端文件系统 URL 前缀关键字

关键字	源或者目的
ftp:	FTP 网络服务器源或目的 URL,语法规则如下: $ftp:[[[//username[:password]@]location]/directory]/filename$

续表

关键字	源或者目的
http://	HTTP 服务器源或目的 URL，语法规则如下： http://[[username:password]@]{hostname | host-ip}[/filepath]/filename
tftp:	TFTP 网络服务器源或目的 URL，语法规则如下： tftp:[[//location]/directory]/filename

表 2.21 常见的本地可写存储文件系统 URL 前缀关键字

关 键 字	源 或 目 的
disk0: and disk1:	磁盘媒体源或目的 URL
flash:	闪存源或目的 URL
harddisk:	硬盘文件系统源或目的 URL
slot0:	第一个 PCMCIA 闪存卡源或目的 URL
slot1:	第二个 PCMCIA 闪存卡源或目的 URL

【例 2.28】 从远端服务器复制配置文件 host2-confg 到启动配置文件，服务器 IP 地址是 172.16.101.101，用户名是 netadmin1，密码是 ftppass。

```
Router# copy ftp://netadmin1:ftppass@172.16.101.101/host2-confg nvram:startup-config
Configure using rtr2-confg from 172.16.101.101?[confirm]
Connected to 172.16.101.101
Loading 1112 byte file rtr2-confg:![OK]
[OK]
Router#
%SYS-5-CONFIG_NV:Non-volatile store configured from rtr2-config by
FTP from 172.16.101.101
```

使用者可从 TFTP 服务器复制配置文件到指定的路由器的运行配置或启动配置上。可能执行该操作的原因如下。

(1) 恢复一个备份的配置文件。
(2) 把该配置文件用于另一个指定的路由器。
(3) 加载同样配置命令到达网络上所有路由器，以便让这些路由器具有相似的配置。

当从 TFTP 网络服务器复制运行配置文件时，执行的结果并不是用源文件将运行配置文件完全覆盖，最终的运行配置文件是两者的融合，即两者相重复的部分按源文件的配置处理，不重复的部分均在最终的运行配置文件中存在并生效。与此相反，无论从何处向 TFTP 网络服务器中复制文件，其复制结果都与源文件相同。

【例 2.29】 复制启动配置文件到 TFTP 服务器。

```
Router# copy nvram:startup-config tftp:
Remote host[]? 172.16.101.101
Name of configuration file to write [rtr2-confg]? <cr>
Write file rtr2-confg on host 172.16.101.101?[confirm] <cr>
![OK]
```

【例 2.30】 复制运行配置文件到启动配置文件。

```
Router# copy system:running-config nvram:startup-config
```

任何当前的配置都是存储在 RAM 中，如果不保存，重新启动路由器时以前的配置就会丢失。如果复制运行配置文件为启动配置文件，会把当前的配置保存到 NVRAM 中，断电时就不会丢失。

2.3.2 复制映像

复制映像的方法与复制配置文件的基本上相同。使用的命令及其语法格式参考 2.3.1 节。

【例 2.31】 复制在 slot 0 上的闪存卡分区 1 的 c3600-i-mz 映像文件到 FTP 服务器，其 IP 地址为 172.23.1.129。

```
Router# show slot0: partition 1
PCMCIA Slot0 flash directory, partition 1:
File   Length      Name/status
1      1711088     c3600-i-mz
[1711152 bytes used, 2483152 available, 4194304 total]
Router# copy slot0:1:c3600-i-mz ftp://myuser:mypass@172.23.1.129/c3600-i-mz
Verifying checksum for '/tftpboot/cisco_rules/c3600-i-mz' (file #1)... OK
Copy '/tftpboot/cisco_rules/c3600-i-mz' from Flash to server
  as 'c3700-i-mz'? [yes/no] yes
!!!!!!!!!!!!!!!!!!!!!!!!!!!!!!!!!!!!!!!!!!!!!!!!!!!!!!!!!!!!!!!!!!!!!!!!
!!!!!!!!!!!!!!!!!!!!!!!!!!!!!!!!!!!!!!!!!!!!!!!!!!!!!!!!!!!!!!!!!!!!!!
!!!!!!!!!!!!!!!!!!!!!!!!!!!!!!!!!!!!!!!!!!!!!!!!!!!!!!!!!!!!!!!!!!!!
!!!!!!!!!!!!!!!!!!!!!!!!!!!!!!!!!!!!!
Upload to server done
Flash device copy took 00:00:23 [hh:mm:ss]
```

【例 2.32】 从 RCP 服务器 172.16.101.101 复制系统映像 file1 到闪存。

```
Router# copy rcp://netadmin@172.16.101.101/file1 flash:file1
Destination file name [file1]?
Accessing file 'file1' on 172.16.101.101...
Loading file1 from 172.16.101.101 (via Ethernet0): ! [OK]
Erase flash device before writing? [confirm]
Flash contains files. Are you sure you want to erase? [confirm]
Copy 'file1' from server as 'file1' into Flash WITH erase? [yes/no] yes
Erasing device... eeeeeeeeeeeeeeeeeeeeeeeeeeeeeee...erased
Loading file1 from 172.16.101.101 (via Ethernet0): !
[OK - 984/8388608 bytes]
Verifying checksum... OK (0x14B3)
Flash copy took 0:00:01 [hh:mm:ss]
```

2.3.3 配置启动文件

1. 指定启动配置文件

网络服务器将尝试从远端主机加载两个配置文件。第一个是网络配置文件,含有应用到一个网络上所有网络服务器的命令。使用 boot network 命令指定网络配置文件。第二个是主机配置文件,含有应用到特定网络服务器的命令。使用 boot host 命令指定主机配置文件。

为指定配置文件的设备和文件名,使路由器在初始化(启动)时完成自身配置,在全局配置模式下,使用 boot config 命令。为移除该指定,使用该命令的 no 形式。boot config 命令的格式如下,其语法说明如表 2.22 所示。

```
boot config file-url
no boot config
```

表 2.22 boot config 命令语法说明

| file-url | 配置文件的 URL,文件必须在 NVRAM 或者闪存文件系统中,默认为 nvram |

Cisco 路由器使用称为 IFS(IOS FILE SYSTEM)的文件系统。在 Cisco 平台上支持 3 种类型的闪存(Flash)文件系统:CLASS A、CLASS B 和 CLASS C。该命令只能在 A 类文件系统平台使用。A 类文件系统平台包括 CISCO7000 系列、C12000、LS1010、CATALYST6500 系列。

【例 2.33】 从闪存加载配置文件 router-config,并复制到启动配置文件,确保重新启动生效。

```
Router(config)# boot config flash:router-config
Router(config)# end
Router# copy system:running-config nvram:startup-config
```

为改变主机配置文件的默认名,从其加载配置命令,在全局配置模式下,使用 boot host 命令。为恢复主机配置文件名为默认值,使用该命令的 no 形式。boot host 命令的格式如下,其语法说明如表 2.23 所示。

```
boot host remote-url
no boot host remote-url
```

表 2.23 boot host 命令语法说明

| remote-url | 配置路由器启动由 FTP、RCP 或者 TFTP URL 指定的配置文件:
ftp:[[[//[username[:password]@]location]/directory]/filename]
rcp:[[[//[username@]location]/directory]/filename]
tftp:[[[//location]/directory]/filename] |

默认主机配置文件名是路由器使用它的主机名构造的,路由器转化它的名字全部为小写字母,移除所有域信息,然后添加"-config"。

为改变网络配置文件的默认名,从其加载配置命令,在全局配置模式下,使用 boot network 命令。为恢复网络配置文件名为默认值,使用该命令的 no 形式。boot network 命令的格式如下,其语法说明如表 2.24 所示。

```
boot network remote-url
no boot network remote-url
```

表 2.24 boot network 命令语法说明

remote-url	配置路由器启动由 FTP、RCP 或 TFTP URL 指定的配置文件: **ftp**:[[[//[username[:password]@]location]/directory]/filename] **rcp**:[[[//[username@]location]/directory]/filename] **tftp**:[[[//location]/directory]/filename]

默认网络配置文件名为 network-config。

为启用从网络服务器自动加载配置文件,在全局配置模式下,使用 service config 命令。为恢复默认值,使用该命令的 no 形式。service config 命令的格式如下。

```
service config
no service config
```

默认为禁用,除非系统没有 NVRAM 或者在 NVRAM 中没有有效或者完整的信息,在这些情况下,从网络服务器自动加载配置文件是自动启用的。

通常,service config 命令与 boot host 或者 boot network 命令连在一起使用。必须输入 service config 命令使路由器从 boot host 或者 boot network 命令指定的文件自动配置系统。没有该命令,路由器忽略 boot host 或者 boot network 命令,使用 NVRAM 中的配置信息。如果 NVRAM 中的配置信息无效或者丢失,service config 命令自动启用。

service config 命令也可以用在没有 boot host 或者 boot network 命令的情况。如果没有指定主机或者网络配置文件名,路由器使用默认配置文件。默认网络配置文件是 network-config。默认主机配置文件是 host-config,host 是路由器的主机名。如果 Cisco IOS 软件不能解析它的主机名,默认主机配置文件是 router-config。

【例 2.34】 自动加载服务器(192.168.7.19)上主机配置文件 wilma-config。

```
Router(config)# boot host tftp://192.168.7.19/usr/local/tftpdir/wilma-config
Router(config)# service config
```

【例 2.35】 自动加载服务器(使用默认广播地址)上网络配置文件 bridge_9.1。

```
Router(config)# boot network tftp:bridge_9.1
Router(config)# service config
```

2. 指定启动系统映像

路由器默认在闪存中寻找 IOS 系统映像并启动。路由器也可以从下列的位置寻找系统映像:闪存、TFTP 服务器和 ROM。

在全局配置模式下,使用 boot system 命令指定路由器启动时加载的系统映像。为移除指定启动系统映像,使用该命令的 no 形式。boot system 命令的格式如下,其语法说明如表 2.25 所示。

(1) 从 URL 或者 TFTP 加载系统映像。

```
boot system {file-url | filename}
no boot system {file-url | filename}
```

(2) 在内部闪存中启动系统映像。

```
boot system flash[partition-number:][filename]
no boot system flash[partition-number:][filename]
```

(3) 从 ROM 启动。

```
boot system rom
no boot system rom
```

(4) 从网络、TFTP 或 FTP 服务器启动系统映像。

```
boot system {rcp | tftp | ftp} filename [ip-address]
no boot system {rcp | tftp | ftp} filename [ip-address]
```

表 2.25 boot system 命令语法说明

参数	说明
file-url	系统映像的 URL
filename	系统映像的文件名
flash	内部闪存存储器
partition-number:	(可选项)闪存分区号
rom	ROM
rcp	RCP 网络服务器
tftp	TFTP 服务器
ftp	FTP 服务器
ip-address	(可选项)服务器 IP 地址,默认为 255.255.255.255

如果配置路由器从网络服务器启动,但是没有使用 boot system 命令指定一个系统映像,那么路由器使用配置寄存器设置确定默认系统映像文件。路由器以 cisco 开始构造默认启动文件名,然后添加配置寄存器中启动域的八进制值,跟着一个间隔符(-)和处理器类型名(cisconn-cpu)。

【例 2.36】 指定从两个可能网络位置获得系统映像,同时 ROM 作为备份。

```
Router(config)# boot system tftp://192.168.7.24/cs3-rx.90-1
Router(config)# boot system tftp://192.168.7.19/cs3-rx.83-2
Router(config)# boot system rom
```

确保路由器成功装载的最好方法是使用容错启动策略,可以设置路由器有多个引导源。多重引导表示路由器按照先后顺序,依次寻找、定位并成功装载一份工作 IOS 映像。一般来说,多重启动的启动顺序为闪存、TFTP 服务器和 ROM。

2.4 故障处理

2.4.1 显示系统信息

显示路由器信息可用于确定资源利用率和解决网络问题。为显示系统信息,在 EXEC 模式下使用 show 命令,语法说明如表 2.26 所示。

表 2.26 show 命令语法说明

命令	说明
show buffers	显示缓存池统计信息
show debugging	显示启用的调试类型信息
show environment	显示温度、电压、风扇和电源供给信息
show memory	显示内存统计信息
show processes	显示活动进程信息
show processes cpu	显示进程 CPU 使用统计信息
show protocols	显示配置的协议信息
show running-config	显示运行配置文件内容
show startup-config	显示启动配置文件内容
show version	显示软件和硬件版本信息

2.4.2 测试网络连接

1. ping 命令

在路由器的故障分析中,ping 命令是一个常见而实用的网络管理工具,用这种工具可以测试端到端的连通性,即检查源端到目的端网络是否通畅。ping 的工作原理很简单,就是从源端向目的端发出一定数量的网络包,然后从目的端返回这些包的响应,如果在一定的时间内源端收到响应,则程序返回从包发出到收到的时间间隔,根据时间间隔就可以统计网络的延迟。如果网络包的响应在一定时间间隔内没有收到,则程序认为包丢失,返回请求超时的结果。让 ping 一次发一定数量的包,然后检查收到相应的包的数量,则可统计出端到端网络的丢包率,而丢包率是检验网络质量的重要参数。

为分析基本网络连通性,在用户模式或者特权模式下,使用 ping 命令。ping 命令的格式如下,其语法说明如表 2.27 所示,ping 测试字符说明如表 2.28 所示。

ping[protocol {host - name | system - address}]

表 2.27 ping 命令语法说明

参数	说明
protocol	(可选项)协议关键字
host-name	主机名
system-address	协议地址

表 2.28 ping 测试字符说明

字 符	说 明
!	接收到 ICMP 回应回答
.	等待回应应答超时
U	接收到 ICMP 不可达消息
C	接收到 ICMP 源抑制消息
I	用户终止测试
M	包不可分段
?	未知包类型
&	接收到 ICMP 超时信息

在特权模式下,输入 ping 命令,系统提示协议关键字,默认协议是 IP 协议。如果输入主机名或地址在 ping 命令的同一行,默认动作是采用那个名字或地址合适的协议类型。

【例 2.37】 使用扩展 ping 命令,扩展 ping 命令字段说明如表 2.29 所示。

```
Router# ping
Protocol [ip]:
Target IP address: 192.168.7.27
Repeat count [5]:
Datagram size [100]:
Timeout in seconds [2]:
Extended commands [n]:
Sweep range of sizes [n]:
Type escape sequence to abort.
Sending 5, 100 - byte ICMP Echos to 192.168.7.27, timeout is 2 seconds:
!!!!!
Success rate is 100 percent, round - trip min/avg/max = 1/2/4 ms
```

表 2.29 IP 协议 ping 字段说明

字 段	说 明
Protocol [ip]:	支持协议提示,默认为 IP
Target IP address:	目的 IP 地址或者主机名提示
Repeat count [5]:	发送到目的地址的 ping 包数,默认为 5
Datagram size [100]:	ping 包大小,单位为字节,默认为 100
Timeout in seconds [2]:	超时间隔,默认为 2 秒
Extended commands [n]:	是否出现扩展命令
Sweep range of sizes [n]:	是否允许改变回送包大小
!!!!!	叹号表示回答接收,点表示等待回答超时
Success rate is 100 percent	包成功率
round-trip min/avg/max =1/2/4ms	回送包的往返时间间隔,包括最小值/平均值/最大值,单位为毫秒

2. 跟踪数据包路由

trace 命令提供路由器到目的地址的每一跳的信息。它通过控制 IP 报文的生存期

(TTL)字段来实现。TTL 等于 1 的 ICMP 回应请求报文将被首先发送。路径上的第一个路由器将会丢弃该报文并且发送回标识错误消息的报文。错误消息通常是 ICMP 超时消息,表明报文顺利到达路径的下一跳,或者端口不可达消息,表明报文已经被目的地址接收但是不能向上传送到 IP 协议栈。

为了获得往返延迟时间的信息,trace 发送 3 个报文并显示平均延迟时间。然后将报文的 TTL 字段加 1 再发送 3 个报文。这些报文将到达路径的第二个路由器上,并返回超时错误或者端口不可达消息。反复使用这一方法,不断增加报文的 TTL 字段的值,直到接收到目的地址的响应消息。

在有些情况下,使用 trace 命令可能会导致故障。因为 IOS 中存在与 trace 命令相关的 bug。这些 bug 的相关信息可以从思科在线(CCO)得到。另外一个问题是,某些目标站点不响应 ICMP 端口不可达消息。当命令的输出显示一系列星号(*)时,就可能碰到了此类站点。用户可以使用 Ctrl+Shift+6 组合键中断命令的执行。

为发现包到达目的实际通过的网络路由,在特权模式下,使用 trace 命令。trace 命令的格式如下,其语法说明如表 2.30 所示。

trace [*protocol*] [*destination*]

表 2.30 trace 命令语法说明

字段	说明
protocol	(可选项)协议
destination	(可选项)目的地址或者主机名

【例 2.38】 指定目的主机名、IP 协议的 trace 输出,IP 协议 trace 命令字段说明如表 2.31 所示。

```
Router# trace ABA.NYC.mil
Type escape sequence to abort.
Tracing the route to ABA.NYC.mil (26.0.0.73)
    1 DEBRIS.CISCO.COM (192.180.1.6) 10 msec 8 msec 4 msec
    2 BARRNET-GW.CISCO.COM (192.180.16.2) 8 msec 8 msec 8 msec
    3 EXTERNAL-A-GATEWAY.STANFORD.EDU (192.42.110.225) 8 msec 4 msec 4 msec
    4 BB2.SU.BARRNET.NET (192.200.254.6) 8 msec 8 msec 8 msec
    5 SU.ARC.BARRNET.NET (192.200.3.8) 12 msec 12 msec 8 msec
    6 MOFFETT-FLD-MB.in.MIL (192.52.195.1) 216 msec 120 msec 132 msec
    7 ABA.NYC.mil (26.0.0.73) 412 msec 628 msec 664 msec
```

表 2.31 IP 协议 trace 命令字段说明

字段	说明
1	到主机路径上的路由器序号
DEBRIS.CISCO.COM	路由器主机名
192.180.1.6	路由器 IP 地址
10 msec 8 msec 4 msec	3 个发送的探测数据往返时间

【例 2.39】 使用扩展 trace 命令,扩展 trace 命令字段说明如表 2.32 所示。

```
Router# trace
Protocol [ip]:
Target IP address: mit.edu
Source address:
Numeric display [n]:
Timeout in seconds [3]:
Probe count [3]:
Minimum Time to Live [1]:
Maximum Time to Live [30]:
Port Number [33434]:
Loose, Strict, Record, Timestamp, Verbose[none]:
Type escape sequence to abort.
Tracing the route to MIT.EDU (18.72.2.1)
    1 ICM-DC-2-V1.ICP.NET (192.108.209.17) 72 msec 72 msec 88 msec
    2 ICM-FIX-E-H0-T3.ICP.NET (192.157.65.122) 80 msec 128 msec 80 msec
    3 192.203.229.246 540 msec 88 msec 84 msec
    4 T3-2.WASHINGTON-DC-CNSS58.T3.ANS.NET (140.222.58.3) 84 msec 116 msec 88 msec
    5 T3-3.WASHINGTON-DC-CNSS56.T3.ANS.NET (140.222.56.4) 80 msec 132 msec 88 msec
    6 T3-0.NEW-YORK-CNSS32.T3.ANS.NET (140.222.32.1) 92 msec 132 msec 88 msec
    7 T3-0.HARTFORD-CNSS48.T3.ANS.NET (140.222.48.1) 88 msec 88 msec 88 msec
    8 T3-0.HARTFORD-CNSS49.T3.ANS.NET (140.222.49.1) 96 msec 104 msec 96 msec
    9 T3-0.ENSS134.T3.ANS.NET (140.222.134.1) 92 msec 128 msec 92 msec
   10 W91-CISCO-EXTERNAL-FDDI.MIT.EDU (192.233.33.1) 92 msec 92 msec 112 msec
   11 E40-RTR-FDDI.MIT.EDU (18.168.0.2) 92 msec 120 msec 96 msec
   12 MIT.EDU (18.72.2.1) 96 msec 92 msec 96 msec
```

表 2.32 扩展 trace 命令字段说明

字 段	说 明
Target IP address	目的主机名或者 IP 地址
Source address	源地址
Numeric display	符号显示或者数字显示
Timeout in seconds	等待探测包响应的秒数,默认是 3 秒
Probe count	每个 TTL 级别发送的探测包数,默认是 3
Minimum Time to Live [1]	第一个探测数据的 TTL 值,默认是 1
Maximum Time to Live [30]	最大 TTL 值,默认是 30
Port Number	目的端口号,默认是 33434
Loose, Strict, Record, Timestamp, Verbose	IP 头选项
Loose	不严格源路由选项
Strict	严格源路由选项
Record	记录路由选项
Timestamp	时间戳选项
Verbose	冗余模式

IP 协议 trace 测试字符说明如表 2.33 所示。

表 2.33　IP 协议 trace 测试字符说明

字　　符	说　　明
Nn msec	探测包到达各个节点的往返时间,单位为毫秒
*	探测包超时
?	未知包类型
A	强制禁止
H	主机不可达
N	网络不可达
P	协议不可达
Q	源端抑制
U	端口不可达

3. 连接目的主机

telnet 协议是 TCP/IP 协议族中的一员,是 Internet 远程登录服务的标准协议和主要方式。它为用户提供了在本地计算机上完成远程主机工作的能力。在终端使用者的计算机上使用 telnet 程序,用它连接到服务器。终端使用者可以在 telnet 程序中输入命令,这些命令会在服务器上运行,就像直接在服务器的控制台上输入一样。可以在本地就能控制服务器。要开始一个 telnet 会话,必须输入用户名和密码来登录服务器。

为登录到支持 telnet 的主机,在 EXEC 模式下,使用 telnet 命令。telnet 命令的格式如下,其语法说明如表 2.34 所示。

```
telnet host[port]
```

表 2.34　telnet 命令语法说明

host	主机名或 IP 地址
port	(可选项)TCP 端口号,默认为 23

【例 2.40】　在如图 2.3 所示的网络中,Router1 对 Router2 和 Router3 进行 Telnet 访问。

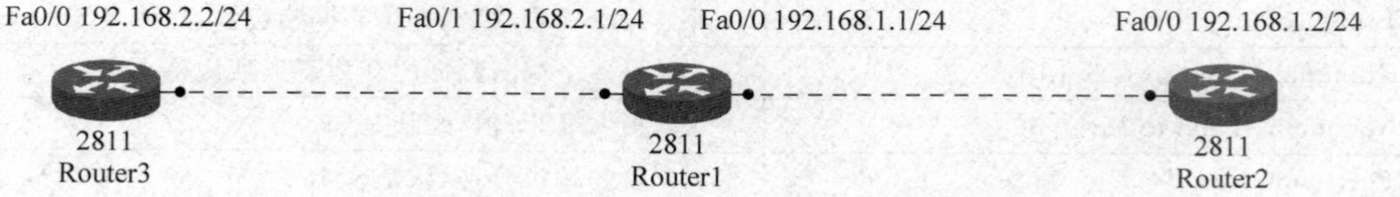

Fa0/0 192.168.2.2/24　　Fa0/1 192.168.2.1/24　Fa0/0 192.168.1.1/24　　Fa0/0 192.168.1.2/24

2811　　　　　　　　　　2811　　　　　　　　　2811
Router3　　　　　　　　Router1　　　　　　　　Router2

图 2.3　Telnet 示例拓扑结构

(1) 在 Router1 上 telnet 到 Router2。

```
Router1# telnet 192.168.1.2
Trying 192.168.1.2 ...
User Access Verification
```

```
Password:
Router2>
```

Router1 上当前会话的命令提示符发生的变化,说明已经成功 telnet 到 Router2,当前会话切换到 Router2 上,即以后所有操作都要在 Router2 执行。

(2) 在 Router1 上挂起当前在 Router2 上的会话,恢复原有在 Router1 上的会话,查看会话信息。

```
Router2><ctrl+shift+6>x
Router1#
```

(3) 在 Router1 上 telnet 到 Router3。

```
Router1# telnet 192.168.2.2
Trying 192.168.2.2 ...
User Access Verification
Password:
Router3><ctrl+shift+6>x
Router1# show sessions
Conn    Host          Address        Byte    Idle    Conn Name
  1     192.168.1.2   192.168.1.2    0       8       192.168.1.2
* 2     192.168.2.2   192.168.2.2    0       8       192.168.2.2
```

"*"号表示当前的终端会话,如果按 Enter 键,就会连接 Router3。如果想重新建立到 Router2 的链接,输入连接号"1"再按 Enter 键就可以实现。show sessions 命令字段说明如表 2.35 所示。

表 2.35 show sessions 命令字段说明

字段	说明
Conn	会话连接号
Host	远程主机
Address	远程主机 IP 地址
Bytes	用户将接收未读取的字节数
Idle	距上次发送数据的时间间隔,单位为分钟
Conn Name	连接的名字

为了挂起当前会话,先按 Ctrl+Shift+6 组合键,再按 x 键,Router1 上当前会话的命令提示符发生的变化,说明已经成功挂起当前在 Router2 上的会话,恢复原有在 Router1 上的会话。注意,Telnet 会话并没有结束,仅仅是暂时被挂起了,还可以恢复。

在 Router1 上,在特权模式下,通过 show sessions 命令,显示当前从 Router1 上发起的会话信息。

在 Router2 上,在特权模式下,通过 show users 命令,显示在 Router2 上关于活动线路的用户信息。

show users 命令的格式如下,其语法说明如表 2.36 所示。

```
show users [all]
```

表 2.36 show users 命令语法说明

all	（可选项）显示所有线路

【例 2.41】 显示所有线路上用户信息，show users 命令字段说明如表 2.37 所示。

```
Router2#show users
  Line         User      Host(s)       Idle         Location
*  0 con 0              idle          00:00:00
  67 vty 0              idle          00:00:03      192.168.1.1
```

表 2.37 show users 命令字段说明

字 段	说 明
Line	含有 3 个子字段： 第一个子字段是绝对线路号码 第二个子字段是线路类型，可能取值如下： con：控制台 aux：辅助端口 tty：异步终端端口 vty：虚拟终端 第三个子字段是该类型的相对线路号码
User	使用线路的用户
Host(s)	用户输出连接到的主机
Idle	从用户输入开始的时间间隔，以分钟为单位
Location	发起输入连接的主机

在 Router1 恢复挂起的 telnet 会话，在特权模式下，通过 resume 命令。resume 命令的格式如下，其语法说明如表 2.38 所示。

```
resume session-number
```

表 2.38 resume 命令语法说明

session-number	会话号

例如：

```
Router1#resume 1
[Resuming connection 1 to 192.168.1.2 ...]
Router2>
```

Router1 上当前会话的命令提示符发生的变化，说明已经成功恢复挂起的会话，当前会话又切换到 Router2 上。

在 Router1 上关闭发起的会话,在特权模式下,使用 disconnect 命令。disconnect 命令的格式如下,其语法说明如表 2.39 所示。

```
disconnect [connection]
```

表 2.39 disconnect 命令语法说明

connection	(可选项)线路号或者活动网络连接名字

例如:

```
Router1#disconnect 1
Closing connection to 192.168.1.2 [confirm]
Router1#
```

也可以在 Router2 上关闭 Router1 发起的会话,在特权模式下,使用 clear line 命令。clear line 命令的格式如下,其语法说明如表 2.40 所示。

```
clear line line-number
```

表 2.40 clear line 命令语法说明

line-number	线路号

例如:

```
Router2#clear line 67
[confirm]
Router2#
```

2.4.3 调试系统状态

Debug 特权 EXEC 命令的输出提供有关各种网际互联事件的诊断信息,这些事件一般涉及协议状态和网络行为。谨慎使用 debug 命令。在互联网络处于高负载的情况下,启用调试功能会中断路由器的运行。在启动 debug 命令之前应始终考虑此命令将生成的输出及所花费的时间。

在调试之前,通过 show processes cpu 命令来查看 CPU 负载情况。开始调试之前应验证是否有足够的 CPU。在运行调试功能时,特别是进行大量调试时,通常不出现路由器提示。但是,在大多数情况下,可以通过 no debug all 或 undebug all 命令来停止调试。通过 show debug 命令来验证是否已经关闭调试。

路由器可显示各种接口的调试输出,其中包括控制面板、aux 和 vty 端口。路由器还可将发送到内部缓冲器的日志消息记录到外部 unix syslog 服务器上。

在启用有条件触发调试功能的情况下,对于在特定接口路由器上发送或接收的数据包,路由器生成调试消息;对于通过不同接口发送或接收的数据包,路由器不生成调试输出。

下面研究一下有条件调试的简单应用。假设路由器(traxbol)具有运行 HDLC 的两个接口(串口 0 和串口 3)，现在通过常用的 debug serial interface 命令来观察所有端口上所接收的 HDLC 存活信息。通过这种方法可以看到这两个接口上的存活信息。

```
traxbol#debug serial interface
Serial network interface debugging is on
traxbol#
*Mar 8 09:42:34.851: Serial0: HDLC myseq 28, mineseen 28*, yourseen 41, line up
! -- 接口 Serial 0 上 HDLC 保活
*Mar 8 09:42:34.855: Serial3: HDLC myseq 26, mineseen 26*, yourseen 27, line up
! -- 接口 Serial 3 上的 HDLC 保活
*Mar 8 09:42:44.851: Serial0: HDLC myseq 29, mineseen 29*, yourseen 42, line up
*Mar 8 09:42:44.855: Serial3: HDLC myseq 27, mineseen 27*, yourseen 28, line up
```

现在启用串口 3 上的有条件调试，也就是说，只显示串口 3 的调试。因此，使用"debug condition interface <interface_type interface_number>"命令。

```
traxbol#debug condition interface serial 3
```

通过 show debug condition 命令来验证有条件调试是否处于启用状态。请注意，串口 3 处于激活状态。

```
traxbol#show debug condition
Condition 1: interface Se3 (1 flags triggered)
Flags: Se3
traxbol#
*Mar 8 09:43:04.855: Serial3: HDLC myseq 29, mineseen 29*, yourseen 30, line up
*Mar 8 09:43:14.855: Serial3: HDLC myseq 30, mineseen 30*, yourseen 31, line up
```

注意：现在只显示串口 3 的调试。

若要取消有条件调试，则使用"undebug interface <interface_type interface_number>"命令。在关闭有条件触发器之前，最好关闭调试(例如，使用 undebug all 命令)。通过这种办法，可避免删除条件时出现调试输出泛滥。

```
traxbol#undebug interface serial 3
This condition is the last interface condition set.
Removing all conditions may cause a flood of debugging messages to result, unless specific debugging flags are first removed.
Proceed with removal? [yes/no]: y
Condition 1 has been removed
traxbol#
*Mar 8 09:43:34.927: Serial3: HDLC myseq 32, mineseen 32*, yourseen 33, line up
*Mar 8 09:43:44.923: Serial0: HDLC myseq 35, mineseen 35*, yourseen 48, line up
```

现在可以观察到显示两个串口 0 和串口 3 的调试。

2.4.4 系统日志消息

IOS 支持系统日志(Syslog)协议将日志消息发送给指定目的地。Syslog 是一种通过网络传送事件信息的传输机制。通过日志消息观察路由器的变化状态是一个重要功能。网络服务器默认向控制台终端发送 debug 命令的输出、系统错误消息以及异步事件(如接口转换)的输出。

使用者可以分发这些消息到其他目的。这些目的包括控制台、虚拟终端、内部缓冲区或 Syslog 服务器。使用者应注意这些目的会影响系统开销。系统开销从大到小的顺序依次是控制台、虚拟终端、内部缓冲区、Syslog 服务器。

系统日志消息可以包含 80 个字符和一个百分号(%),它跟在可选项顺序号和时间戳后。消息以下列格式出现,消息元素意义如表 2.41 所示。

```
seq no:timestamp: % facility - severity - MNEMONIC:description
```

表 2.41 系统日志消息元素

元素	描述
seq no:	(可选项)消息的顺序号
timestamp:	(可选项)消息的日期和时间,格式如下: mm/dd hh:mm:ss 或 hh:mm:ss(短运行时间)或 d h(长运行时间)
facility	消息参照的设施
severity	消息严重级别,参见表 2.43
MNEMONIC	唯一标识消息
description	关于被记录事件的详细信息描述

在控制台工作的时候经常会被 IOS 发来的消息打断,通知某些事情。这些消息称为系统日志,IOS 就是通过它来告知自己认为重要的事情。这些消息通常以下面的方式出现。

```
% LINK - 5 - CHANGED: Interface FastEthernet0/0, changed state to up
% LINK - 5 - CHANGED: Interface FastEthernet0/1, changed state to up
% LINK - 5 - CHANGED: Interface FastEthernet0/0, changed state to administratively down
% LINK - 5 - CHANGED: Interface FastEthernet0/1, changed state to administratively down
% LINK - 5 - CHANGED: Interface Vlan1, changed state to administratively down
```

在这个例子中,这些消息都是通知关于链路协议的链路状态上下跳转的情况,或者是告诉系统已经重新启动了。这些消息一般是在路由器重启时出现,并且这些消息没有实际意义。然而,默认情况下,这些消息只在控制台出现,通过使用某些工具可以使这种情况有所改善。

处理这种问题最有效的方法是在全局配置模式下,使用 logging 命令。logging 命令的关键字如表 2.42 所示。

表 2.42　logging 命令关键字说明

关　键　字	说　　明
hostname 或 A.B.C.D	记录日志主机的主机名或 IP 地址
Buffered	设置缓冲区日志参数
Console	设置控制台日志级别
Facility	syslog 消息的设施参数
History	配置 syslog 历史表
Monitor	设置终端线路日志级别
On	启用日志
source-interface	指定日志事务中的接口源地址
trap	设置 syslog 服务器日志级别

　　logging [hostname or IP address] 命令可以将系统消息保存到用于管理档案文件的系统日志服务器上。这当然需要在目的地有一台运行的系统日志服务器。在告知系统将信息保存到日志服务器以前,必须确保已经输入了 no logging console 命令,这条命令可以阻止所有送往控制台端口的信息。因为在两个已知的位置记录信息会导致路由器挂起,所以这种约束是必要的。

　　logging buffered 命令告知 IOS 把日志复制到 RAM 里面。当不是从控制台而是从一个连接上登录路由器时,这条命令就显得非常有用,因为在默认情况下系统信息是不会通过 telnet 或者辅助连接来显示的。这时通过使用 show logging 命令,就可以方便地观察这些系统消息了。

　　还可以通过使用 logging console 命令来设置送往控制台日志的级别。只要输入 logging console 命令就可以控制送往可能告知的日志了。日志的级别关键字如表 2.43 所示。

表 2.43　日志级别关键字说明

级别关键字	级别	描　　述	系统日志定义
emergencies	0	系统不可用	LOG_EMERG
alerts	1	需立即行动	LOG_ALERT
critical	2	关键情形	LOG_CRIT
errors	3	错误情形	LOG_ERR
warnings	4	警告情形	LOG_WARNING
notifications	5	正常但重要的情形	LOG_NOTICE
informational	6	报告消息	LOG_INFO
debugging	7	调试信息	LOG_DEBUG

　　有些情况下,可能只关心严重程度为 4(警告)或者更高级别的信息,但是总有很多其他的信息来干扰。这时可以输入"logging console 4"或者"logging console warnings"命令来告知路由器只显示严重程度为 4 或者更高级别的信息。如果执行了这一操作,那么在使用 debug 命令之前必须将日志设回默认状态(严重程度为 7 或者调试)。

　　可以使用 logging facility 命令与日志服务器相连来规定消息是怎样产生的。这条命令只有当要载入一个日志服务时才有用。

还可以使用 logging history 命令来控制需要保留的全部日志数并控制需要保留的日志级别,而不用考虑在控制台连接上设置的严重程度。通过输入"logging history size[size in messages]"命令可以设定保留的日志数,这个数字可以是从 1 到 500 之间的任何整数;使用"logging history [severity]"命令就可以控制保留什么级别的日志了,这个等级与在 logging console 命令中使用的级别是一样的。

logging monitor 命令是用来设置日志与终端会话而不仅仅是与控制台的对话,如 telnet 和 aux 连接。从另一方面讲,它与 logging console 命令是一样的。

logging on 命令用来使日志不仅可以记录在控制台上,还可以记录在目的服务器上。使用 no logging on 命令可以取消所有(包括日志服务器)除了控制台(一般是要保留的)以外的日志设置。

使用 logging source-interface 命令可以设置从路由器发送出的系统日志数据报的源 IP 地址。这对于那种除非从特殊 IP 发送日志否则不会被服务器接受的高安全环境是非常必要的。

logging trap 命令用来为配置管理站设置级别,以发送 SNMP 的过滤。也就是说,这样只允许那些非常重要的信息送到 SNMP 的管理器上接受分析。这条命令的严重程度和语法结构与 logging console 命令的一样。

当想看所有的系统日志而又不希望所运行的命令被信息打扰的时候,logging synchronous 命令就显得很好用。这个线路配置命令(通过开始在全局提示符下输入 line console 0 命令来得到控制台端口)使得只有按下 Enter 键才能看到系统消息,也就是说当接收到一条系统日志的时候,工作命令也不会被打断。

在某些情况下,保证日志正确的时间信息对路由器来说是很重要的。为启动日志消息的时间戳,在全局配置模式下,使用 service timestamps 命令。service timestamps 命令的格式如下,其语法说明如表 2.44 所示。

```
service timestamps{debug|log} uptime
service timestamps{debug|log} datetime [msec] [localtime] [show - timezone][year]
```

表 2.44　service timestamps 命令语法说明

debug	调试输出中包含时间戳
log	在每种日志消息中包含时间戳
msec	在消息中包含毫秒信息
localtime	基于路由器本地设置的时区时间
show-timezone	在日期和时间输出中包含时区名称
year	在时间信息中包含年参数

【例 2.42】 指定终端线路为 4,并为其启用严重级别为 6 的同步日志消息;然后指定另一个终端线为 2,并为其启用严重级别为 7 的同步日志消息,同时指定最大的缓冲区数为 70 000。

```
Router(config)# line 4
Router(config - line)# logging synchronous level 6
```

```
Router(config-line)# line 2
Router(config-line)# logging synchronous level 7 limit 70000
```

为显示当前日志建立相关的地址、级别及其他任何日志统计值，在 EXEC 模式下，使用 show logging 命令。show logging 命令的格式如下，其语法说明如表 2.45 所示。

```
show logging [summary]
```

表 2.45 show logging 命令语法说明

summary	按类型显示消息的数目

为清除当前缓冲区的信息，在特权 EXEC 模式下，使用 clear logging 命令。

2.5 CDP 协议配置

2.5.1 CDP 协议概述

Cisco 发现协议（Cisco Discovery Protocol，CDP）是 Cisco 所有的协议，只能在 Cisco 生产的设备上使用。该协议的目的是帮助网络管理和网络工程师了解网络拓扑，了解网络设备的状况以及为排除网络设备的故障提供一种简便的定位故障点的方法。

CDP 协议工作在 OSI 参考模型的数据链路层上，它与上层的协议及物理层的连接介质无关，即无论上层采用何种协议栈（IP、IPX、Apple Talk 等），通过 CDP 协议都可以了解网络设备的状况。而物理层的连接介质只要符合 SNAP 标准，CDP 就可以在这些连接介质上工作，这些连接介质包括以太、帧中继、ATM 等，如图 2.4 所示。

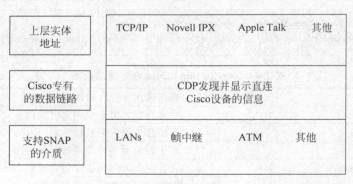

图 2.4 CDP 协议

CDP 版本 2（CDPv2）是这个协议的最新版本。Cisco 的 IOS 12.0(3)T 版本及以后的版本都支持 CDPv2。Cisco IOS 10.3 版本及以后的版本默认支持 CDP 版本 1（CDPv1）。

使用 CDP 协议可以了解所有与用户正在配置的设备相邻设备上的许多有用信息，包括设备的标识、设备的地址、设备的平台、设备的功能、设备的接口、保持定时器、IOS 的版本、CDP 的版本。

配置 CDP 的设备周期性发送信息(即通告)给多个路由器。每隔一个周期设备至少通告一个地址,在这个地址上它能够接收 SNMP 消息。这个通告中当然也包括生存时间和保持时间的信息。这个保持时间信息是表示接收通告的设备在丢弃 CDP 信息之前持有该信息的时间。除此之外,每个设备都会监听由其他设备周期发送的 CDP 信息,来学习邻居设备。

默认情况下,CDP 每隔 60 秒发送一次信息。保持定时器每收到一条 CDP 信息就重新设定。当由于邻居设备死机或者别的原因而没有响应的时候,定时器能够监测到。当保持定时器超时,就认为该设备死机,并将它从 CDP 的邻居表中删除。默认情况下保持定时器设为 180 秒或者为发送信息周期的 3 倍。

2.5.2 配置 CDP 协议特性

为指定 Cisco IOS 发送 CDP 更新的周期,在全局配置模式下,使用 cdp timer 命令。为返回到默认值,使用该命令的 no 形式。cdp timer 命令的格式如下,其语法说明如表 2.46 所示。

```
cdp timer seconds
no cdp timer
```

表 2.46 cdp timer 命令语法说明

| seconds | 发送 CDP 更新的周期,单位为秒,默认为 60 秒 |

为指定接收设备在丢弃 CDP 包前保持它的时间,在全局配置模式下,使用 cdp holdtime 命令。为返回到默认设置,使用该命令的 no 形式。cdp holdtime 命令的格式如下,其语法说明如表 2.47 所示。

```
cdp holdtime seconds
no cdp holdtime
```

表 2.47 cdp holdtime 命令语法说明

| seconds | CDP 包的保持时间,默认为 180 秒 |

【例 2.43】 设置 CDP 定时器,每隔 30 秒发送更新到邻居路由器。

```
Router(config)# cdp timer 30
Router(config)# exit
Router# show cdp interface
Serial0 is up, line protocol is up
Encapsulation is HDLC
Sending CDP packets every 30 seconds
Holdtime is 180 seconds
```

【例 2.44】 设置保持时间为 90 秒。

```
Router(config)# cdp holdtime 90
Router(config)# exit
Router# show cdp interface
Serial0 is up, line protocol is up
Encapsulation is HDLC
Sending CDP packets every 30 seconds
Holdtime is 90 seconds
```

在 Cisco 设备上，CDPv2 通告的广播默认是启用的。为在设备上启用 CDPv2 通告功能，在全局配置模式下，使用 cdp advertise-v2 命令。为禁用通告 CDPv2 功能，使用该命令的 no 形式。cdp advertise-v2 命令的格式如下。

```
cdp advertise-v2
no cdp advertise-v2
```

【例 2.45】 在路由器上禁用 CDPv2 通告。

```
Router# show cdp
Global CDP information:
Sending CDP packets every 60 seconds
Sending a holdtime value of 180 seconds
Sending CDPv2 advertisements is enabled Router# configure terminal
Enter configuration commands, one per line. End with CNTL/Z.
Router(config)# no cdp advertise-v2
Router(config)# end
Router# show cdp
Global CDP information:
Sending CDP packets every 60 seconds
Sending a holdtime value of 180 seconds
Sending CDPv2 advertisements is not enabled
```

2.5.3 启用或禁用 CDP 协议

在 Cisco 设备上，CDP 默认是启用的。为启用 CDP，在全局配置模式下，使用 cdp run 命令。为禁用 CDP，使用该命令的 no 形式。

```
cdp run
no cdp run
```

在所有支持的接口（除了帧中继多点子接口）上，CDP 默认是启用的，能够发送和接收 CDP 信息。为在一个接口上启用 CDP，在接口配置模式下，使用 cdp enable 命令。为在一个接口上禁用 CDP，使用该命令的 no 形式。cdp enable 命令的格式如下。

```
cdp enable
no cdp enable
```

【例 2.46】 全局禁用 CDP，尝试在以太网接口 0 上启用 CDP。

```
Router(config)# no cdp run
Router(config)# end
Router# show cdp
% CDP is not enabled
Router# configure terminal
Enter configuration commands, one per line. End with CNTL/Z.
Router(config)# interface ethernet0
Router(config-if)# cdp enable
% Cannot enable CDP on this interface, since CDP is not running
```

禁用 CDP 的 4 个原因是：节省网络带宽、节省 CPU 资源、连接的是非 Cisco 设备和确保安全。

2.5.4 监视与维护 CDP 协议

为显示全局 CDP 信息，包括定时器和保持时间信息，在特权 EXEC 模式下，使用 show cdp 命令。

```
show cdp
```

【例 2.47】 显示全局 CDP 信息。

```
Router# show cdp
Global CDP information:
Sending CDP packets every 60 seconds
Sending a holdtime value of 180 seconds
Sending CDPv2 advertisements is enabled
```

为显示关于通过 CDP 发现的指定邻居设备的信息，在特权 EXEC 模式下，使用 show cdp entry 命令。show cdp entry 命令的格式如下，其语法说明如表 2.48 所示。

```
show cdp entry { * | device-name[ * ]} [version] [protocol]
```

表 2.48 show cdp entry 命令语法说明

*	显示所有 CDP 邻居信息
device-name[*]	邻居的名字，* 作为通配符
version	（可选项）显示版本信息
protocol	（可选项）显示协议信息

【例 2.48】 显示邻居设备 device.cisco.com 信息，show cdp entry 命令字段说明如表 2.49 所示。

```
Router# show cdp entry device.cisco.com
Device ID: device.cisco.com
```

```
Entry address(es):
IP address: 10.1.17.24
IPv6 address: FE80::203:E3FF:FE6A:BF81 (link-local)
IPv6 address: 4000::BC:0:0:C0A8:BC06 (global unicast)
CLNS address: 490001.1111.1111.1111.00
Platform: cisco 3640, Capabilities: Router
Interface: Ethernet0/1, Port ID (outgoing port): Ethernet0/1
Holdtime : 160 sec
Version :
Cisco Internetwork Operating System Software
IOS (tm) 3600 Software (C3640-A2IS-M), Experimental Version 12.2
Copyright (c) 1986-2001 by cisco Systems, Inc.
Compiled Wed 08-Aug-01 12:39 by joeuser
```

表 2.49 show cdp entry 命令字段说明

字 段	说 明
Device ID：device.cisco.com	设备名称或者 ID
Entry address(es)：	IP 地址、IPv6 本地链路地址、IPv6 全局单播地址和 CLNS 地址
Platform：	平台信息
Interface：Ethernet0/1，Port ID（outgoing port）：Ethernet0/1	接口和端口 ID
Holdtime：	保持时间，单位为秒
Version：	版本信息

为显示关于启用 CDP 接口的信息，在特权 EXEC 模式下，使用 show cdp interface 命令。show cdp interface 命令的格式如下，其语法说明如表 2.50 所示。

```
show cdp interface[type number]
```

表 2.50 show cdp interface 命令语法说明

type	（可选项）接口类型
number	（可选项）接口号码

【例 2.49】 show cdp interface 命令输出。

```
Router# show cdp interface
Serial0 is up, line protocol is up, encapsulation is SMDS
Sending CDP packets every 60 seconds
Holdtime is 180 seconds
Ethernet0 is up, line protocol is up, encapsulation is ARPA
Sending CDP packets every 60 seconds
Holdtime is 180 seconds
```

【例 2.50】 指定接口的 show cdp interface 命令输出。

```
Router# show cdp interface ethernet 0
Ethernet0 is up, line protocol is up, encapsulation is ARPA
Sending CDP packets every 60 seconds
Holdtime is 180 seconds
```

为显示通过 CDP 发现邻居的详细信息,在特权 EXEC 模式下,使用 show cdp neighbors 命令。show cdp neighbors 命令的格式如下,其语法说明如表 2.51 所示。

```
show cdp neighbors [type number] [detail]
```

表 2.51 show cdp neighbors 命令语法说明

字段	说明
type	(可选项)接口类型
number	(可选项)接口号码
detail	(可选项)显示关于邻居的详细信息

【例 2.51】 show cdp neighbors 命令输出,show cdp neighbors 命令字段说明如表 2.52 所示。

```
Router# show cdp neighbors
Capability Codes:R - Router, T - Trans Bridge, B - Source Route Bridge S - Switch,
H - Host, I - IGMP, r - Repeater
Device ID    Local Intrfce    Holdtme    Capability    Platform    Port ID
joe          Eth 0            133        R             4500        Eth 0
sam          Eth 0            152        R             AS5200      Eth 0
terri        Eth 0            144        R             3640        Eth0/0
maine        Eth 0            141                      RP1         Eth 0/0
sancho       Eth 0            164                      7206        Eth 1/0
```

表 2.52 show cdp neighbors 命令字段说明

字段	说明
Capability Codes	设备类型
Device ID	邻居设备的名称、MAC 地址或者序列号
Local Intrfce	本地接口
Holdtime	保持 CDP 通告的剩余时间,单位为秒
Capability	设备类型,可能取值如下: R——路由器 T——透明网桥 B——源路由网桥 S——交换机 H——主机 I——IGMP 设备 r——中继器
Platform	设备产品号
Port ID	邻居设备的接口或者端口号

【例 2.52】 show cdp neighbors detail 命令输出，show cdp neighbors detail 命令字段说明如表 2.53 所示。

```
Router# show cdp neighbors detail
Device ID: device.cisco.com
Entry address(es):
IPv6 address: FE80::203:E3FF:FE6A:BF81 (link-local)
IPv6 address: 4000::BC:0:0:C0A8:BC06 (global unicast)
Platform: cisco 3640, Capabilities: Router
Interface: Ethernet0/1, Port ID (outgoing port): Ethernet0/1
Holdtime : 160 sec
Version :
Cisco Internetwork Operating System Software
IOS (tm) 3600 Software (C3640-A2IS-M), Version 12.2(25)SEB4, RELE)
advertisement version: 2
Duplex Mode: half
Native VLAN: 42
VTP Management Domain: 'Accounting Group'
```

表 2.53 show cdp neighbors detail 命令字段说明

字 段	说 明
Device ID	邻居设备名称、MAC 地址或者序列号
Entry address(es)	邻居设备网络地址列表
IPv6 address：FE80::203:E3FF:FE6A:BF81 (link-local)	邻居设备网络地址
Platform	邻居设备产品名称和号码
Capabilities	邻居设备类型
Interface	本地接口
Port ID	邻居设备接口或者端口号
Holdtime	保持 CDP 通告剩余的时间
Version	邻居设备软件版本
advertisement version：	CDP 通告版本
Duplex Mode	连接双工状态
Native VLAN	邻居设备 VLAN ID
VTP Management Domain	与邻居设备关联的 VTP 管理域名

为显示关于 CDP 流量的信息，在特权 EXEC 模式下，使用 show cdp traffic 命令。show cdp traffic 命令的格式如下。

```
show cdp traffic
```

【例 2.53】 show cdp traffic 命令输出。

```
Router# show cdp traffic
Total packets output: 543, Input: 333
Hdr syntax: 0, Chksum error: 0, Encaps failed: 0
No memory: 0, Invalid: 0, Fragmented: 0
CDP version 1 advertisements output: 191, Input: 187
CDP version 2 advertisements output: 352, Input: 146
```

为复位 CDP 流量计数器为 0，在特权 EXEC 模式下，使用 clear cdp counters 命令。clear cdp counters 命令的格式如下。

```
clear cdp counters
```

【例 2.54】 清除 CDP 计数器。

```
Router# clear cdp counters
Router# show cdp traffic
CDP counters:
Packets output: 0, Input: 0
Hdr syntax: 0, Chksum error: 0, Encaps failed: 0
No memory: 0, Invalid packet: 0, Fragmented: 0
```

为清除含有关于邻居 CDP 信息的表格，在特权 EXEC 模式下，使用 clear cdp table 命令。clear cdp table 命令的格式如下。

```
clear cdp table
```

【例 2.55】 清除 CDP 表格。

```
Router# clear cdp table
CDP - AD: Deleted table entry for neon.cisco.com, interface Ethernet0
CDP - AD: Deleted table entry for neon.cisco.com, interface Serial0
Router# show cdp neighbors
Capability Codes: R - Router, T - Trans Bridge, B - Source Route Bridge
                  S - Switch, H - Host, I - IGMP
Device ID   Local Intrfce   Holdtime   Capability Platform Port ID
```

2.6 实验练习

实验拓扑结构图如图 2.5 所示。

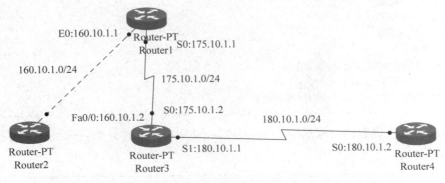

图 2.5 综合实验拓扑结构图

路由器配置步骤如下。

（1）系统管理。按实验拓扑图设置各路由器名字，配置各路由器密码。

在 Router1 上设置路由器名字为 router1，enable password 口令为 lab，enable secret 口令为 cisco；设置控制台端口口令为 cisco。

```
Router > enable
Router # configure terminal
Router(config) #
Router(config) # hostname router1
router1(config) #
router1(config) # enable password lab
router1(config) # enable secret cisco
router1 # logout
router1 > enable
password: cisco
router1 #
router1(config) # line console 0
router1(config-line) # password cisco
router1(config-line) # login
router1 # logout
enter
password: cisco
router1 > enable
password: cisco
router1 #
```

在 Router2 上设置路由器名字为 router2，enable secret 口令为 cisco；设置虚拟终端口口令为 cisco。

```
Router > enable
Router # configure terminal
Router(config) #
Router(config) # hostname router2
router2(config) # enable secret cisco
router2 # logout
router2 > enable
password: cisco
router2 #
router2(config) # line vty 0 4
router2(config-line) # login
router2(config-line) # password cisco
```

在 Router3 上设置路由器名字为 router3，enable secret 口令为 cisco；设置虚拟终端口口令为 cisco。

```
Router > enable
Router # configure terminal
```

```
Router(config)#
Router(config)# hostname router3
router3 (config)# enable secret cisco
router3# logout
router3> enable
password: cisco
router3#
router3 (config)# line vty 0 4
router3 (config-line)# login
router3 (config-line)# password cisco
```

在 Router1 上测试：

```
router1(config)# ip host router2 160.10.1.2
router1# show hosts
router1# ping router2
```

（2）接口配置。按实验拓扑图在各路由器上配置 IP 地址，以保证直接链路的连通性。

在 Router1 上，设置 Ethernet0 接口 IP 地址为 160.10.1.1，子网掩码 255.255.255.0；设置 Serial0 接口 IP 地址为 175.10.1.1，子网掩码为 255.255.255.0，配置接口带宽为 64Kbps，配置串口上的时钟为 64 000。

```
router1(config)# interface ethernet0
router1(config-if)# ip address 160.10.1.1 255.255.255.0
router1(config-if)# no shutdown
router1(config-if)# interfaces s0
router1(config-if)# ip address 175.10.1.1 255.255.255.0
router1(config-if)# no shut
router1 (config-if)# ctrl-z
router1#
router1# show interfaces
router1# show interfaces serial 0
router1# configure terminal
router1(config)# interface serial 0
router1(config-if)# bandwidth 64
router1(config-if)# clock rate 64000
router1(config-if)# ctrl-z
router1# show interfaces serial 0
```

在 Router2 上，设置 Fast Ethernet0/0 接口 IP 地址为 160.10.1.2，子网掩码 255.255.255.0。从 router2 ping router1 的 Ethernet0 接口，可以 ping 通。

```
router2(config)# interface Fa 0/0
router2(config-if)# ip address 160.10.1.2 255.255.255.0
router2(config-if)# no shut
router2 (config-if)# ctrl-z
router2#
```

```
router2# show interfaces
router2# ping 160.10.1.1
```

在 Router3 上,设置 Serial0 接口 IP 地址为 175.10.1.2,子网掩码 255.255.255.0;设置 Serial1 接口 IP 地址为 180.10.1.1,子网掩码 255.255.255.0。

```
router3(config)# interface s0
router3(config-if)# ip address 175.10.1.2 255.255.255.0
router3(config-if)# no shut
router3(config)# interface s1
router3(config-if)# ip address 180.10.1.1 255.255.255.0
router3(config-if)# no shut
```

在 Router4 上,设置 Serial0 接口 IP 地址为 180.10.1.2,子网掩码 255.255.255.0。

```
router4(config)# interface s0
router4(config-if)# ip address 180.10.1.2 255.255.255.0
router4(config-if)# no shut
```

(3) 文件管理。查看 Router1 的运行配置文件和启动配置文件,复制运行配置文件到启动配置文件,再查看启动配置文件。

```
router1# show running-config
router1# show startup-config
router1# copy running-config startup-config
router1# show startup-config
```

(4) CDP 配置。查找 CDP 邻居,熟悉 CDP 的配置。

在 Router1 上,显示通过 CDP 发现邻居的详细信息;显示关于启用 CDP 接口的信息;显示关于 CDP 流量的信息;设置 CDP 定时器,每隔 50 秒发送更新到邻居路由器,设置保持时间为 170 秒;再次显示关于启用 CDP 接口的信息。

```
router1# show cdp neighbors
router1# show cdp neighbors detail
router1# show cdp interface
router1# show cdp traffic
router1(config)# cdp timer 50
router1(config)# cdp holdtime 170
router1(config)# exit
router1# show cdp interface
```

(5) Telnet。熟悉 Telnet 程序的使用。

在 Router1 上,通过 Telnet 访问 Router2,查看有多少个远程 Telnet 会话连接到本地,暂时挂起当前的 Telnet 会话,列出本地设备上所有连接到远程设备的 Telnet 会话;通过 Telnet 访问 Router3,查看有多少个远程 Telnet 会话连接到本地,暂时挂起当前的 Telnet 会话,列出本地设备上所有连接到远程设备的 Telnet 会话。在本地设备上退出本地与远程设备的 Telnet 会话,然后再一次查看有多少个远程 Telnet 会话连接到本地。

```
router1# telnet 160.10.1.2
router2 >
router2# show users
router2# ctrl-shift-6 x
router1#
router1# show sessions
router1# telnet 175.10.1.2
router3 >
router3 > ctrl-shift-6 x
router1#
router1# show sessions
router1# disconnect 2
router1# disconnect 1
router1# show sessions
```

习 题

1. 写出路由器配置,拓扑结构图如图 2.6 所示,完成如下配置要求。

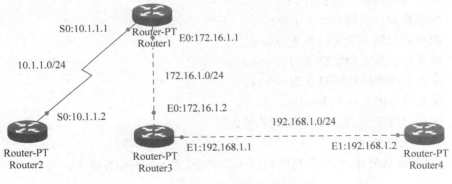

图 2.6 习题拓扑结构图

(1) 在 Router1 上设置路由器名字为 r1,enable password 口令为 cisco0,enable secret 口令为 cisco1,设置控制台端口口令为 cisco2。

(2) 在 Router2 上设置路由器名字为 r2,enable secret 口令为 cisco1;设置虚拟终端口令为 cisco2。

(3) 在 Router3 上设置路由器名字为 r3,enable secret 口令为 cisco1;设置虚拟终端口令为 cisco2。

(4) 在 Router1 上关联 Router2 的名字和 IP 地址,显示主机表,ping Router2 的名字。

(5) 在 Router1 上设置 Serial0 接口 IP 地址为 10.1.1.1,子网掩码 255.255.255.0;设置 Ethernet0 接口 IP 地址为 172.16.1.1,子网掩码 255.255.255.0,配置接口带宽为 48Kbps,配置串口上的时钟为 9600。

(6) 在 Router2 上设置 Serial0 接口 IP 地址为 10.1.1.2,子网掩码 255.255.255.0。从

Router2 ping Router1 的 Serial0 接口。

(7) 在 Router3 上设置 Ethernet0 接口 IP 地址为 172.16.1.2,子网掩码 255.255.255.0;设置 Ethernet1 接口 IP 地址为 192.168.1.1,子网掩码 255.255.255.0。

(8) 在 Router4 上设置 Ethernet0 接口 IP 地址为 192.168.1.2,子网掩码 255.255.255.0。

(9) 查看 Router1 的运行配置文件和启动配置文件,复制运行配置文件到启动配置文件,再查看启动配置文件。

(10) 在 Router1 上,显示通过 CDP 发现邻居的详细信息;显示关于启用 CDP 接口的信息;显示关于 CDP 流量的信息;设置 CDP 定时器,每隔 90 秒发送更新到邻居路由器,设置保持时间为 270 秒;再次显示关于启用 CDP 接口的信息。

(11) 在 Router1 上,通过 Telnet 访问 Router2,查看有多少个远程 Telnet 会话连接到本地,暂时挂起当前的 Telnet 会话,列出本地设备上所有连接到远程设备的 Telnet 会话;通过 Telnet 访问 Router3,查看有多少个远程 Telnet 会话连接到本地,暂时挂起当前的 Telnet 会话,列出本地设备上所有连接到远程设备的 Telnet 会话。在本地设备上退出本地与远程设备的 Telnet 会话,然后再一次查看有多少个远程 Telnet 会话连接到本地。

2. 写出路由器配置,完成如下配置要求。

(1) 配置以太网接口 0 的 IP 地址为 192.168.1.1,子网掩码为 255.255.255.0。

(2) 重新激活以太网接口 0。

(3) 显示以太网接口 0 信息。

(4) 配置控制台线路口令为 cisco1。

(5) 配置特权模式明文口令为 cisco2。

(6) 配置特权模式加密口令为 cisco3。

(7) 配置虚拟终端线路口令为 cisco4。

(8) 配置路由器名称为 Router。

(9) 保存运行配置,重新启动后为当前配置。

(10) 显示运行配置。

3. 写出路由器配置,拓扑结构图如图 2.7 所示,完成如下配置要求。

图 2.7　Telnet 拓扑结构图

(1) 配置路由器 R0 和 R1 接口 IP 地址,并激活各个接口。

(2) 配置 R1 支持 Telnet 访问,口令为 cisco。

(3) 在 R0 上 Telnet 到 R1,挂起在 R1 上会话,查看在 R0 上会话信息,恢复挂起在 R1 上会话。

(4) 在 R1 上查看当前用户信息。

(5) 在 R0 上重新挂起在 R1 上会话,中断到 R1 的会话。

(6) 在 R1 上重新查看当前用户信息。

(7) 在 R0 上重新查看当前会话信息。

4. 写出路由器配置,拓扑结构图如图 2.8 所示,完成如下配置要求。

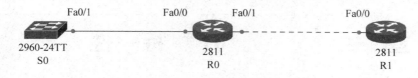

图 2.8 CDP 拓扑结构图

(1) 激活路由器 R0、R1 和交换机 S0 各个接口。
(2) 配置 R1 上 Fa0/0 接口 IP 地址为 192.168.1.1,子网掩码 255.255.255.0。
(3) 配置 R0 上 Fa0/1 接口 IP 地址为 192.168.1.2,子网掩码 255.255.255.0。
(4) 在 R0 上查看 CDP 全局信息。
(5) 在 R0 上查看 CDP 邻居信息。
(6) 在 R0 上查看 CDP 接口信息。
(7) 配置 R0 上 Fa0/0 接口禁用 CDP,重新查看上述 CDP 信息。
(8) 配置 R0 全局禁用 CDP,重新查看上述 CDP 信息。

第 3 章　　IP 特 性

　本章学习目标

- 了解地址解析配置方法。
- 了解路由相关术语和技术。
- 掌握转发广播配置方法。
- 掌握静态路由配置方法。
- 掌握 DHCP 配置方法。

3.1　IP 寻址配置

3.1.1　接口辅助 IP 地址

IOS 允许一个网络接口上有多个 IP 地址。分配给接口的非主 IP 地址被称为辅助 IP 地址。定义到一个接口上的辅助 IP 地址的数目没有限制。在下列情况下一般将多个 IP 地址分配到一个路由器接口。

（1）对于某个特殊的网段没有足够的主机地址。
（2）为了支持从桥接 IP 网络到路由 IP 网络的迁移。
（3）单个网络的两个子网被另一个网络分隔。

为给网络接口分配一个辅助 IP 地址，在接口配置模式下，使用 ip address 命令。ip address 命令的格式如下，其语法说明如表 3.1 所示。

```
ip address ip-address mask secondary
```

表 3.1　ip address 命令语法说明

ip-address	IP 地址
mask	子网掩码
secondary	配置辅助 IP 地址

【例 3.1】　路由器 Router1 上快速以太网 0/0 中所有 253 个主机地址均已被分配，有一个新工作站加入到该网段中，如图 3.1 所示。可以通过添加一个辅助 IP 地址来实现，该辅助 IP 地址指明另外一个子网被关联到快速以太网 0/0。

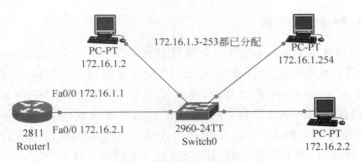

图 3.1　辅助 IP 地址配置拓扑图

路由器 Router1 的配置过程如下：

```
Router1(config)# interface fastethernet 0/0
Router1(config-if)# ip address 172.168.1.1 255.255.255.0
Router1(config-if)# ip address 172.168.2.1 255.255.255.0 secondary
Router1(config-if)# no shutdown
```

【例 3.2】　网络 172.16.0.0 的子网 1 和 2 被网络 A 192.168.1.0 分开，如图 3.2 所示。通过使用辅助地址将这两个网络引入同一逻辑网络。

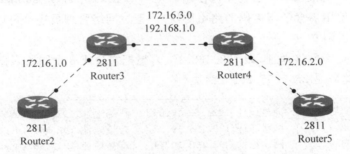

图 3.2　辅助 IP 地址配置拓扑图

Router3 的配置过程如下：

```
Router3(config)# interface fastethernet 0/0
Router3(config-if)# ip address 192.168.1.1 255.255.255.0
Router3(config-if)# ip address 172.16.3.1 255.255.255.0 secondary
Router3(config-if)# no shutdown
```

Router4 的配置过程如下：

```
Router4(config)# interface fastethernet 0/0
Router4(config-if)# ip address 192.168.1.2 255.255.255.0
Router4(config-if)# ip address 172.16.3.2 255.255.255.0 secondary
Router4(config-if)# no shutdown
```

注意：网段 A 上的多个路由器使用的辅助地址必须属于不同于网段 A 的同一网段，否则将迅速地引起路由环。

3.1.2 全 1 和全 0 网段

Cisco 默认可以使用全 1 网段,但全 0 网段只有在配置了 ip subnet-zero 后方可使用。当在 Cisco 路由器上给端口定义 IP 地址时,该 IP 地址不能在全 0 网段上,否则会得到一条错误信息。使用 ip subnet-zero 命令之后,才能使用全 0 网段。使用了 ip subnet-zero 命令之后,如果路由协议使用的地址是有类的(如 RIP),虽然定义成功,但是子网掩码还是不会被 RIP 带到它的路由更新报文中。ip subnet-zero 命令不会左右路由协议的工作。

在 TCP/IP 协议中,全 0 和全 1 网段因为具有二义性而不能被使用。

【例 3.3】 把一个 B 类网络 172.16.0.0/16 划分子网,划分方式为 172.16.0.0/19、172.16.32.0/19、172.16.64.0/19……,而如果第一个子网 172.16.0.0/19 在没有子网掩码情形下(即 172.16.0.0)与它的有类网络地址(即 172.16.0.0)相同。这样会引起路由时的混乱。如果一个路由器上有一个网络 172.16.0.0/19,而它用 RIP 把这个网络告诉它的邻居路由器。邻居路由器就会将所有要送去 172.16.0.0 有类的包送到这个路由器。

以前,RIP 是很流行的路由协议。但它没有把子网掩码放入路由表。当时也没有太多网络管理员考虑这个问题。Cisco 注意到这个问题,所以在很早以前的 IOS 已经限制使用子网 0。以前 Cisco 路由器预设是不可使用子网 0(即 no ip subnet zero 是预设的)。网络管理员要输入"ip subnet zero"命令才可使用。从 IOS 12.0 开始,ip subnet zero 是预设(因为已没有太多人使用不含子网掩码的路由协议)。不过网络管理员还是可以用 no ip subnet zero 来限制使用子网 0。

如果有一个 C 类网络地址,如 192.168.10.0,想把它分成 8 个网段,每个网段内可以有 32 台主机,子网掩码是 255.255.255.224。

```
192.168.10.0  - 31,    网络地址:192.168.10.0,    广播地址:192.168.10.31
192.168.10.32 - 63,    网络地址:192.168.10.32,   广播地址:192.168.10.63
192.168.10.64 - 95,    网络地址:192.168.10.64,   广播地址:192.168.10.95
192.168.10.96 - 127,   网络地址:192.168.10.96,   广播地址:192.168.10.127
192.168.10.128- 159,   网络地址:192.168.10.128,  广播地址:192.168.10.159
192.168.10.160- 191,   网络地址:192.168.10.160,  广播地址:192.168.10.191
192.168.10.192- 223,   网络地址:192.168.10.192,  广播地址:192.168.10.223
192.168.10.224- 255,   网络地址:192.168.10.224,  广播地址:192.168.10.255
```

每个网段有 32 个 IP 地址,第一个是网络地址,用来标志这个网络,最后一个是广播地址,用来代表这个网络上的所有主机。这两个 IP 地址被 TCP/IP 保留,不可分配给主机使用。另外,第一个子网 192.168.10.0-31 和最后一个子网 192.168.10.224-255 通常也被保留不能使用。原因是第一个子网的网络地址 192.168.10.0 和最后一个子网的广播地址 192.168.10.255 具有二义性。这个 C 类网络 192.168.10.0 是它的网络地址,192.168.10.255 是它的广播地址。它们分别与第一个子网的网络地址和最后一个子网的广播地址相重了。

此时可以在一个地址后跟上一个子网掩码来消除二义性,例如:

192.168.10.0 255.255.255.0 是 C 类网络地址。

192.168.10.0 255.255.255.224 是第一个子网的网络地址。

192.168.10.255 255.255.255.0 是 C 类广播地址。

192.168.10.255 255.255.255.224 是最后一个子网的广播地址。

所以，在严格按照 TCP/IP 的 A、B、C、D 给 IP 地址分类的环境下，为了避免二义性，全 0 和全 1 网段都不允许使用。在这种环境下，子网掩码只在所定义的路由器内有效，掩码信息到不了其他路由器，如 RIP-1，它在做路由广播时根本不带掩码信息，收到路由广播的路由器因为不能知道这个网络的掩码，只好按照标准 TCP/IP 的定义赋予它一个掩码。例如，如果是 10.X.X.X，就认为它是 A 类，掩码是 255.0.0.0；如果是 204.X.X.X，就认为它是 C 类，掩码是 255.255.255.0。但在无分类环境下，掩码任何时候都和 IP 地址成对出现，这样前面谈到的二义性就不会存在。

一个路由器上可同时运行支持有分类的和无分类的编址的路由协议。RIP 是有分类的，它在做路由广播时不带掩码信息；OSPF、EIGRP、BGP4 是无分类的，它们在做路由广播时带掩码信息，它们可以同时运行在同一台路由器上。

总之，TCP/IP 协议中，全 0 和全 1 网段因为具有二义性而不能被使用。Cisco 默认全 1 网段可以使用，但全 0 网段只有在配置了 ip subnet-zero 后才可以使用。

3.1.3 无编号 IP 地址

考虑如图 3.3 所示网络。RouterA 有一个串行接口 S0 和以太网接口 E0。

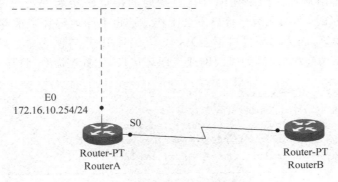

图 3.3 无编号 IP 地址配置图

RouterA 的 Ethernet 0 接口被配置 IP 地址，如下所示：

```
RouterA(config)# interface Ethernet0
RouterA(config-if)# ip address 172.16.10.254 255.255.255.0
```

在逻辑上，为了在串行接口 S0 上启用 IP，需要对其配置唯一的 IP 地址。然而，在串行接口 S0 上启用 IP，不给它分配唯一 IP 地址激活它也是可能的。这是通过从路由器其他已经配置的接口借用 IP 地址实现的。为了实现这一点，需要使用无编号 IP 接口模式命令。无编号 IP 接口模式命令的格式如下，其语法说明如表 3.2 所示。

```
ip unnumbered type number
```

表 3.2 ip unnumbered 命令语法说明

type number	无编号接口从其借用 IP 地址的接口的类型和号码

【例 3.4】 为无编号接口串行接口 0 启用 IP。

```
RouterA(config)# interface Serial 0
RouterA(config-if)# ip unnumbered Ethernet 0
```

无编号 IP 接口模式命令从指定接口借用 IP 地址到正在配置的接口。使用无编号 IP 模式命令造成 IP 地址被两个接口共享。在示例中，以太网接口配置的 IP 地址也被分配给了串行接口，这两个接口功能正常。通过 show ip interface brief 命令可以证明，如下所示：

```
RouterA# show ip interface brief
Interface      IP-Address      OK?   Method    Status    Protocol
Ethernet0      172.16.10.254   YES   manual    up        up
Serial0        172.16.10.254   YES   manual    up        up
```

从 show ip interface brief 命令输出可以看出，串行接口与以太网接口有一致的 IP 地址，两个接口功能完全正常。从路由器其他功能接口借用地址的接口称为无编号接口。在示例中，Serial 0 是无编号接口。

无编号接口唯一的缺点是它不能进行远程测试和管理。注意无编号接口应该从一个启动并运行的接口借用地址。如果无编号接口指向的接口是功能失效的，没有显示"Status UP"和"Protocol UP"，那么无编号接口不会工作。这也准确地解释了推荐无编号接口指向一个回环接口的原因，因为回环接口不会失效。无编号 IP 接口模式命令只能工作在点对点接口上。当在多路访问接口，例如以太网或者回环接口，配置该命令，将显示如下消息：

```
RouterA(config)# interfaces e0
RouterA(config-if)# ip unnumbered serial 0
Point-to-point (non-multi-access) interfaces only
RouterA(config-if)# ip unnumbered loopback 0
Point-to-point (non-multi-access) interfaces only
```

在 Cisco 路由器上，每一个连接网段的接口必须属于一个唯一子网。直接相连的路由器具有连接相同网段的接口，被分配相同子网的 IP 地址。如果路由器需要发送数据到没有直接相连的网络，它查找路由表，转发包到面向目的地的直接相连下一跳。如果在路由表中没有路由，路由器转发包到它的默认网关。当直接连接到最终目的地路由器接收包时，它直接交付包到终端主机。

IP 路由表含有子网路由或者主网路由。每个路由有一个或者更多直接附加的下一跳地址。为了减少路由表大小，子网路由默认被整合或汇总到主网络边界。

注意：上面讨论的整合模式表现为传统距离向量路由协议，如路由信息协议（RIP）或者内部网关协议（IGRP）。

考虑分配 IP 地址到路由器，路由器使用对 B 类网络按照 8 比特划分子网方案。每个接口需要唯一子网。尽管每一个点对点串行连接只有两个端点分配地址，如果分配一个完整子网到每一个串行接口，每个接口可使用 254 个可用地址，而只有两个地址是需要的。如果在每一个串行接口使用无编号 IP，那么就会节省地址空间。局域网接口的地址被借用作为路由更新和来自串行接口包的源地址。按照此方法，地址空间被保留。无编号 IP 只能对点对点链接有意义。

路由器接收路由更新，安装更新的源地址作为路由表中的下一跳。一般情况下，下一跳是直接相连网络节点。如果每个串行接口使用无编号IP，因为从不同局域网接口借用IP地址，这些地址可能在不同子网中，也可能在不同的主网络中，那么情况不再如此。当无编号IP被配置，通过无编号IP接口路由学习作为下一跳的接口代替了路由更新的源地址。因此，需要避免由于不是从直接相连的下一跳路由更新造成的一个无效下一跳地址问题。

3.2 配置地址解析方法

3.2.1 IP地址到MAC地址映射

ARP(Address Resolution Protocol，地址解析协议)是一个位于TCP/IP协议栈中的低层协议，负责将某个IP地址解析成对应的MAC地址。

当一个基于TCP/IP的应用程序需要从一台主机发送数据给另一台主机时，它把信息分割并封装成包，附上目的主机的IP地址。然后，寻找IP地址到实际MAC地址的映射，这需要发送ARP广播消息。当ARP找到了目的主机MAC地址后，就可以形成待发送帧的完整以太网帧头。最后，协议栈将IP包封装到以太网帧中进行传送。

ARP负责将IP地址与介质或MAC地址关联起来。将IP地址作为输入，ARP确定关联的MAC地址。一旦MAC地址被确定，为快速检索，IP地址/MAC地址对被存储在ARP高速缓存(Cache)中。IP包以链路层帧被封装并发送到网络上。这样可减少地址解析消息的数量，并提高与路由器相连的局域网的通信能力。为了节省ARP缓冲区内存，被解析过的ARP条目的寿命都是有限的。如果一段时间内该条目没有被解析过，则该条目被自动删除。在大部分Cisco交换机中，该值是5分钟。在路由器和交换机中可以用show arp命令查看当前的ARP缓存。

注意：ARP不能通过IP路由器发送广播，所以不能用来确定远程网络设备的硬件地址。对于目标主机位于远程网络的情况，IP利用ARP确定默认网关(路由器)的硬件地址，并将数据包发到默认网关，由路由器按它自己的方式转发数据包。

arp命令允许用户在ARP表中添加静态的表项。ARP在一般情况下是动态的，因此arp命令在正常情况下是不需要的，但是当设备不能正常响应ARP请求时，就需要使用该命令(这种情况很少发生，但是可能在高度保密情况下就必须使用)。此命令在一些情况下还有助于减少广播报文数量(因为此时路由器不需要通过广播来完成IP地址到MAC地址的解析)。

为在地址解析协议(ARP)缓存中添加永久项目，在全局配置模式下，使用arp命令。为从ARP缓存中移除项目，使用该命令的no形式。arp命令的格式如下，其语法说明如表3.3所示。

```
arp ip-address hardware-address encap-type [interface-type]
no arp ip-address hardware-address encap-type [interface-type]
```

表 3.3 arp 全局命令语法说明

参数	说明
ip-address	IP 地址
hardware-address	硬件地址
encap-type	封装类型，常见类型关键字如下： arpa：以太网接口 snap：FDDI 和令牌环接口
interface-type	（可选项）接口类型，常见类型关键字如下： ethernet：IEEE 802.3 接口 loopback：回环接口 null：空接口 serial：串行接口

【例 3.5】 为以太网主机添加静态 ARP 项。

```
Router(config)# arp 192.31.7.19 0800.0900.1834 arpa
```

为配置动态学习的 IP 地址和它对应介质控制访问（MAC）地址保留在地址解析协议（ARP）缓存时间，在接口配置模式下，使用 arp timeout 命令。为恢复默认值，使用该命令的 no 形式。arp timeout 命令的格式如下，其语法说明如表 3.4 所示。

```
arp timeout seconds
no arp timeout seconds
```

表 3.4 arp timeout 命令语法说明

参数	说明
seconds	ARP 项保存在 ARP 缓存中时间，单位为秒，默认为 14 400

【例 3.6】 设置 ARP 超时为 12 000 秒。

```
Router(config)# interface ethernet 0
Router(config-if)# arp timeout 12000
```

为指定网络支持封装类型，如以太网、分布式数据接口（FDDI）、帧中继和令牌环，使 48 位介质访问控制（MAC）地址能够匹配相应的 32 位 IP 地址的地址解析，在接口配置模式下，使用 arp 命令。为禁用封装类型，使用该命令的 no 形式。arp 命令的格式如下，其语法说明如表 3.5 所示。

```
arp {arpa | frame-relay | snap}
no arp {arpa | frame-relay | snap}
```

表 3.5 arp 接口命令语法说明

参数	说明
arpa	以太网封装
frame-relay	帧中继封装
snap	RFC 1042 封装

【例 3.7】 启用 ARP 协议的帧中继封装。

```
Router(config)# interface ethernet 0
Router(config-if)# arp frame-relay
```

3.2.2 主机域名到 IP 地址映射

DNS 是域名系统(Domain Name System)的缩写,该系统用于命名组织到域层次结构中的计算机和网络服务。在 Internet 上域名与 IP 地址之间是一对一(或者一对多)的,域名虽然便于人们记忆,但机器之间只能互相认识 IP 地址,它们之间的转换工作称为域名解析,域名解析需要由专门的域名解析服务器来完成,DNS 就是进行域名解析的服务器。DNS 命名用于 Internet 等 TCP/IP 网络中,通过用户友好的名称查找计算机和服务。当用户在应用程序中输入 DNS 名称时,DNS 服务可以将此名称解析为与之相关的其他信息,如 IP 地址。

IOS 为 connect、telnet、ping、configuration network 等命令的使用而维护一个主机名到 IP 地址映射的高速缓存。这个高速缓存加速了名字到地址的转换处理。主机名与 IP 地址的关联可通过静态或动态的方法实现。当动态映射不适用时,使用者可手工向地址分配主机名。使用静态 IP 主机到地址映射提供了一种快速 IP 地址解决方案。

为在域名系统(DNS)主机名缓存中定义静态主机名到地址映射,在全局配置模式下,使用 ip host 命令。如果主机名缓存不存在,那么它将自动创建。为移除主机名到地址映射,使用该命令的 no 形式。ip host 命令的格式如下,其语法说明如表 3.6 所示。

```
ip host {hostname} [tcp-port-number] {ip-address1 [ip-address2…ip-address8]}
no ip host {hostname} [tcp-port-number] {ip-address1 [ip-address2…ip-address8]}
```

表 3.6 ip host 命令语法说明

参数	说明
hostname	主机名
tcp-port-number	(可选项) TCP 端口号,默认为 Telnet(23 端口)
ip-address1	IP 地址
ip-address2…ip-address8	(可选项) 额外分配的最多 7 个 IP 地址,以空格间隔

【例 3.8】 添加 3 个映射项目到全局主机名缓存,然后移除其中的一个。

```
Router(config)# ip host www.example1.com 192.0.2.141 192.0.2.241
Router(config)# ip host www.example2.com 192.0.2.242
Router(config)# no ip host www.example1.com 192.0.2.141
```

为定义一个默认域名,在全局配置模式下,使用 ip domain name 命令。为禁用域名系统(DNS),使用该命令的 no 形式。ip domain name 命令的格式如下,其语法说明如表 3.7 所示。

```
ip domain name name
no ip domain name name
```

表 3.7 ip domain name 命令语法说明

name	默认域名

【例 3.9】 定义 cisco.com 作为默认域名。

```
Router(config)# ip domain name cisco.com
```

为定义默认域名列表，在全局配置模式下，使用 ip domain list 命令。为从列表中删除域名，使用该命令的 no 形式。ip domain list 命令的格式如下，其语法说明如表 3.8 所示。

```
ip domain list name
no ip domain list name
```

表 3.8 ip domain list 命令语法说明

name	默认域名

【例 3.10】 添加多个域名到列表。

```
Router(config)# ip domain list company.com
Router(config)# ip domain list school.edu
```

ip domain list 命令中指定的域名按照顺序使用，它比 ip domainname 命令所定义的默认域名优先使用。

如果使用路由器的 IP 地址作为它的主机名，则 IP 地址被使用，没有 DNS 查询发生。如果在主机名后没有点号(.)，IOS 在主机名后附加默认域名，然后进行 DNS 查询。如果在主机名后有点号(.)，IOS 不向主机名附加任何默认域名，直接进行 DNS 查询。

为指定一个或多个域名服务器地址用来作为名字和地址解析，在全局配置模式下，使用 ip name-server 命令。为移除指定地址，使用该命令的 no 形式。ip name-server 命令的格式如下，其语法说明如表 3.9 所示。

```
ip name-server server-address1 [server-address2 … server-address6]
no ip name-server server-address1 [server-address2 … server-address6]
```

表 3.9 ip name-server 命令语法说明

server-address1	域名服务器 IP 地址
server-address2 … server-address6	（可选项）额外最多 6 个域名服务器 IP 地址

【例 3.11】 指定 IPv4 主机 172.16.1.111 和 172.16.1.2 作为域名服务器。

```
Router(config)# ip name-server 172.16.1.111 172.16.1.2
```

被指定的第一个服务器是主服务器。路由器首先向主服务器发送 DNS 查询。如果查询失败,备用服务器将被查询。

注意:尽管 DNS 服务器的 IP 地址可以在一条命令 ip name-server 中指定,在配置文件中它们都被写成分开的命令 ip name-server。上面的例子被写成:

```
ip name-server 172.16.1.111
ip name-server 172.16.1.2
```

为启用 IP 基于域名系统(DNS)主机名到地址转换,在全局配置模式下,使用 ip domain-lookup 命令。为禁用 DNS,使用该命令的 no 形式。在路由器上基于 DNS 的主机名到地址的转换默认启用。

【例 3.12】 启用基于 DNS 的主机名到地址的转换。

```
Router(config)# ip domain-lookup
```

3.3 配置广播包处理

广播是以某个特定物理网络上的所有主机为目的地的数据包。主机通过特殊地址识别广播。广播被几个重要的 Internet 协议使用。因为广播包有使网络超载的潜在可能,所以控制广播包对一个 IP 网络的正常运行是必要的。

IOS 支持两种类型的广播:定向广播和泛洪广播(也称为全向广播)。定向广播是将数据包发送到某个网络中的所有子网或子网中的所有主机,定向广播地址包含网络或子网地址域。例如,172.16.0.0 网络可以有一个所有主机都将响应的定向广播 172.16.255.255。假设子网掩码 255.255.255.0 应用于此 B 类地址。这样,地址 172.16.30.255 成为 172.16.30.0 子网上所有主机的一个广播地址。一旦识别出此 IP 地址是一个定向广播,路由器将把包重新封装在一个具有广播目的 MAC 地址 FFFF.FFFF.FFFF 的帧中,使所有设备存取该帧并处理。

泛洪广播是子网中的本地广播。泛洪广播被定义成目的 IP 地址全为 1,或在十进制表示中为 255.255.255.255。发送一个这样的广播包有可能引起网络的严重超载,这就是所说的广播风暴。路由器在默认时不转发全 1 的 IP 地址,从而把广播限制在局部网络上。

3.3.1 启用定向广播到物理广播转换

IP 定向广播的目标地址是一些 IP 子网的有效广播地址的 IP 数据包,但源节点本身不是目的子网的一部分。没有直连到目的子网的路由器转发 IP 定向广播,与转发到子网上主机单播 IP 包一样的方式。当定向广播包到达直连目的子网的路由器,包被作为在目的子网上广播。包的 IP 头的目的地址被重写为子网配置的 IP 广播包地址,包作为链路层广播被发送。

ip directed-broadcast 命令控制定向广播当到达目标子网时如何处理。该命令只影响定向广播在最终目的的子网上的最终传输。它不影响 IP 定向广播的单播路由传送。

IP 定向广播被默认丢弃,不被转发。丢弃 IP 定向广播使路由器不易遭受拒绝服务攻击。使用者可在一个广播成为物理广播的接口上启用 IP 定向广播的转发。当某个访问列表被指定时,只有被该访问列表允许的那些 IP 包才可被从定向广播转换成物理广播,否则被丢弃。

为启用定向广播到物理广播的转换,使用 ip directed-broadcast 接口配置命令。为禁用该功能,使用该命令的 no 形式。ip directed-broadcast 命令的格式如下,其语法说明如表 3.10 所示。

```
ip directed-broadcast [access-list-number | extended access-list-number]
no ip directed-broadcast [access-list-number | extended access-list-number]
```

表 3.10 ip directed-broadcast 命令语法说明

access-list-number	(可选项)标准访问控制列表号
extended access-list-number	(可选项)扩展访问控制列表号

【例 3.13】 在以太网接口 0 上启用 IP 定向广播。

```
Router(config)# interface ethernet 0
Router(config-if)# ip directed-broadcast
```

如果定向广播在接口上启用,输入 IP 包,其地址标识它为定向广播包,希望进入接口所在的子网,在子网上将被作为广播处理。如果访问列表在 ip directed-broadcast 命令被配置,只有访问列表允许的定向广播包将被转发;所有其他到接口子网的定向广播将被丢弃。

如果在接口上配置了 no ip directed-broadcast 命令,到达接口所在子网的定向广播包将被丢弃,不是被广播。

3.3.2 转发 UDP 广播

为指定路由在转发广播包时转发的协议和端口,在全局配置模式下,使用 ip forward protocol 命令。为了移除协议和端口,使用该命令的 no 形式。ip forward protocol 命令的格式如下,其语法说明如表 3.11 所示。

```
ip forward-protocol udp [port]
no ip forward-protocol udp [port]
```

表 3.11 ip forward-protocol 命令语法说明

udp	转发 UDP 包
port	(可选项)目的端口号

【例 3.14】 转发默认端口上 UDP 包。

```
Router(config)# ip forward-protocol udp
```

在接口上启用助手地址或 UDP 泛洪,使 Cisco IOS 软件转发特定广播包。使用 ip

forward-protocol 命令指定哪一类型广播包被转发。默认常用应用程序的端口号转发被启用。启用转发一些端口(如路由信息协议(RIP))可能对网络是危险的。

使用 ip forward-protocol 命令,指定不带端口的 UDP,启用在默认端口上的转发和泛洪。一个常见需要助手地址的应用是动态主机配置协议(DHCP)。为启用一些客户的 DHCP 广播转发,在距离客户最近的路由器接口配置助手地址。助手地址应该指定 DHCP 服务器地址。如果有多个服务器,可以为每个服务器配置一个助手地址。因为 DHCP 包默认被转发,所以 DHCP 信息现在能通过软件被转发。DHCP 服务器现在可以从 DHCP 客户接受广播。

如果 IP 助手地址被指定,UDP 转发被启用,则到如下目的端口号的广播包默认被转发。

(1) 简单文件传输协议(TFTP)(port 69)。

(2) 域名系统(port 53)。

(3) 时间服务(port 37)。

(4) NetBIOS 名称服务(port 137)。

(5) NetBIOS 数据报服务器(port 138)。

(6) 启动协议(BOOTP)客户和服务器包(ports 67 and 68)。

(7) TACACS 服务(port 49)。

(8) IEN-116 名称服务(port 42)。

为启用从接口上接收用户数据报协议(UDP)广播转发,包括 DHCP,在接口配置模式下,用 ip helper-address 命令。为禁用到指定地址的广播包的转发,使用该命令的 no 形式。ip helper-address 命令的格式如下,其语法说明如表 3.12 所示。

```
ip helper - address address
no ip helper - address address
```

表 3.12 ip helper-address 命令语法说明

address	转发 UDP 广播时的目的广播或主机地址

【例 3.15】 定义一个助手地址。

```
Router(config)# interface ethernet 1
Router(config - if)# ip helper - address 10.24.43.2
```

与 ip forward-protocol 命令结合,ip helper-address 命令允许控制哪一个广播包和哪一个协议被转发。

为了通过 ip helper-address 命令对 UDP 或 IP 包有帮助,以下所有条件必须要满足。

(1) 已经接收帧的 MAC 地址必须是全 1 广播地址(FFFF.FFFF.FFFF)。

(2) IP 目的地址必须是下列之一:全 1 广播(255.255.255.255)、接收接口的子网广播,如果 no ip classless 命令也被配置,接收接口的主网络广播。

(3) IP 生存时间(TTL)值必须至少是 2。

(4) IP 协议必须是 UDP(17)。
(5) UDP 目的端口必须是 TFTP、域名系统(DNS)、Time、NetBIOS、ND、DHCP 包,或者通过在全局配置模式下 ip forward-protocol udp 命令指定的 UDP 端口。

【例 3.16】 在图 3.4 拓扑结构中允许 DHCP CLIENT 从 DHCP Server 获得服务。

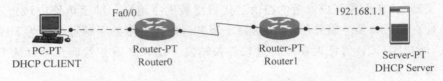

图 3.4 DHCP 服务拓扑图

```
Router0(config)# ip forward-protocol udp
Router0(config)# interface fastethernet 0/0
Router0(config-if) ip helper-address 192.168.1.1
```

对广播风暴问题的最佳解决方案是在一个网络上使用单独的广播地址。当前的广播地址标准为转发广播提供了指定地址方案。用于本地广播的标准 IP 地址是 255.255.255.255。有几种方法定义一个非标准的 IP 广播地址。IOS 接收和理解任何形式的 IP 广播。

为一个接口定义广播地址,使用 ip broadcast-address 接口配置命令。为恢复默认 IP 广播地址,使用该命令的 no 形式。ip broadcast-address 命令的格式如下,其语法说明如表 3.13 所示。

```
ip broadcast-address [ip-address]
no ip broadcast-address [ip-address]
```

表 3.13 ip broadcast-address 命令语法说明

ip-address	(可选项)网络的 IP 广播地址

【例 3.17】 指定 IP 广播地址为 0.0.0.0。

```
Router(config-if)# ip broadcast-address 0.0.0.0
```

3.4 监视与维护 IP 寻址

3.4.1 IP 地址到 MAC 地址映射

为显示 ARP 表中的表项,在用户模式或特权模式下,使用 show arp 命令。show arp 命令的格式如下,其语法说明如表 3.14 所示。

```
show arp [[[arp-mode] [[ip-address [mask]] [interface-type interface-number]]]]
[detail]
```

表 3.14 show arp 命令语法说明

arp-mode	（可选项）ARP 模式，可能取值如下： alias：别名 ARP 表项 dynamic：动态 ARP 项目 incomplete：未完整 ARP 表项 interface：接口 ARP 表项 static：静态 ARP 表项
ip-address[mask]	（可选项）IP 地址和子网掩码
interface-type interface-number	（可选项）接口类型和号码
detail	（可选项）表项详细信息

【例 3.18】 show arp 命令输出，show arp 命令字段说明如表 3.15 所示。

```
Router# show arp
Protocol    Address         Age(min)    Hardware Addr       Type    Interface
Internet    192.0.2.112     120         0000.a710.4baf      ARPA    Ethernet3
AppleTalk   4028.5          29          0000.0c01.0e56      SNAP    Ethernet2
Internet    192.0.2.114     105         0000.a710.859b      ARPA    Ethernet3
AppleTalk   4028.9          -           0000.0c02.a03c      SNAP    Ethernet2
Internet    192.0.2.121     42          0000.a710.68cd      ARPA    Ethernet3
Internet    192.0.2.9       -           0000.3080.6fd4      SNAP    TokenRing0
AppleTalk   4036.9          -           0000.3080.6fd4      SNAP    TokenRing0
Internet    192.0.2.9       -           0000.0c01.7bbd      SNAP    Fddi0
```

表 3.15 show arp 命令字段说明

字 段	说 明
Protocol	网络地址协议
Address	网络地址
Age(min)	存活时间，单位为分钟。连字符(-)表示为直连或静态 MAC
Hardware Addr	硬件地址
Type	网络地址封装类型，可能取值包括： ARPA：以太网接口 SNAP：FDDI 和令牌环接口
Interface	与网络地址关联的接口

【例 3.19】 显示地址 192.0.2.1 的 ARP 表项。

```
Router# show arp 192.0.2.1 detail
```

【例 3.20】 显示所有动态 ARP 表项。

```
Router# show arp dynamic detail
```

为显示地址解析协议（ARP）缓存中的 IP 地址表项，使用 show ip arp 特权模式命令。show ip arp 命令的格式如下，其语法说明如表 3.16 所示。

```
show ip arp [ip-address] [host-name] [mac-address] [interface type number]
```

表 3.16 show ip arp 命令语法说明

ip-address	（可选项）IP 地址
host-name	（可选项）主机名
mac-address	（可选项）MAC 地址
interface type number	（可选项）接口类型和号码

【例 3.21】 show ip arp 命令输出，show ip arp 命令字段说明如表 3.17 所示。

```
Router# show ip arp
Protocol   Address          Age(min)   Hardware Addr    Type   Interface
Internet   172.16.233.229     -        0000.0c59.f892   ARPA   Ethernet0/0
Internet   172.16.233.218     -        0000.0c07.ac00   ARPA   Ethernet0/0
Internet   172.16.233.19      -        0000.0c63.1300   ARPA   Ethernet0/0
Internet   172.16.233.309     -        0000.0c36.6965   ARPA   Ethernet0/0
Internet   172.16.168.11      -        0000.0c63.1300   ARPA   Ethernet0/0
Internet   172.16.168.254     9        0000.0c36.6965   ARPA   Ethernet0/0
```

表 3.17 show ip arp 命令字段说明

字 段	说 明
Protocol	网络地址协议
Address	网络地址
Age(min)	存活时间
Hardware Addr	硬件地址
Type	网络地址封装类型
Interface	与网络地址关联的接口

为从地址解析协议（ARP）缓存中清除动态创建表项，在特权模式下，使用 clear arp-cache 命令。clear arp-cache 命令的格式如下，其语法说明如表 3.18 所示。

```
clear arp-cache [interface type number | ip-address]
```

表 3.18 clear arp-cache 命令语法说明

interface type number	（可选项）清除指定接口的表项
ip-address	（可选项）清除指定 IP 的表项

【例 3.22】 清除所有动态学习到的所有接口的 ARP 缓存表项。

```
Router# clear arp-cache
```

【例 3.23】 清除动态学习到的以太接口 1/2 的 ARP 缓存表项。

```
Router# clear arp-cache interface ethernet1/2
```

【例 3.24】 清除动态学习到的 192.0.2.140 主机的 ARP 缓存表项。

```
Router#clear arp-cache 192.0.2.140
```

该命令清除在 ARP 表中动态学习的 IP 地址和 MAC 地址映射信息,确保这些表项的有效性。如果清除操作遇到老化表项(动态 ARP 表项已经超期,但是还没有被内部定时器老化),这些表项将被立刻老化出 ARP 表,而不在下一个周期。动态学习 ARP 表项默认保存在 ARP 表中 4 分钟。

3.4.2 主机域名到 IP 地址映射

为显示默认域名、名字查询服务类型、名字服务器主机列表、主机名和地址的缓存列表,在特权模式下,使用 show hosts 命令。show hosts 命令的格式如下,其语法说明如表 3.19 所示。

```
show hosts [all | hostname][summary]
```

表 3.19 show hosts 命令语法说明

字段	说明
all	(可选项)显示所有主机名缓存信息
hostname	(可选项)显示特定主机名缓存信息
summary	(可选项)显示主机名缓存概要信息

【例 3.25】 show hosts 命令输出,show hosts 命令字段说明如表 3.20 所示。

```
Router# show hosts
Default domain is CISCO.COM
Name/address lookup uses domain service
Name servers are 192.0.2.220
Host Flag Age Type Address(es)
EXAMPLE1.CISCO.COM (temp, OK) 1 IP 192.0.2.10
EXAMPLE2.CISCO.COM (temp, OK) 8 IP 192.0.2.50
EXAMPLE3.CISCO.COM (temp, OK) 8 IP 192.0.2.115
EXAMPLE4.CISCO.COM (temp, EX) 8 IP 192.0.2.111
EXAMPLE5.CISCO.COM (temp, EX) 0 IP 192.0.2.27
EXAMPLE6.CISCO.COM (temp, EX) 24 IP 192.0.2.30
```

表 3.20 show hosts 命令字段说明

字段	说明
Default domain	默认域名
Domain list	默认域名列表
Name/address lookup	域名查询服务类型
Name servers	域名服务器主机列表
Host	学习的或静态定义的主机名
Port	TCP 端口号

续表

字 段	说 明
Flags	关于主机名到 IP 地址映射附加信息，可能取值如下： temp：通过名字服务器输入的临时表项 perm：通过配置命令输入的永久表项 OK：标记 OK 表项，表示是有效的 ??：标记 ?? 表项，表示是怀疑的，需要再验证 EX：标记 EX 表项，表示是超期的
Age	从上次引用缓存表项起的小时数
Type	地址类型
Address(es)	主机 IP 地址

为从主机名缓存中删除一个或多个主机名到地址映射表项，在特权模式下，使用 clear host 命令。clear host 命令的格式如下，其语法说明如表 3.21 所示。

```
clear host {hostname | *}
```

表 3.21　clear host 命令语法说明

hostname	删除指定主机名到地址映射
*	删除全部主机名到地址映射

【例 3.26】 删除主机名缓存中所有项目。

```
Router# clear host *
```

3.5　自治系统

自治系统(Autonomy System,AS)是在单一技术管理下，采用同一种内部网关协议和统一度量值在 AS 内转发数据包，并采用一种外部网关协议将数据包转发到其他 AS 的一组路由器。AS 是网络的集合，或更确切地说，是连接这些网络的路由器的集合，这些路由器位于同一管理机构管理之下并共享共同的路由策略。

AS 具有单个"内部"路由协议和策略。内部路由信息在 AS 中的路由器之间共享，但不与 AS 外的系统共享。然而，AS 将其内部网络的网络地址通知给与其链接的其他 AS。在因特网上，AS 是一个 ISP(因特网服务提供商)，但大学、研究院和私人组织也可以具有自己的 AS。

共享路由信息的一组自治系统称为"自治联盟"。一般认为自治联盟在保护成员系统间路由选择环路方面具有较高的可信度。根据 RFC 1930，"无一例外，AS 必须仅有一个路由策略。这里的路由策略是指因特网的其他部分如何根据具体的 AS 信息制定路由决策"。具有 AS 的组织由 IANA(因特网编号分配机构)分配了 16 位的编号。AS 编号与 IP 地址无关。

图 3.5 显示了两个自治系统。IGP(内部网关协议)用在 AS 中,而 EGP(外部网关协议)用在 AS 之间。IGP 在自治系统中提供基本路由,而 EGP 设计用于提供可访问性信息,这些信息是关于相邻网关和到非相邻网关的路由。IGP 收集可访问性信息并且 EGP 公布此信息。

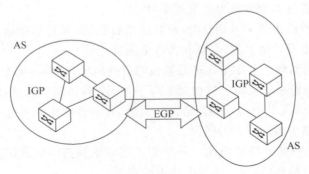

图 3.5 自治系统

自治系统可以使用多种 IGP,并可以采用多种度量值。从 EGP 的角度上来说,AS 的重要的特性是 AS 对另一个 AS 来说具有一个统一的内部路由计划,并为其可达的目的地表现出一个一致的画面。AS 内部的所有部分必须全互联。自治系统的指示符是一个 16 位的数,范围为 1~65535,其中 64512~65535 的 AS 编号是留作私用的。EGP 的主要目标是提供一种能够保证自治系统间无环路的路由信息交换的域间路由系统。EGP 路由器交换有关到目的地网络路由的可达性信息。

路由信息协议(Route Information Protocol,RIP)是一个传统的、十分常见的路由协议。在大多数网络操作系统及所有路由器都支持 RIP。它是一种在网关与网关之间交换路由选择信息的标准。RIP 是一种内部网关协议。

开放式最短路径优先(Open Shortest Path First,OSPF)是反映链路状态的分层 IGP 路由选择算法,由 IETF 开发并推荐使用。它是一个比 RIP 更有效的路由协议,对路由过程提供更多控制并对更改响应更快。OSPF 特性包括最低代价路由选择、多路径路由选择和负载均衡。

增强内部网关路由协议(Enhanced Interior Gateway Routing Protocol,EIGRP)是 Cisco 公司的私有协议(2013 年已经公有化)。EIGRP 结合了链路状态和距离矢量型路由选择协议的 Cisco 专用协议,采用弥散修正算法(DUAL)来实现快速收敛,可以不发送定期的路由更新信息以减少带宽的占用,支持 Appletalk、IP、Novell 和 NetWare 等多种网络层协议。

边界网关协议(Border Gateway Protocol,BGP)是自治系统间的路由协议。BGP 交换的网络可达性信息提供了足够的信息来检测路由回路并根据性能优先和策略约束对路由进行决策。特别地,BGP 交换包含全部 AS 路径的网络可达性信息,按照配置信息执行路由策略。BGP 系统与其他 BGP 系统之间交换网络可到达信息。这些信息包括数据到达这些网络所必须经过的自治系统 AS 中的所有路径。这些信息足以构造一幅自治系统连接图。然后,可以根据连接图删除选路环,制定选路策略。

3.6 路由技术

所谓路由,是被用来把来自一台设备的数据包穿过网络发送到位于另一个网段的设备上的路径信息。它具体表现为路由表里的条目。

路由技术就是使路由器学习到路由,对路由进行控制,并且维护这些路由完整、无差错的技术。要想使路由有效地工作,必须具备以下条件。

(1) 要知道目的地址。假如不知道数据包的目的地址,就没办法为数据包路由了。

(2) 有可以学到路由的资源。这包括了两个方面:路由器要么从相邻的路由器那里学到路由,要么由网络管理员手动地配置路由。但是,有一种路由是不用学就可以得到的,那就是直接连接在该路由器接口上的网段。

(3) 有可能到达目的网络的路径。只是有了可以学到路由的资源还是不行,这些资源里没有人知道到达目的地的路径,还是一样不能路由。

(4) 在众多可能到达目的 IP 地址的路径中有最佳的路由。一般情况下,可能会有多条路径到达目的网段,还需要在它们中间选择最佳的路径作为路由。

(5) 管理和维护路由信息。如果出现了错误的路由,后果是很严重的,数据包会被发往到那个错误的位置,网络就不通畅,甚至完全地瘫痪掉。

以上这些方面,都是实施路由技术所要考虑的,所有路由技术不只是使用什么路由协议的问题,它是一整套关于如何实施路由的策略。

3.7 路由表

在计算机网络中,路由表是一个存储在路由器或者联网计算机中的电子表格(文件)或者数据库。路由表存储着指向特定网络地址的路径。路由表中含有网络周边的拓扑信息。路由表建立的主要目标是为了实现路由协议的路由选择。

在现代路由器构造中,路由表不直接参与数据包的传输,而是用于生成一个小型指向表,这个指向表仅仅包含由路由算法选择的数据包传输优先路径,这个表格通常为了优化硬件存储和查找而被压缩或提前编译。

1. 基本概念

路由表使用了和利用地图投递包裹相似的思想。只要网络上的一个节点需要发送数据给网络上的另一个节点,它就必须知道把数据发送到哪儿。设备不可能直接连接到目的节点,它需要找到另一个方式去发送数据包。在局域网中,节点也不知道如何发送 IP 包到网关。将数据包发到正确的地址是一个复杂的任务,网关需要记录发送数据包的路径信息。路由表就存储着这样的路径信息,就如地图一样,是一个记录路径信息,并为需要这些信息的节点提供服务的数据库。

步步为营的路由选择需要所有能到达地址的每个路由器清单,路径中的下一个设备地址或下一个转移地址。假设路由表是一致的,中继包的简单算法是发送数据到每一个地址。步步为营的路由选择是 IP 网络层和 OSI 网络层的基本特性。

2. 功能

在路径选择的过程中,主机和路由器的决策是由一个叫路由表的路径数据库辅助决定的。路由表在路由器内部。根据路由协议,主机也可以拥有用于选择最佳路径的路由表。主机路由表是互联网协议中可选项。路由表包括各种类型路由。

(1) 网络路由。一个有特定网络 ID 的路由(路径)。

(2) 主机路由。一个有特定主机 ID 的路由。主机路由允许智能化的路由选择。主机路由通常用于创建用于控制和优化特定网络通信的定制路由。

(3) 默认路由。一个在路由表中找不到路由的时候使用的路由。如果一个路由器或终端系统,找不到到达目的地的路由时就会使用默认路由。

3. 路由表内容

对每个路由,路由表至少会存有下面的信息。

(1) 网络 ID,目标地址的网络 ID。

(2) 子网掩码,用来判断目标地址所属网络。

(3) 下一跳或者本地出口,转发到下一个路由器的接口地址或者本地路由器的转发接口名。

一个自治系统 AS 中的路由,应该包含区域内所有的子网络,而默认网关(网络 ID 为 0.0.0.0,子网掩码为 0.0.0.0)指向自治系统的出口。

根据应用和执行的不同,路由表可能含有如下附加信息。

(1) 成本(Cost),就是数据发送过程中通过路径所需要的成本。

(2) 路由的服务质量。

(3) 路由中需要过滤的出/入连接列表。

3.8 管辖距离

管辖距离(Administrative Distance,AD)是在路由上附加的一个度量,用来描述路由的可信度。不同的路由协议使用的逻辑和度量都是不同的,当同时使用多个路由协议时,路由器必须知道哪一个给出的是最准确的信息。Cisco 解决这个问题是通过给每个路由协议指定一个管辖距离,在查看了管辖距离之后才看度量。为了理解这一特性的用途,来看一个例子,例子中给出了使用管辖距离和不使用管辖距离两种情况。如图 3.6 所示的网络拓扑结构,考察不使用管辖距离情况下的路由过程。

(1) 没有管辖距离,Router1 只看度量。可以看到,这导致了一些问题,因为 Router2(运行 RIP)公告的路由度量为 1,而 Router3(运行 EIGRP)公告的路由度量为 30720。度量差这么多是由于两个协议计算度量的方法不同。RIP 使用一个非常简单的度量:跳数。RIP 的度量很简单,有效范围从 1 到 15。因此 Router2 公告的 1.1.2.0 网络的路由度量是 1。

但是 EIGRP 度量却考虑带宽、延迟、负载和可靠性。因此,EIGRP 的度量结构粒度更细,EIGRP 的度量范围很大。所以,虽然看起来很大,但是值为 30000 左右的度量实际上是一个非常小的 EIGRP 度量。当然,如果没有管辖距离(或者其他机制支持同时使用不同的度量),Router1 不可能知道 EIGRP 度量要优于 RIP 度量,所以它只能是把自己认为度量最小的路由加入路由表中。如果没有管辖距离,Router1 总会选择 RIP,不会选择 EIGRP,即

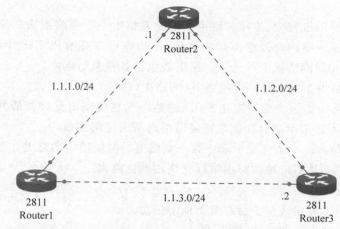

```
D 1.1.2.0[90/30720] via 1.1.3.2, 00:00:07,FastEthernet0/1 EIGRP
R 1.1.2.0[120/1]    via 1.1.1.1, 00:00:11,FastEthernet0/1 RIP
```

图 3.6 管辖距离和度量值

使在多数情况下 EIGRP 给出的信息要比 RIP 可靠得多。

(2) 如果使用了管辖距离,路由度量的格式将是(管辖距离)/(度量)。在查看每条路由的度量之前,Router1 会先查看管辖距离。管辖距离最佳的路由将被加入路由表,另一条路由则被忽略。如果两条路由有相同的管辖距离,则使用度量最佳的那条路由。如果两条路由的管辖距离和度量都相同,路由器就是用第一条监听到的路由,或者在两条路由之间平衡负载(依赖于对路由器的配置)。这种情况下,RIP 的管辖距离是 120(默认),EIGRP 的管辖距离是 90。由于 EIGRP 的管辖距离最小(说明可信度最高),将会使用 EIGRP 路由,而 RIP 路由被忽略。

Cisco 路由器的默认管辖距离如表 3.22 所示。一般来讲,距离值越大,可信度越低。管辖距离为 255 就意味着路由信息源根本不可靠,应被忽略。

表 3.22 路由器默认管辖距离值

路 由 源	默认距离	路 由 源	默认距离
直连接口	0	IS-IS	115
静态路由	1	RIP	120
汇总 EIGRP	5	EGP	140
外部 BGP	20	ODR	160
内部 EIGRP	90	外部 EIGRP	170
IGRP	100	内部 BGP	200
OSPF	110	未知	255

3.9 度 量 值

在网络里面,为了保证网络的畅通,通常会连接很多的冗余链路。这样,当一条链路出现故障时,还可以有其他路径把数据报传递到目的地。当使用动态路由协议学习路由时,如何区分到达同一个目的地的众多路径孰优孰劣,这就用到了度量值。

所谓度量值(Metric),就是路由协议根据自己的路由算法计算出来的一条路径的优先级。当有多条路径到达同一个目的地时,度量值最小的路径是最佳的路径,应该进入路由表。

当路由器学到到达同一个目的地的多条路径时,它会先比较它们的管辖距离。如果管辖距离不同,则说明这些路径是由不同的路由协议学来的,路由器会认为管辖距离小的路径是最佳路径,因为小的管辖距离意味着学到这条路径的路由协议是优先的;如果管辖距离相同,则说明是由同一种路由协议学来的不同路径,路由器就会比较这些路径的度量值,度量值最小的路径是最佳路径。

各种路由协议的度量值各不相同。例如,RIP 协议是用路径上经过路由器的数量(也就是跳数)作为度量值,OSPF 协议则是用路径的带宽来计算度量值的。

3.10 路由更新

拓扑结构的变化与网络上每台路由器的路由表做出的相应改变之间所需的时间称为收敛时间。收敛是指为使所有的路由表具有一致的信息并且处于稳定状态所做出的动作。使路由协议具有短的收敛时间是十分必要的,因为在路由器计算新的路由时可能会产生路由中断或路由环。

路由更新可以包含路由器的整个路由表,或者仅包含变化的那部分。这些通信对于路由器及时接收到关于路由环境的可信完整信息,保持路由表的准确性,以及允许选择最优路由是必不可少的。根据所使用的路由协议,路由更新可以定期发出,或者可以由拓扑结构的变动而触发。

注意:在路由表中最多装入 6 条到同一目的地的并行路由。如果有更多的路由可用,则多余的路由将被排除。如果某些被装入的路由从路由表中被删除,则未被装入的路由被自动加入。

注意:当一接口被关闭后,所有经过此接口的所有路由就被从 IP 路由表中删除。

除了可在一台路由器上同时运行多种路由协议外,IOS 通过任何路由协议学习的路由还可以被重分发到其他任何路由协议,以交换由不同协议创建的路由信息。这种情况适用于所有基于 IP 的路由协议。路由重分发尽管功能强大,但同时也增加了网络的复杂性,更容易导致路由混乱,因此仅当必要时才应使用。重分发可能引发路由环路、路由信息不兼容和收敛时间不一致等问题。

3.11 路由查找

一般来说,路由器查找路由的顺序是直连网络、静态路由、动态路由,如果以上路由表中都没有合适的路由,则通过默认路由将包传输出去。综合使用动态路由、静态路由和默认路由,以保证路由的冗余。

初始时路由器使用直连网络或子网的路由,然后扫描路由表,匹配项目的操作步骤如下:

(1) 首先使用子网掩码来确定数据包的网络地址,并且对路由表进行扫描。如果在路由表中有多条与目的地匹配的表项,则最长匹配(即用尽量长的子网掩码位)查找与该网络地址相匹配的路由,并将数据包发送给该路由表项中设定的下一跳地址。

(2) 如果不存在这样的一个路由表项,就寻找一个默认路由,然后就将数据包发送给该路由表项中设定的下一跳地址。

(3) 如果不存在这样的一个默认路由,IP 就将一个 ICMP"目的不可达"的消息发送给数据包的源系统。

3.12 静态路由和动态路由

静态路由是由网络管理员手动配置在路由器的路由表里的路由。静态路由的基本思想是:如果想要路由器知道某个网络,就手工输入这些路径。静态路由十分容易理解,也十分容易配置,至少在一个小型网络中是如此,而且无疑是最简单的路由方法。

静态路由是在路由器中设置的固定的路由。除非网络管理员干预,否则静态路由不会发生变化。由于静态路由不能对网络的改变做出反应,一般用于网络规模不大、拓扑结构固定的网络中。静态路由的优点是简单、高效、可靠。在所有的路由中,静态路由优先级最高。当动态路由与静态路由发生冲突时,以静态路由为准。

动态路由是网络中的路由器之间相互通信,传递路由信息,利用收到的路由信息更新路由器表的过程。它能实时地适应网络结构的变化。如果路由更新信息表明发生了网络变化,路由选择软件就会重新计算路由,并发出新的路由更新信息。这些信息通过各个网络,引起各路由器重新启动其路由算法,并更新各自的路由表以动态地反映网络拓扑变化。动态路由适用于网络规模大、网络拓扑复杂的结构网络。当然,各种动态路由协议会不同程度地占用网络带宽和 CPU 资源。

静态路由和动态路由有各自的特点和适用范围,因此在网络中动态路由通常作为静态路由的补充。当一个分组在路由器中进行寻径时,路由器首先查找静态路由,如果查到则根据相应的静态路由转发分组;否则再查找动态路由。

为建立静态路由,在全局配置模式下,使用 ip route 命令。为移除静态路由,使用该命令的 no 形式。ip route 命令的格式如式下,其语法说明如表 3.23 所示。

```
ip route prefix mask {ip-address | interface-type interface-number [ip-address]}
[distance] [name next-hop-name] [permanent]
no ip route prefix mask {ip-address | interface-type interface-number [ip-address]}
[distance] [name next-hop-name] [permanent]
```

表 3.23 ip route 命令语法说明

prefix	目的 IP 路由前缀
mask	目的前缀掩码
ip-address	下一跳 IP 地址
interface-type interface-number	输出接口类型和号码

续表

distance	（可选项）管辖距离
name *next-hop-name*	（可选项）路由命名
permanent	（可选项）即使接口关闭，路由也不移除

【例 3.27】 到网络 10.0.0.0/8 的包路由到 172.31.3.4，管辖距离值为 110。

```
Router(config)# ip route 10.0.0.0 255.0.0.0 172.31.3.4 110
```

【例 3.28】 到网络 172.31.0.0/16 的包路由到 172.31.6.6。

```
Router(config)# ip route 172.31.0.0 255.255.0.0 172.31.6.6
```

【例 3.29】 到网络 192.168.1.0 的包从路由器以太网接口 0 转发。如果接口关闭，路由将从路由表中移除。

```
Router(config)# ip route 192.168.1.0 255.255.255.0 Ethernet 0
```

3.13 默 认 路 由

　　默认路由（Default Route）是对 IP 数据包中的目的地址找不到存在的其他路由时，路由器所选择的路由。目的地不在路由器的路由表里的所有数据包都会使用默认路由。这条路由一般会连接另一个路由器，而这个路由器也同样处理数据包：如果知道应该怎么路由这个数据包，则数据包会被转发到已知的路由；否则，数据包会被转发到默认路由，从而到达另一个路由器。每次转发，路由都增加了一跳的距离。

　　当到达了一个知道如何到达目的地址的路由器时，这个路由器就会根据最长前缀匹配来选择有效的路由。子网掩码匹配目的 IP 地址而且最长的网络会被选择。用无类别域间路由标记表示的 IPv4 默认路由是 0.0.0.0/0。因为子网掩码是 /0，所以它是最短的可能匹配。当查找不到匹配的路由时，自然而然就会转而使用这条路由。同样地，在 IPv6 中，默认路由的地址是 ::/0。一些组织的路由器一般把默认路由设为一个连接到网络服务提供商的路由器。这样，目的地为该组织的局域网以外（一般是互联网、城域网或者 VPN）的数据包都会被该路由器转发到该网络服务提供商。当那些数据包到了外网，如果该路由器不知道该如何路由它们，它就会把它们发到它自己的默认路由里，而这又会是另一个连接到更大的网络的路由器。同样地，如果仍然不知道该如何路由那些数据包，它们会去到互联网的主干线路上。这样，目的地址会被认为不存在，数据包就会被丢弃。

　　路由器可以通过来自运行路由协议的另一台路由器的路由更新接收一个默认网络。如果路由器有一个直连到指定默认网络的接口，则在该路由器上运行的路由协议就会产生一条默认路由。默认路由也成为最后求助（Last Resort）的路由。

　　当通过路由协议传递默认信息时，就不需要进一步配置。IOS 会周期性地扫描路由表，以选择最优的默认网络作为其默认网络，并将其通告给其他路由器。如果是 RIP，则唯一一地选择网络 0.0.0.0,可自动安装和通告该网络路由。如果是 EIGRP,由于它们不认识网络 0.0.0.0,则可能会有几个网络可作为默认网络的候选者。如果路由器没有接口在默认网络上,但确有一条到该网络的路由,它也会把该路由当作一条候选的默认路由。IOS 根据管辖距离和度量信息来检验默认路由的候选者,并选中最优者。到最优默认路由的网关便成为默认网关。

为配置默认路由或者 Last Resort 路由网关,可以使用 ip default-gateway、ip default-network、ip route 0.0.0.0 0.0.0.0 命令。

1. ip default-gateway

ip default-gateway 命令与其他两个命令不同。它只用在路由器的 ip routing 被禁用时。例如,如果路由器是一台主机,可以用该命令为它定义默认网关。当低端 Cisco 路由器在 RXBoot 模式,通过 TFTP 传输 Cisco IOS 软件映像到路由器时,也可以使用该命令。在 RXBoot 模式,路由器没有启用 ip routing。

当 ip rouring 被禁用时,为定义默认网关(路由器),在全局配置模式下,使用 ip default-gateway 命令。为禁用该功能,使用该命令的 no 形式。ip default-gateway 命令的格式如下,其语法说明如表 3.24 所示。

```
ip default - gateway ip - address
no ip default - gateway ip - address
```

表 3.24 ip default-gateway 命令语法说明

ip-address	路由器 IP 地址

【例 3.30】 定义 IP 地址为 192.31.7.18 的路由器作为默认路由器。

```
Router(config)# ip default - gateway 192.31.7.18
```

2. ip default-network

不像 ip default-gateway 命令,当路由器上 ip routing 启用时,可以使用 ip default-network 命令。当配置 ip default-network 时,路由器认为已经安装的到默认网络的路由作为路由器上 last resort 网关。

为选择一个网络作为候选路由计算 last resort 网关,在全局配置模式下,使用 ip default-network 命令,为移除路由,使用该命令的 no 形式。ip default-network 命令的格式如下,其语法说明如表 3.25 所示。

```
ip default - network network - number
no ip default - network network - number
```

表 3.25 ip default-network 命令语法说明

network-number	网络号

【例 3.31】 定义到网络 10.0.0.0 的静态路由作为静态默认路由。

```
Router(config)# ip route 10.0.0.0 255.0.0.0 10.108.3.4
Router(config)# ip default-network 10.0.0.0
```

对使用 ip default-network 配置的每个网络，如果路由器有到那个网络的路由，那个路由被标记作为候选默认路由。在如图 3.7 所示的网络拓扑结构中，显示路由器 Router0 的路由表。

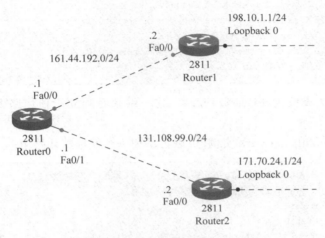

图 3.7 显示路由器路由表拓扑图

```
Router0# show ip route
Codes: C - connected, S - static, I - IGRP, R - RIP, M - mobile, B - BGP
       D - EIGRP, EX - EIGRP external, O - OSPF, IA - OSPF inter area
       N1 - OSPF NSSA external type 1, N2 - OSPF NSSA external type 2
       E1 - OSPF external type 1, E2 - OSPF external type 2, E - EGP
       i - IS-IS, L1 - IS-IS level-1, L2 - IS-IS level-2, ia - IS-IS inter area
       * - candidate default, U - per-user static route, o - ODR
       P - periodic downloaded static route
Gateway of last resort is not set
     131.108.0.0/24 is subnetted, 1 subnets
C      131.108.99.0 is directly connected, FastEthernet0/1
     161.44.0.0/24 is subnetted, 1 subnets
C      161.44.192.0 is directly connected, FastEthernet0/0
S    198.10.1.0/24 [1/0] via 161.44.192.2
```

注意静态路由 198.10.1.0/24 [1/0] via 161.44.192.2 和 Gateway of last resort is not set。如果配置 ip default-network 198.10.1.0,路由表改变为：

```
Router0(config)# ip default-network 198.10.1.0
Router0(config)# end
Router0# show ip route
```

```
Codes: C - connected, S - static, I - IGRP, R - RIP, M - mobile, B - BGP
       D - EIGRP, EX - EIGRP external, O - OSPF, IA - OSPF inter area
       N1 - OSPF NSSA external type 1, N2 - OSPF NSSA external type 2
       E1 - OSPF external type 1, E2 - OSPF external type 2, E - EGP
       i - IS-IS, L1 - IS-IS level-1, L2 - IS-IS level-2, ia - IS-IS inter area
       * - candidate default, U - per-user static route, o - ODR
       P - periodic downloaded static route
Gateway of last resort is 161.44.192.2 to network 198.10.1.0
     131.108.0.0/24 is subnetted, 1 subnets
C    131.108.99.0 is directly connected, FastEthernet0/1
     161.44.0.0/24 is subnetted, 1 subnets
C    161.44.192.0 is directly connected, FastEthernet0/0
S*   198.10.1.0/24 [1/0] via 161.44.192.2
```

last resort 网关设置为 161.44.192.2。这一结果是独立于任何路由协议，如 show ip route 命令输出。

通过配置 ip default-network 实例，可以再添加一个候选默认路由。

```
Router0(config)# ip route 171.70.24.0 255.255.255.0 131.108.99.2
Router0(config)# ip default-network 171.70.24.0
Router0(config)# end
Router0# show ip route
Codes: C - connected, S - static, I - IGRP, R - RIP, M - mobile, B - BGP
       D - EIGRP, EX - EIGRP external, O - OSPF, IA - OSPF inter area
       N1 - OSPF NSSA external type 1, N2 - OSPF NSSA external type 2
       E1 - OSPF external type 1, E2 - OSPF external type 2, E - EGP
       i - IS-IS, L1 - IS-IS level-1, L2 - IS-IS level-2, ia - IS-IS inter area
       * - candidate default, U - per-user static route, o - ODR
       P - periodic downloaded static route
Gateway of last resort is 161.44.192.2 to network 198.10.1.0
     131.108.0.0/24 is subnetted, 1 subnets
C    131.108.99.0 is directly connected, FastEthernet0/1
     161.44.0.0/24 is subnetted, 1 subnets
C    161.44.192.0 is directly connected, FastEthernet0/0
     171.70.0.0/16 is variably subnetted, 2 subnets, 2 masks
S    171.70.0.0/16 [1/0] via 171.70.24.0
S    171.70.24.0/24 [1/0] via 131.108.99.2
S*   198.10.1.0/24 [1/0] via 161.44.192.2
```

在 ip default-network 命令输入后，该网络没有被标记为默认网络。

注意：ip default-network 命令是有类的。这意味着如果路由器通过该命令有到子网路由，路由器将安装到主类网络路由。根据这点，没有网络被标记为默认网络。重新使用 ip default-network 命令，为了主类网络标记候选默认路由。

```
Router0(config)# ip default-network 171.70.0.0
Router0(config)# end
Router0# show ip route
```

```
Codes: C - connected, S - static, I - IGRP, R - RIP, M - mobile, B - BGP
       D - EIGRP, EX - EIGRP external, O - OSPF, IA - OSPF inter area
       N1 - OSPF NSSA external type 1, N2 - OSPF NSSA external type 2
       E1 - OSPF external type 1, E2 - OSPF external type 2, E - EGP
       i - IS-IS, L1 - IS-IS level-1, L2 - IS-IS level-2, ia - IS-IS inter area
       * - candidate default, U - per-user static route, o - ODR
       P - periodic downloaded static route
Gateway of last resort is 171.70.24.0 to network 171.70.0.0
     131.108.0.0/24 is subnetted, 1 subnets
C    131.108.99.0 is directly connected, FastEthernet0/1
     161.44.0.0/24 is subnetted, 1 subnets
C    161.44.192.0 is directly connected, FastEthernet0/0
   * 171.70.0.0/16 is variably subnetted, 2 subnets, 2 masks
S*   171.70.0.0/16 [1/0] via 171.70.24.0
S    171.70.24.0/24 [1/0] via 131.108.99.2
S*   198.10.1.0/24 [1/0] via 161.44.192.2
```

如果原来静态路由指向主类网络,配置默认网络两次的额外步骤就没有必要了。

如果移除到特定默认网络的路由,路由器选择另一个候选默认。通过移除配置中静态路由可以移除该静态路由作为默认路由的信息,如下所示。

```
Router0(config)# no ip route 171.70.24.0 255.255.255.0 131.108.99.2
```

在移除到默认网络的静态路由后,路由表如下。

```
Router0# show ip route
Codes: C - connected, S - static, I - IGRP, R - RIP, M - mobile, B - BGP
       D - EIGRP, EX - EIGRP external, O - OSPF, IA - OSPF inter area
       N1 - OSPF NSSA external type 1, N2 - OSPF NSSA external type 2
       E1 - OSPF external type 1, E2 - OSPF external type 2, E - EGP
       i - IS-IS, L1 - IS-IS level-1, L2 - IS-IS level-2, ia - IS-IS inter area
       * - candidate default, U - per-user static route, o - ODR
       P - periodic downloaded static route
Gateway of last resort is 161.44.192.2 to network 198.10.1.0
     131.108.0.0/24 is subnetted, 1 subnets
C    131.108.99.0 is directly connected, FastEthernet0/1
     161.44.0.0/24 is subnetted, 1 subnets
C    161.44.192.0 is directly connected, FastEthernet0/0
S*   198.10.1.0/24 [1/0] via 161.44.192.2
```

在有路由协议的环境下,对于不同路由协议,ip default-network 宣告的网络不同。

EIGRP:ip default-network 宣告的网络必须是被 EIGRP 或重分布进来的路由。

RIP:ip default-network 宣告的网络被标记为 R*。

IS-IS/OSPF:不支持。

如果使用 ip default-network 命令选择 last resort 网关,RIP 通告到 0.0.0.0 的路由。例如,在路由器上 last resort 网关通过 ip route 和 ip default-network 命令被学习。如果在

路由器上启用 RIP,RIP 通告到 0.0.0.0 的路由。

```
Router0(config)#router rip
Router0(config-router)#network 161.44.0.0
Router0(config-router)#network 131.108.0.0
Router0(config-router)#end
Router0#debug ip rip
*Mar  2 07:39:35.504: RIP: sending v1 update to 255.255.255.255 via FastEthernet0/0 (161.
44.192.1)
*Mar  2 07:39:35.508: RIP: build update entries
*Mar  2 07:39:35.508: network 131.108.0.0 metric 1
*Mar  2 07:39:35.512: RIP: sending v1 update to 255.255.255.255 via FastEthernet0/1 (131.
108.99.1)
*Mar  2 07:39:35.516: RIP: build update entries
*Mar  2 07:39:35.520: subnet 0.0.0.0 metric 1
*Mar  2 07:39:35.524: network 161.44.0.0 metric 1
```

注意：使用 ip default-network 命令通告的默认路由不被开放最短路径优先（OSPF）传播。

3. ip route 0.0.0.0 0.0.0.0

创建到网络 0.0.0.0 0.0.0.0 静态路由是在路由器上另一种设置 last resort 网关的方式。像使用 ip default-network 命令一样，使用到 0.0.0.0 的静态路由不依赖任何路由协议。然而，ip routing 必须在路由器上启用。

EIGRP 传播到网络 0.0.0.0 的路由，但是这条命令如果来自一条静态路由，则必须将这条静态路由重发布进 EIGRP 中。

在早期的 RIP 版本，使用 ip route 0.0.0.0 0.0.0.0 创建的默认路由自动通过 RIP 路由器通告。在 Cisco IOS 软件发布 12.0T 和以后版本中，发布的路由必须是 RIP 所学到或重分发进来的。

使用 ip route 0.0.0.0 0.0.0.0 命令创建的默认路由不被 OSPF 和 IS-IS 传播。此外，这个默认路由不能使用 redistribute 命令被重分发，可以用 default-information originate 来进行发布。

【例 3.32】 使用 ip route 0.0.0.0 0.0.0.0 命令配置 last resort 网关。

```
Router3#configure terminal
Router3(config)#ip route 0.0.0.0 0.0.0.0 170.170.3.4
Router3(config)#end
Router3#show ip route
   Codes: C - connected, S - static, I - IGRP, R - RIP, M - mobile, B - BGP
      D - EIGRP, EX - EIGRP external, O - OSPF, IA - OSPF inter area
      N1 - OSPF NSSA external type 1, N2 - OSPF NSSA external type 2
      E1 - OSPF external type 1, E2 - OSPF external type 2, E - EGP
      i - IS-IS, L1 - IS-IS level-1, L2 - IS-IS level-2, * - candidate default
      U - per-user static route, o - ODR
Gateway of last resort is 170.170.3.4 to network 0.0.0.0
      170.170.0.0/24 is subnetted, 2 subnets
```

```
C 170.170.2.0 is directly connected, Serial0
C 170.170.3.0 is directly connected, Ethernet0
S* 0.0.0.0/0 [1/0] via 170.170.3.4
```

当用 ip default-network 指令设定多条默认路由时，管辖距离最短的成为最终的默认路由；如果有多数条路由管辖距离值相等，那么在路由表中靠上的路由成为默认路由。

同时使用 ip default-network 和 ip route 0.0.0.0 0.0.0.0 双方设定默认路由时，如果 ip default-network 设定的网络是直连（静态且已知）的，那么它就成为默认路由；如果 ip default-network 指定的网络是由交换路由信息得来的，则 ip route 0.0.0.0 0.0.0.0 指定的表项成为默认路由。

最后，如果使用多条 ip route 0.0.0.0 0.0.0.0 指令，则流量会自动在多条链路上负载均衡。

3.14 VLSM 与 CIDR

可变长子网掩码（Variable Length Subnet Mask，VLSM）提供了在一个主类（A、B、C 类）网络内包含多个子网掩码的能力，以及对一个子网再进行子网划分的能力。它的优点如下。

（1）对 IP 地址更为有效的使用。如果不采用 VLSM，公司将被限制为在一个 A、B、C 类网络号内只能使用一个子网掩码。

（2）路由归纳的能力更强。VLSM 允许在编址计划中有更多的体系分层，因此可以在路由表内进行更好的路由归纳。

无类域间路由（Classless Inter-Domain Route，CIDR）是开发用于帮助减缓 IP 地址和路由表增大问题的一项技术。CIDR 的理念是多个 C 类地址块可以被组合或聚合在一起生成更大的无类别 IP 地址集（也就是说允许有更多的主机）。CIDR 支持路由聚合，能够将路由表中的许多路由条目合并为更少的数目，因此可以限制路由器中路由表的增大，减少路由通告。同时，CIDR 有助于 IPv4 地址的充分利用。

使用 CIDR 聚合地址的方法与使用 VLSM 划分子网的方法类似。在使用 VLSM 划分子网时，将原来分类 IP 地址中的主机位按照需要划出一部分作为网络位使用；而在使用 CIDR 聚合地址时，则是将原来分类 IP 地址中的网络位划出一部分作为主机位使用。VLSM 是将一个网划分为多个子网，充分利用网络资源。简单直观地说就是，VLSM 是把一个 IP 分成几个连续的 IP 网段；CIDR 是把几个 IP 地址合并成一个 IP 在外网显示。

在大型互联网络中，存在着成百上千的网络。在这环境中，一般不希望路由器在它的路由表中保存所有的这些路由。路由归纳［也被称为路由聚合或超网（Supernetting）］可以减少路由器必须保存的路由条目数量，因为它是在一个归纳地址中代表一系列网络号的一种方法。

在大型、复杂的网络中使用路由归纳的另一个优点是它可以使其他路由器免受网络拓扑结构变化的影响。只有在使用了一个正确的地址规划时，路由归纳才能可行和最有效，在子网环境中，当网络地址是以 2 的指数形式的连续区块时，路由归纳是最有效的。

路由选择协议根据共享网络地址部分来归纳或聚合路由。无类别路由选择协议 OSPF 和 EIGRP 支持基于子网地址，包括 VLSM 编址的路由归纳。有类别路由选择协议 RIPv1 自动地在有类别网络的边界上归纳路由。有类别路由选择协议不支持在任何其他比特边界上的路由归纳,而无类别路由选择协议支持在任何比特边界上的路由归纳。

因为路由表的条目少了,路由归纳可以减少对路由器内存的占用,减少路由选择协议造成的网络流量。网络中的路由归纳能够正确地工作,必须满足下面要求。

(1) 多个 IP 地址必须共享相同的高位比特。

(2) 路由选择协议必须根据 32 比特的 IP 地址和高达 32 比特的前缀长度来作出路由转发决定。

(3) 路由更新必须将前缀长度(子网掩码)与 32 比特的 IP 地址一起传输。

有类路由协议发送路由更新遵循下列原则。

(1) 如果在路由表中的某个网络或子网是与输出接口同一主网的一部分,并且有与该输出接口相同的掩码,则它在该接口上被通告。

(2) 如果在路由表中的某个网络或子网是与输出接口同一主网的一部分,但有与该输出接口不同的掩码,则它不被通告。

(3) 如果在路由表中的某个网络或子网是与输出接口不同主网的一部分,则输出接口的掩码被忽略,只是路由的主网部分被通告。

有类路由协议接收路由更新遵循下列原则。

(1) 如果路由器接收到有关一个网络的信息,并且如果接收接口属于该网络(但在不同的子网),则该路由器应用配置在该接口上的子网掩码。

(2) 如果路由器接收到有关一个网络的信息,但该网络地址与在接收接口上所配置的网络地址不同,则该路由器应用默认子网掩码(即有类网络掩码)。

(3) 如果从接收更新的其他接口得到的路由表中存在该主网的任一子网,则该路由器忽略该更新,否则接受该更新。

上述规定导致下列两条有类网络设计规则。

(1) 有类网络的所有子网都使用相同的子网掩码。

(2) 每个有类网络都必须是连续的。

子网 0 不能与有类路由协议一起使用,因为到子网 0 的路由更新与到主网的路由更新无法区别。

在无类路由协议的路由更新中包含子网掩码信息,因此它能够妥善处理不连续子网和变长子网掩码,支持 0 子网。CIDR 将有类的路由方式替换成更灵活、更节省 IP 地址的方案,加强了路由聚合,从而显著提高了路由的可伸缩性和效率。

如图 3.8 所示,CIDR 在路由器上启用。所以,当主机发送一个包到 128.20.4.1 时,路由器转发包到最优超网路由,而不是丢弃它。

使用有类路由协议时,应使路由器使用默认路由来转发这样的包,即它发往一个未知子网,而与该子网位于同一网络的其他一些子网对该路由器来说是已知的,必须启用 CIDR。例如,在一台路由器的路由表中包含发往 10.5.0.0/16 的路由,同时还有一条默认路由 0.0.0.0。如果没有启用 CIDR,则路由器接收到发往子网 10.6.0.0/16 的包后,将把它丢弃。

到达一个网络的子网的包,如果没有到该网络的默认路由,但有到最优超网路由,为启用路由器转发这样的包,在全局配置模式下,使用 ip classless 命令。为禁用该功能,使用该命令的 no 形式。ip classless 命令的格式如下:

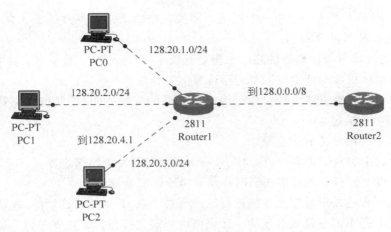

图 3.8 启用 IP CIDR

```
ip classless
no ip classless
```

【例 3.33】 防止转发到未知子网的包到最优超网。

```
Router(config)# no ip classless
```

3.15 路 由 汇 总

  路由汇总又称为路由汇聚。路由汇总的含义是把一组路由汇总为一个单个的路由广播。路由汇总的最终结果和最明显的好处是缩小网络上的路由表的尺寸。这样将减少与每一个路由跳有关的延迟，因为由于减少了路由登录项数量，查询路由表的平均时间将加快。由于路由登录项广播的数量减少，路由协议的开销也将显著减少。随着整个网络（以及子网的数量）的扩大，路由汇总将变得更加重要。

  除了缩小路由表的尺寸之外，路由汇总还能通过在网络连接断开之后限制路由通信的传播来提高网络的稳定性。如果一台路由器仅向下一个下游的路由器发送汇聚的路由，那么，它就不会广播与汇聚的范围内包含的具体子网有关的变化。例如，如果一台路由器仅向其临近的路由器广播汇总路由地址 172.16.0.0/16，那么，如果它检测到 172.16.10.0/24 局域网网段中的一个故障，它将不更新临近的路由器。

  这个原则在网络拓扑结构发生变化之后能够显著减少任何不必要的路由更新。实际上，这将加快汇聚，使网络更加稳定。为了执行能够强制设置的路由汇总，需要一个无类路由协议。不过，无类路由协议本身还是不够的。制定这个 IP 地址管理计划是必不可少的，这样就可以在网络的战略点实施没有冲突的路由汇聚。

  这些地址范围称为连续地址段。例如，一台把一组分支办公室连接到公司总部的路由器能够把这些分支办公室使用的全部子网汇聚为一个单个的路由广播。如果所有这些子网都在 172.16.16.0/24 至 172.16.31.0/24 的范围内，那么，这个地址范围就可以汇聚为 172.16.16.0/20。这是一个与位边界（bit boundary）一致的连续地址范围，因此，可以保证这个地址范围能够汇聚为一个单一的声明。要实现路由汇总的好处的最大化，制定细致的地址管理计划是必不可少的。

汇总 IP 地址比单个被通告的路由工作更有效率，因为下列原因。

（1）在路由协议数据库中被汇总的路由被优先处理。

（2）当路由协议查看路由数据库时为减少必要的处理时间，任何包含在被汇总的路由中关联的子路由被跳过。

路由器以下列两种方式汇总路由。

（1）当穿越主类网络边界时，自动汇总网络子前缀到主类网络边界。

（2）在接口上按指定的网络或子网号及子网掩码汇总地址。

仅当采用了合适的编址方案才能进行路由汇总。在 IP 地址是连续的，地址数是 2 的幂的子网化情况下路由汇总是最有效的。无类路由协议支持在任何边界进行汇总。有类路由协议自动在有类网络的边界进行汇总，而不支持在任何边界进行汇总。

3.16 监视与维护路由

为显示路由表当前状态，在用户模式或者特权模式下，使用 show ip route 命令。show ip route 命令的格式如下，其语法说明如表 3.26 所示。

show ip route [ip-address [mask] | protocol | static]

表 3.26 show ip route 命令语法说明

ip-address	（可选项）IP 地址
mask	（可选项）子网掩码
protocol	（可选项）路由协议
static	（可选项）静态路由

【例 3.34】 如图 3.9 所示，显示 R1 上的路由表信息，show ip route 命令字段说明如表 3.27 所示。

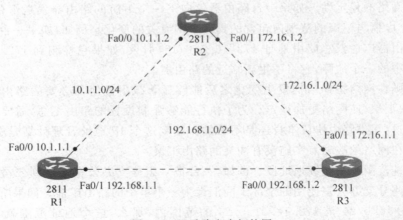

图 3.9 显示路由表拓扑图

```
R1# show ip route
Codes: C - connected, S - static, I - IGRP, R - RIP, M - mobile, B - BGP
       D - EIGRP, EX - EIGRP external, O - OSPF, IA - OSPF inter area
       N1 - OSPF NSSA external type 1, N2 - OSPF NSSA external type 2
       E1 - OSPF external type 1, E2 - OSPF external type 2, E - EGP
       i - IS-IS, L1 - IS-IS level-1, L2 - IS-IS level-2, ia - IS-IS inter area
       * - candidate default, U - per-user static route, o - ODR
       P - periodic downloaded static route
Gateway of last resort is not set
     10.0.0.0/24 is subnetted, 1 subnets
C       10.1.1.0 is directly connected, FastEthernet0/0
     172.16.0.0/16 is variably subnetted, 2 subnets, 2 masks
R       172.16.0.0/16 [120/1] via 10.1.1.2, 00:00:11, FastEthernet0/0
S       172.16.1.0/24 [1/0] via 10.1.1.2
C    192.168.1.0/24 is directly connected, FastEthernet0/1
```

表 3.27 show ip route 命令字段说明

字 段	说 明
Codes：	路由协议代码
172.16.0.0/16	目的网络地址
[120/1]	管辖距离和度量值
via 10.1.1.2	下一跳地址
00:00:11	路由最后更新时间(小时：分钟：秒)
FastEthernet0/1	本地出口

【例3.35】 在 R2 上显示到 192.168.1.0 的路由信息,带 IP 地址 show ip route 命令字段说明如表 3.28 所示。

```
R2# show ip route 192.168.1.0
Routing entry for 192.168.1.0/24
Known via "rip", distance 120, metric 1
  Redistributing via rip
  Last update from 172.16.1.1 on FastEthernet0/1, 00:00:25 ago
  Routing Descriptor Blocks:
  * 10.1.1.1, from 10.1.1.1, 00:00:26 ago, via FastEthernet0/0
      Route metric is 1, traffic share count is 1
    172.16.1.1, from 172.16.1.1, 00:00:25 ago, via FastEthernet0/1
      Route metric is 1, traffic share count is 1
```

表 3.28 带 IP 地址 show ip route 命令字段说明

字 段	说 明
Routing entry for 192.168.1.0/24	网络号和掩码
Known via…	路由如何得到
type	路由类型
Redistributing via…	重分发协议

续表

字 段	说 明
Last update from 172.16.1.1	下一跳地址
Routing Descriptor Blocks:	下一跳 IP 地址和该信息源
Route metric	最优度量值
traffic share count	路由使用次数

为从 IP 路由表中删除路由,在特权模式下,使用 clear ip route 命令。clear ip route 命令的格式如下,其语法说明如表 3.29 所示。

```
clear ip route {network [mask] | *}
```

表 3.29　clear ip route 命令语法说明

network	网络或子网地址
mask	(可选项)子网掩码
*	所有路由表项

【例 3.36】 从路由表中移除到网络 10.5.0.0 路由。

```
Router# clear ip route 10.5.0.0
```

为显示活动路由协议进程的参数和当前状态,在特权模式下,使用 show ip protocols 命令。

【例 3.37】 show ip protocols 命令输出,show ip protocols 命令字段说明如表 3.30 所示。

```
Router# show ip protocols
Routing Protocol is "rip"
  Sending updates every 30 seconds, next due in 2 seconds
  Invalid after 180 seconds, hold down 180, flushed after 240
  Outgoing update filter list for all interfaces is not set
  Incoming update filter list for all interfaces is not set
  Redistributing: rip
  Default version control: send version 2, receive version 2
    Interface      Send    Recv    Key-chain
    Ethernet0      2       2       trees
    Fddi0          2       2
  Routing for Networks:
    172.19.0.0
    10.2.0.0
    10.3.0.0
  Routing Information Sources:
    Gateway        Distance        Last Update
  Distance: (default is 120)
```

表 3.30 show ip protocols 命令字段说明

字 段	说 明
Routing Protocol is "rip"	路由协议
Sending updates every 30 seconds	发送更新时间间隔
next due in 2 seconds	下次更新发送时间
Invalid after 180 seconds	无效定时器
hold down for 180	保持定时器
flushed after 240	清除定时器
Outgoing update …	输出过滤列表
Incoming update …	输入过滤列表
Default version control:	RIP 版本
Redistributing	重分发协议
Routing	目标网络
Routing Information Sources:	路由源,显示信息如下: IP 地址 管辖距离 最新更新时间

其他路由协议的输出内容和字段说明随协议不同而不同。

为显示默认网关(路由器)地址,在用户模式或者特权模式下,使用 show ip redirects 命令。show ip redirects 命令的格式如下:

```
show ip redirects
```

【例 3.38】 show ip redirects 命令输出。

```
Router# show ip redirects
Default gateway is 172.16.80.29
```

3.17 DHCP 协议配置

3.17.1 DHCP 协议概述

动态主机控制协议(DHCP)能够自动分配重用 IP 地址到 DHCP 客户。Cisco IOS DHCP 服务器是完整的 DHCP 服务器,用于分配和管理来自在路由器上指定地址池的 IP 地址给 DHCP 客户。如果 Cisco IOS DHCP 服务器不能根据自己数据库满足 DHCP 请求,它能够转发请求到一个或者多个辅助由网络管理员定义的 DHCP 服务器。

图 3.10 显示当 DHCP 客户从 DHCP 服务器请求一个 IP 地址发生的基本过程。

DHCP 客户发送 DHCP Discover 广播信息定位一个 Cisco IOS DHCP 服务器。某个 DHCP 服务器以 DHCP Offer 单播或者广播(根据 BROADCAST 位的置位情况,如果为 1,则使用广播,否则是单播)信息形式提供配置参数(如 IP 地址、MAC 地址、域名和 IP 地址的

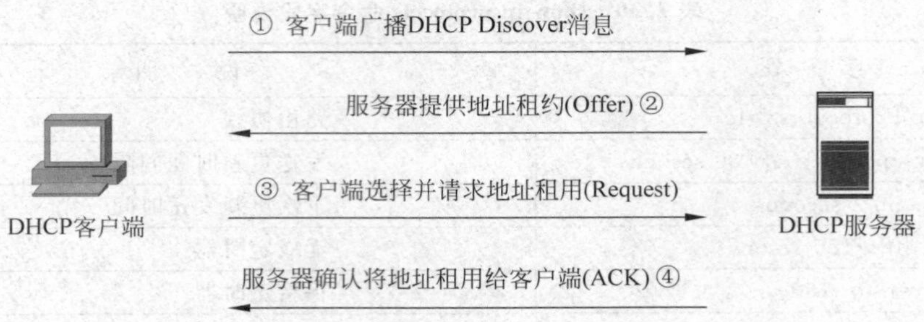

① 客户端广播DHCP Discover消息
② 服务器提供地址租约(Offer)
③ 客户端选择并请求地址租用(Request)
④ 服务器确认将地址租用给客户端(ACK)

DHCP客户端　　　　　　　　　　　　　　DHCP服务器

图 3.10　DHCP 工作基本步骤

租期)给客户机。

DHCP 客户可能收到从多个 DHCP 服务器来的消息,可以接收其中任何一个;然而,客户通常接收第一个到达的消息。此外,来自 DHCP 服务器的消息并不能保证 IP 地址能分配给客户;服务器通常保留地址,直到客户有机会正式请求这个地址。

DHCP 客户以 DHCP Request 广播消息形式正式向 DHCP 服务器提出对 IP 地址的请求。DHCP 服务器通过返回 DHCP ACK 单播或者广播(根据 BROADCAST 位的置位情况,如果为 1,则使用广播,否则是单播)消息到客户确认 IP 地址已经分配给客户。

客户发送的对提供 IP 地址的正式请求(DHCP Request 消息)是一个广播,为了所有其他已经从客户接收了 DHCP Discover 广播消息的 DHCP 服务器能收回它们提供给客户的 IP 地址。

如果 DHCP 服务器在 DHCP Offer 消息中发送给客户的配置参数无效,客户返回 DHCP Decline 广播消息给 DHCP 服务器。

如果在协商过程有错误发生,或者客户对 DHCP 服务器的 DHCP Offer 消息(DHCP 服务器分配参数给另一个客户)反应慢,DHCP 服务器将发送 DHCP NAK 拒绝广播消息给客户,这意味着提供的配置参数没有被分配。

Cisco IOS DHCP 服务器优点如下。

(1) 减少互联网访问成本,在每一个远端站点使用自动分配的 IP 地址,充分地减少互联网访问成本。静态 IP 地址相对自动分配的 IP 地址购买相当昂贵。

(2) 减少客户配置任务和成本,因为 DHCP 容易配置,它最大限度地减少与设备配置任务相关的业务费用和成本,使非技术人员容易部署。

(3) 集中管理,因为 DHCP 服务器维护多个子网的配置,当配置参数改变时,管理员仅仅需要更新一个中心服务器。

DHCP 服务器数据库被组织为一个树。树的根是自然网络的地址池,分枝是子网地址池,叶子是对客户的手工绑定。子网继承网络参数,客户继承子网参数。所以公共参数,(如域名)应该被配置在树的最高级(网络或子网)。

被继承的参数可以被取代。例如,如果一个参数在自然网络和子网中都被定义,则在子网中的定义被使用。

地址租约是不能被继承的。如果一个 IP 地址租约没有被指定,默认情况下,DHCP 服务器为这个地址分配一个一天租约。

为配置 Cisco IOS DHCP 服务器功能,首先配置数据库代理或禁用冲突日志,然后配置

DHCP 服务器不能分配的 IP 地址（排除地址）和能分配给请求客户的 IP 地址（可用 IP 地址池）。

3.17.2 配置数据库代理和冲突日志

DHCP 数据库代理可以使任何主机，如 FTP、TFTP 或者 RCP 服务器，保存 DHCP 绑定数据库。可以配置多个 DHCP 数据库代理、每个代理数据库更新和传送的间隔。为配置数据库代理和数据库代理参数，在全局模式下，使用 ip dhcp database 命令，为清除数据库代理，使用该命令的 no 形式。ip dhcp database 命令的格式如下，其语法说明如表 3.31 所示。

```
ip dhcp database url [timeout seconds | write-delay seconds | write-delay seconds timeout seconds]
no ip dhcp database url
```

表 3.31 ip dhcp database 命令语法说明

url	保存自动绑定的远端文件，文件格式如下： tftp://host/filename ftp://user:password@host/filename rcp://user@host/filename flash://filename disk0://filename
timeout seconds	（可选项）在终止数据库传送前，DHCP 服务器等待的时间，单位为秒，默认 300 秒
write-delay seconds	（可选项）DHCP 服务器多久发送数据库更新，默认等待 300 秒

【例 3.39】 指定 DHCP 数据库传送超时时间为 80 秒。

```
Router(config)# ip dhcp database ftp://user:password@172.16.1.1/router-dhcp timeout 80
```

【例 3.40】 指定 DHCP 数据更新延时值为 100 秒。

```
Router(config)# ip dhcp database tftp://172.16.1.1/router-dhcp write-delay 100
```

如果选择不配置 DHCP 数据库代理，那么在 DHCP 服务器上禁用 DHCP 地址冲突记录。为启用 DHCP 地址冲突日志，在全局配置模式下，使用 ip dhcp conflict logging 命令。为禁用冲突日志，使用该命令的 no 形式。

【例 3.41】 禁用 DHCP 地址冲突记录。

```
Router(config)# no ip dhcp conflict logging
```

3.17.3 配置排除 IP 地址

DHCP 服务器假设在 DHCP 地址池子网的所有 IP 地址都是可以分配给 DHCP 客户

的。可以指定 DHCP 服务器不应该分配给客户的 IP 地址。为实现这一目的,在全局配置模式下,使用 ip dhcp excluded-address 命令,为移除排除的 IP 地址,使用该命令的 no 形式。ip dhcp excluded-address 命令的格式如下,其语法说明如表 3.32 所示。

```
ip dhcp excluded - address low - address [high - address]
no ip dhcp excluded - address low - address [high - address]
```

表 3.32 ip dhcp excluded-address 语法说明

low-address	排除的 IP 地址或者排除地址范围内的起始 IP 地址
high-address	(可选项)排除地址范围内的最后 IP 地址

【例 3.42】 配置排除 IP 地址范围为 172.16.1.100 到 172.16.1.199。

```
Router(config)# ip dhcp excluded - address 172.16.1.100 172.16.1.199
```

3.17.4 配置地址池

可以使用一个象征性的字符串(如"engineering")或一个整数配置 DHCP 地址池的名称。配置 DHCP 地址池进入到 DHCP 池配置模式,提示符为"(config-dhcp)#",可以配置池参数。为配置 DHCP 地址池,完成如下任务。

(1) 配置 DHCP 地址池名称,进入 DHCP 池配置模式。在全局配置模式下,使用 ip dhcp pool 命令。为移除地址池,使用该命令的 no 形式。ip dhcp pool 命令的格式如下,其语法说明如表 3.33 所示。

```
ip dhcp pool name
no ip dhcp pool name
```

表 3.33 ip dhcp pool 命令语法说明

name	地址池名称

【例 3.43】 配置 DHCP 地址池 pool1。

```
Router(config)# ip dhcp pool pool1
```

(2) 配置 DHCP 地址池子网和掩码。为新创建的 DHCP 地址池配置子网和掩码,包含 DHCP 服务器可以分配给客户的 IP 地址范围,在 DHCP 池配置模式下,使用 network 命令,为移除子网号和掩码,使用该命令的 no 形式。network 命令的格式如下,其语法说明如表 3.34 所示。

```
network network - number [{mask | /prefix - length}]
no network network - number [{mask | /prefix - length}]
```

表 3.34 network 命令语法说明

network-number	网络号
mask	（可选项）掩码
/prefix-length	（可选项）前缀长度

【例 3.44】 配置 DHCP 池 pool1，网络号和掩码为 172.16.0.0/12。

```
Router(config)#ip dhcp pool pool1
Router(dhcp-config)#network 172.16.0.0 255.240.0.0
```

（3）为客户配置域名。DHCP 客户的域名使客户在构成该域的网络组中。为客户配置域名，在 DHCP 池模式下，使用 domain-name 命令，为移除域名，使用该命令的 no 形式。domain-name 命令的格式如下，其语法说明如表 3.35 所示。

```
domain-name domain
no domain-name
```

表 3.35 domain-name 命令语法说明

domain	域名

【例 3.45】 指定 cisco.com 作为客户机的域名。

```
Router(config-dhcp)#domain-name cisco.com
```

（4）为客户配置域名服务器。当 DHCP 客户需要解析主机名到 IP 地址时，查询 DNS 服务器。为 DHCP 客户配置 DNS 服务器，在 DHCP 池模式下，使用 dns-server 命令，以移除 DNS 服务器列表，使用该命令的 no 形式。dns-serve 命令的格式如下，其语法说明如表 3.36 所示。

```
dns-server address [address2 … address8]
no dns-server
```

表 3.36 dns-server 命令语法说明

address	DNS 服务器 IP 地址
address2…address8	（可选项）最多 8 个 DNS 服务器 IP 地址

【例 3.46】 指定 10.12.1.99 作为客户机的域名服务器 IP 地址。

```
Router(config-dhcp)#dns-server 10.12.1.99
```

（5）为客户配置 NetBIOS Windows Internet 命名服务器。Windows Internet 命名服务（WINS）是名字解析服务，微软 DHCP 客户使用它解析网络组中主机名称到 IP 地址。为微软 DHCP 客户配置 NetBIOS WINS 服务器，在 DHCP 池模式下，使用 netbios-name-server

命令,为移除 NetBIOS 名字服务器列表,使用该命令的 no 形式。netbios-name-server 命令的格式如下,其语法说明如表 3.37 所示。

```
netbios - name - server address [address2 … address8]
no netbios - name - server
```

表 3.37 netbios-name-server 命令语法说明

address	NetBIOS WINS 名字服务器 IP 地址
address2…address8	(可选项)最多 8 个 WINS 服务器地址

【例 3.47】 为客户机指定 NetBIOS 名字服务器 IP 地址。

```
Router(config - dhcp)# netbios - name - server 10.12.1.90
```

(6)为客户配置 NetBIOS 节点类型。对微软 DHCP 用户,NetBIOS 节点类型是四个设置之一:broadcast、peer-to-peer、mixed 或 hybrid。为微软 DHCP 客户配置 NetBIOS 节点类型,在 DHCP 池模式下使用 netbios-node-type 命令,为移除 NetBIOS 节点类型,使用该命令的 no 形式。netbios-node-type 命令的格式如下,其语法说明如表 3.38 所示。

```
netbios - node - type type
no netbios - node - type
```

表 3.38 netbios-node-type 命令语法说明

type	NetBIOS 节点类型,有效类型如下: **b-node**:广播 **p-node**:点对点 **m-node**:混合 **h-node**:混合(推荐)

【例 3.48】 指定客户的 NetBIOS 类型为 hybrid。

```
Router(config - dhcp)# netbios node - type h - node
```

(7)为客户配置默认路由器。在 DHCP 客户启动后,客户开始发送包到它的默认路由器。默认路由器的 IP 地址应该和客户在同一个子网。为 DHCP 客户配置默认路由器,在 DHCP 池配置模式下,使用 default-router 命令,为移除默认路由器列表,使用该命令的 no 形式。default-router 命令的格式如下,其语法说明如表 3.39 所示。

```
default - router address [address2…address8]
no default - router
```

表 3.39 default-router 命令语法说明

address	路由器 IP 地址
address2…address8	(可选项)最多 8 个路由器地址

【例 3.49】 指定 10.12.1.99 作为默认路由器的 IP 地址。

```
Router(config-dhcp)# default-router 10.12.1.99
```

（8）配置地址租期。默认情况下，每个 DHCP 服务器分配的 IP 地址都有一天的租期（该地址有效的时间）。为改变一个 IP 地址的租期，在 DHCP 池配置模式下，使用 lease 命令，为恢复默认值，使用该命令的 no 形式。lease 命令的格式如下，其语法说明如表 3.40 所示。

```
lease {days [hours [minutes]] | infinite}
no lease
```

表 3.40 lease 命令语法说明

days	租期的天数
hours	（可选项）租期的小时数
minutes	（可选项）租期的分钟数
infinite	租期是无限制的

【例 3.50】 租期为 1 天。

```
Router(config-dhcp)# lease 1
```

【例 3.51】 租期无限。

```
Router(config-dhcp)# lease infinite
```

【例 3.52】 创建 3 个 DHCP 地址池如表 3.41 所示：一个在网络 172.16.0.0 中，一个在子网 172.16.1.0 中，一个在子网 172.16.2.0 中。网络 172.16.0.0 的属性，如域名、DNS 服务器、NetBIOS 名字服务器和 NetBIOS 节点类型，被子网 172.16.1.0 和 172.16.2.0 继承。在每个池中，客户机被赋予 30 天租期和每个子网的全部地址，两个默认网关和 DNS 服务器的地址除外。

表 3.41 DHCP 地址池设置

Pool 0（Network 172.16.0.0）		Pool 1（Subnetwork 172.16.1.0）		Pool 2（Subnetwork 172.16.2.0）	
Device	IP Address	Device	IP Address	Device	IP Address
Default routers	—	Default routers	172.16.1.100 172.16.1.101	Default routers	172.16.2.100 172.16.2.101
DNS server	172.16.1.102 172.16.2.102	—	—	—	—
NetBIOS name server	172.16.1.103 172.16.2.103	—	—	—	—
NetBIOS node type	h-node	—	—	—	—

配置过程如下:

```
Router(config)# ip dhcp database ftp://user:password@172.16.4.253/router-dhcp write-delay 120
Router(config)# ip dhcp excluded-address 172.16.1.100 172.16.1.103
Router(config)# ip dhcp excluded-address 172.16.2.100 172.16.2.103
Router(config)# ip dhcp pool 0
Router(config-dhcp)# network 172.16.0.0 /16
Router(config-dhcp)# domain-name cisco.com
Router(config-dhcp)# dns-server 172.16.1.102 172.16.2.102
Router(config-dhcp)# netbios-name-server 172.16.1.103 172.16.2.103
Router(config-dhcp)# netbios-node-type h-node
Router(config-dhcp)# exit
Router(config)# ip dhcp pool 1
Router(config-dhcp)# network 172.16.1.0 /24
Router(config-dhcp)# default-router 172.16.1.100 172.16.1.101
Router(config-dhcp)# lease 30
Router(config)# ip dhcp pool 2
Router(config-dhcp)# network 172.16.2.0 /24
Router(config-dhcp)# default-router 172.16.2.100 172.16.2.101
Router(config-dhcp)# lease 30
```

3.17.5 配置手工绑定

地址绑定是客户 IP 地址和 MAC 地址的映射。客户的 IP 地址可以手工由管理员分配,或者 DHCP 服务器从池自动分配。

手工绑定是手工映射主机的 IP 地址到 MAC 地址,在 DHCP 数据库中能被找到。手工绑定存储在 DHCP 服务器上的 NVRAM 中。手工绑定没有数量限制,但是在每个主机池中只能配置一个手工绑定。

自动绑定是自动映射主机的 IP 地址到 MAC 地址,在 DHCP 数据库中能被找到。自动绑定存储在称为数据库代理的远端主机。绑定保存为文本记录,方便维护。

为配置手动绑定,首先创建主机池,然后指定客户的 IP 地址和硬件地址或者客户标识符。硬件地址是 MAC 地址。客户标识符是微软客户需要的(代替硬件地址),是介质类型和客户 MAC 地址的串连形式。

为配置手工绑定,步骤、命令和目的如表 3.42 所示。

表 3.42 手工绑定步骤命令

步骤	命令	目的
1	Router(config)# ip dhcp pool *name*	创建地址池
2	Router(config-dhcp)# host *address* [*mask* | /*prefix-length*]	客户的 IP 地址和子网掩码
3	Router(config-dhcp)# hardware-address *hardware-address type* Router(config-dhcp)# client-identifier *unique-identifier*	客户的硬件地址和类型 指定客户的唯一标识符
4	Router(config-dhcp)# client-name *name*	(可选项)客户的名称

【例 3.53】 为名为 Mars.cisco.com 的主机创建手工绑定。MAC 地址为 02c7.f800.0422,IP 地址为 172.16.2.254。

```
Router(config)#ip dhcp pool Mars
Router(config-dhcp)#host 172.16.2.254
Router(config-dhcp)#hardware-address 02c7.f800.0422 ieee802
Router(config-dhcp)#client-name Mars
```

因为属性被继承,前面的配置相当于如下配置:

```
Router(config)#ip dhcp pool Mars
Router(config-dhcp)#host 172.16.2.254 mask 255.255.255.0
Router(config-dhcp)#hardware-address 02c7.f800.0422 ieee802
Router(config-dhcp)#client-name Mars
Router(config-dhcp)#default-router 172.16.2.100 172.16.2.101
Router(config-dhcp)#domain-name cisco.com
Router(config-dhcp)#dns-server 172.16.1.102 172.16.2.102
Router(config-dhcp)#netbios-name-server 172.16.1.103 172.16.2.103
Router(config-dhcp)#netbios-node-type h-node
```

3.17.6 配置服务器启动文件

启动文件被用于存储客户的启动映像。启动映像通常是客户要加载的操作系统。为 DHCP 客户机指定一个启动映像,在 DHCP 池配置模式下使用 bootfile 命令,为删除启动映像,使用该命令的 no 形式。bootfile 命令的格式如下,其语法说明如表 3.43 所示。

```
bootfile filename
no bootfile
```

表 3.43 bootfile 命令语法说明

filename	启动映像文件名

【例 3.54】 指定 xllboot 文件为启动文件。

```
Router(config-dhcp)#bootfile xllboot
```

3.17.7 配置 ping 包数量

默认情况下,DHCP 服务器在分配地址给请求的客户前 ping 池地址两次。如果 ping 没有回答,DHCP 服务器假设(很高的可能性)地址没在使用,分配该地址到请求的客户。为了改变 DHCP 服务器在分配地址前发送池地址的 ping 包的数量,在全局配置模式下,使用 ip dhcp ping packets 命令,为防止服务器 ping 池地址,使用该命令的 no 形式。为返回发送 ping 包的数量为默认值,使用该命令的 default 形式。ip dhcp ping packets 命令的格式如下,其语法说明如表 3.44 所示。

```
ip dhcp ping packets number
no ip dhcp ping packets
default ip dhcp ping packets
```

表 3.44　ip dhcp ping packets 命令语法说明

number	ping 包的数量,默认值为 2

【例 3.55】　在停止进一步 ping 尝试前,指定 DHCP 服务器做 5 次 ping 尝试。

```
Router(config)#ip dhcp ping packets 5
```

3.17.8　配置 ping 包超时值

默认情况下,DHCP 在超时一个 ping 包前等待 500ms。为改变服务器等待的时间数,使用 ip dhcp ping timeout 命令,为恢复 500ms 的默认值,使用该命令的 no 形式。ip dhcp ping timeout 命令的格式如下,其语法说明如表 3.45 所示。

```
ip dhcp ping timeout milliseconds
no ip dhcp ping timeout
```

表 3.45　ip dhcp ping timeout 命令语法说明

milliseconds	DHCP 服务器等待 ping 回答的时间,单位为毫秒,默认值为 500

【例 3.56】　指定 DHCP 服务器在认为 ping 失败前将等待 ping 回答 800ms。

```
Router(config)#ip dhcp ping timeout 800
```

3.17.9　启用服务

默认情况下,Cisco IOS DHCP 服务器和中继代理功能在路由器上是启用的。如果该功能被禁用,在全局配置模式下,使用在路由器上重新启用 Cisco IOS DHCP 服务器和中继代理功能,为禁用 DHCP 服务器和中继代理功能,使用该命令的 no 形式。service dhcp 命令的格式如下。

```
service dhcp
no service dhcp
```

【例 3.57】　在 DHCP 服务器上启用 DHCP 服务。

```
Router(config)#service dhcp
```

3.17.10　监视和维护服务

(1) 从 DHCP 数据库删除动态地址绑定。为从 DHCP 数据库删除动态地址绑定,在特权模式下,使用 clear ip dhcp binding 命令。clear ip dhcp binding 命令的格式如下,其语法说明如表 3.46 所示。

```
clear ip dhcp[pool name] binding { * | address }
```

表 3.46 clear ip dhcp binding 命令语法说明

pool name	（可选项）DHCP 池的名称
*	清除所有动态绑定
address	清除指定地址绑定

【例 3.58】 从 DHCP 服务器数据库删除地址绑定 10.12.1.99。

```
Router# clear ip dhcp binding 10.12.1.99
```

【例 3.59】 从所有池中删除所有绑定。

```
Router# clear ip dhcp binding *
```

【例 3.60】 从名为 pool1 的地址池中删除所有绑定。

```
Router# clear ip dhcp pool pool1 binding *
```

【例 3.61】 从名为 pool2 的地址池中删除地址绑定 10.13.2.99。

```
Router# clear ip dhcp pool pool2 binding 10.13.2.99
```

(2) 从 DHCP 数据库清除地址冲突。为从 DHCP 数据库清除地址冲突,在特权模式下,使用 clear ip dhcp conflict 命令。clear ip dhcp conflict 命令的格式如下,其语法说明如表 3.47 所示。

```
clear ip dhcp[pool name] conflict { * | address }
```

表 3.47 clear ip dhcp conflict 命令语法说明

pool name	（可选项）DHCP 池的名称
*	清除所有地址冲突
address	清除指定地址冲突

【例 3.62】 从 DHCP 服务器数据库中删除 10.12.1.99 的地址冲突。

```
Router# clear ip dhcp conflict 10.12.1.99
```

【例 3.63】 从所有池中删除所有地址冲突。

```
Router# clear ip dhcp conflict *
```

【例 3.64】 从名为 pool1 的地址池中删除所有地址冲突。

```
Router#clear ip dhcp pool pool1 conflict *
```

【例 3.65】 从名为 pool2 的地址池中删除地址冲突 10.13.2.99。

```
Router#clear ip dhcp pool pool2 conflict 10.13.2.99
```

(3) 重新设置所有 DHCP 服务器定时器为 0。为重新设置 DHCP 服务器定时器，在特权模式下，使用 clear ip dhcp server statistics 命令。

【例 3.66】 重新设置所有 DHCP 定时器。

```
Router#clear ip dhcp server statistics
```

(4) 显示指定 DHCP 服务器上的创建的所有绑定列表。为显示 DHCP 服务器上的地址绑定，在用户模式或特权模式下，使用 show ip dhcp binding 命令。show ip dhcp binding 命令的格式如下，其语法说明如表 3.48 所示。

```
show ip dhcp binding [ip-address]
```

表 3.48 show ip dhcp binding 命令语法格式

ip-address	（可选项）显示指定地址绑定

【例 3.67】 显示 DHCP 指定地址绑定，show ip dhcp binding 命令字段说明如表 3.49 所示。

```
Router#  show ip dhcp binding 192.0.2.0
IP address        Hardware address      Lease expiration         Type
192.0.2.0         00a0.9802.32de        Feb 01 1998 12:00 AM     Automatic
Router#  show ip dhcp binding 192.0.2.1
IP address        Hardware address      Lease expiration         Type
192.0.2.1         02c7.f800.0422        Infinite                 Manual
```

表 3.49 show ip dhcp binding 命令字段说明

字段	说明
IP address	IP 地址
Hardware address	MAC 地址或客户标识符
Lease expiration	地址租期
Type	地址分配方式

(5) 显示指定 DHCP 服务器记录的所有地址冲突列表。为显示当提供的地址被分配给客户时 DHCP 服务器发现的地址冲突，在用户模式或特权模式使用 show ip dhcp conflict 命令。show ip dhcp conflict 命令的格式如下，其语法说明如表 3.50 所示。

```
show ip dhcp conflict[ip-address]
```

表 3.50　show ip dhcp conflict 命令语法说明

ip-address	（可选项）发现冲突的 IP 地址

【例 3.68】 显示 DHCP 服务器地址冲突列表，show ip dhcp conflict 命令字段说明如表 3.51 所示。

```
Router# show ip dhcp conflict
IP address        Detection Method      Detection time
172.16.1.32       Ping                  Feb 16 1998 12:28 PM
172.16.1.64       Gratuitous ARP        Feb 23 1998 08:12 AM
```

表 3.51　show ip dhcp conflict 命令字段说明

字　　段	说　　明
IP address	IP 地址
Detection Method	发现冲突的方式
Detection time	发现冲突的日期和时间

（6）显示 DHCP 数据库上当前活动。为显示 DHCP 服务器数据库代理信息，在特权模式下，使用 show ip dhcp database 命令。show ip dhcp database 命令的格式如下，其语法说明如表 3.52 所示。

```
show ip dhcp database [url]
```

表 3.52　show ip dhcp database 命令语法说明

url	（可选项）存储自动 DHCP 绑定的远端文件，文件格式如下： tftp://host/filename ftp://user:password@host/filename rcp://user@host/filename flash://filename disk0://filename

【例 3.69】 显示所有 DHCP 服务器数据库代理信息，show ip dhcp database 命令字段说明如表 3.53 所示。

```
Router# show ip dhcp database
URL      : ftp://user:password@172.16.4.253/router-dhcp
Read     : Dec 01 1997 12:01 AM
Written  : Never
Status   : Last read succeeded. Bindings have been loaded in RAM.
Delay    : 300 seconds
```

第 3 章　IP 特性

```
Timeout        :  300 seconds
Failures       :  0
Successes      :  1
```

表 3.53　show ip dhcp database 命令字段说明

字　段	说　　明
URL	（可选项）存储自动 DHCP 绑定的远端文件
Read	绑定从文件服务器被读取的最后日期和时间
Written	绑定从文件服务器被写入的最后日期和时间
Status	主机绑定最后读取或写入是否成功
Delay	在更新数据前等待的时间，单位为秒
Timeout	在文件传送中止前的时间，单位为秒
Failures	文件传送失败次数
Successes	文件传送成功次数

（7）显示关于服务器统计和发送与接收消息的计数消息。为显示 DHCP 服务器统计，在特权模式下，使用 show ip dhcp server statistics 命令。show ip dhcp server statistics 命令的格式如下。

```
show ip dhcp server statistics
```

【例 3.70】 显示 DHCP 服务器统计信息，show ip dhcp server statistics 命令字段说明如表 3.54 所示。

```
Router# show ip dhcp server statistics
Memory usage           40392
Address pools          3
Database agents        1
Automatic bindings     190
Manual bindings        1
Expired bindings       3
Malformed messages     0
Secure arp entries     1
Renew messages         0
Message                Received
BOOTREQUEST            12
DHCPDISCOVER           200
DHCPREQUEST            178
DHCPDECLINE            0
DHCPRELEASE            0
DHCPINFORM             0
Message                Sent
BOOTREPLY              12
DHCPOFFER              190
DHCPACK                172
DHCPNAK                6
```

表 3.54 show ip dhcp server statistics 命令字段说明

字 段	说 明
Memory usage	DHCP 服务器分配的 RAM 字节数
Address pools	DHCP 数据库中配置的地址池数
Database agents	DHCP 数据库中配置的数据库代理数
Automatic bindings	DHCP 数据库中自动映射到主机 MAC 地址的 IP 地址数
Manual bindings	DHCP 数据库中手动映射到主机 MAC 地址的 IP 地址数
Expired bindings	超期的租期数
Malformed messages	DHCP 服务器接收的被删的或损坏的消息数
Secure arp entries	获得客户接口的 MAC 地址的 ARP 项数
Renew messages	DHCP 租期的更新消息数
Message	DHCP 消息类型
Received	DHCP 服务器接收的 DHCP 消息数
Sent	DHCP 服务器发送的 DHCP 消息数

3.17.11 接口启用客户机

在接口上为从 DHCP 获得一个 IP 地址,在接口配置模式下使用 ip address dhcp 命令,去移除获得的任何地址,使用该命令的 no 形式。ip address dhcp 命令的格式如下,其语法说明如表 3.55 所示。

```
ip address dhcp [client-id interface-name] [hostname host-name]
no ip address dhcp [client-id interface-name] [hostname host-name]
```

表 3.55 ip address dhcp 命令语法说明

client-id	(可选项)客户标识符
interface-name	(可选项)接口名
hostname	(可选项)主机名
host-name	(可选项)在 DHCP 选项 12 域的主机名

如果 Cisco 路由器被配置从一个 DHCP 服务器获得其 IP 地址,它发送一个 DHCP DISCOVER 消息到网络上的 DHCP 服务器,提供关于自身的信息。无论使用 ip address dhcp 命令带或者不带任何选项关键字,DHCP 选项 12 域(主机名选项)包含在 DISCOVER 消息中。默认情况下,指定选项 12 的主机名将是全局配置的路由主机名。然而,可以使用 ip address dhcp hostname host-name 命令在 DHCP 选项 12 域放置不同名称而不是配置的路由器的主机名。no ip address dhcp 命令移除获得的 IP 地址,因此发送一个 dhcprelease 消息。

可能需要不同配置实验,决定 DHCP 服务器所需要的。表 3.56 显示可能的配置方法和每个方法放在 DISCOVERY 消息中的信息。

表 3.56 配置方法和 DISCOVERY 消息内容

配置方法	DISCOVERY 消息内容
ip address dhcp	DISCOVERY 消息含有"cisco-*mac-address*-Eth1"在客户标识符字段。*mac-address* 是以太网接口 1 的 MAC 地址,在选项 12 字段中含有路由器的默认主机名
ip address dhcp hostname *host-name*	DISCOVERY 消息含有"cisco-*mac-address*-Eth1"在客户标识符字段。*mac-address* 是以太网接口 1 的 MAC 地址,在选项 12 字段中含有 *host-name*
ip address dhcp client-id ethernet 1	DISCOVERY 消息含有以太网接口 1 的 MAC 地址在客户标识符字段,在选项 12 字段中含有路由器的默认主机名
ip address dhcp client-id ethernet 1 hostname *host-name*	DISCOVERY 消息含有以太网接口 1 的 MAC 地址在客户标识符字段,在选项 12 字段中含有 *host-name*

【例 3.71】 路由器发送的 DISCOVERY 消息中"cisco-mac-address-Eth1"在客户标识符字段,选项 12 字段值为 abc。

```
Router(config)# hostname abc
abc(config)# interface Ethernet 1
abc(config-if)# ip address dhcp Ethernet 1
```

【例 3.72】 路由器发送的 DISCOVERY 消息中"cisco-mac-address-Eth1"在客户标识符字段,选项 12 字段值为 def。

```
Router(config)# hostname abc
abc(config)# interface Ethernet 1
abc(config-if)# ip address dhcp hostname def
```

【例 3.73】 路由器发送的 DISCOVERY 消息中以太网接口 1 的 MAC 地址在客户标识符字段,选项 12 字段值为 abc。

```
Router(config)# hostname abc
abc(config)# interface Ethernet 1
abc(config-if)# ip address dhcp client-id Ethernet 1
```

【例 3.74】 路由器发送的 DISCOVERY 消息中以太网接口 1 的 MAC 地址在客户标识符字段,选项 12 字段值为 def。

```
Router(config)# hostname abc
abc(config)# interface Ethernet 1
abc(config-if)# ip address dhcp client-id Ethernet 1 hostname def
```

3.18 实验练习

实验拓扑结构图如图 3.11 所示。

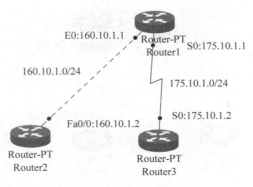

图 3.11 综合实验拓扑结构图

路由器配置步骤如下。

```
//在 Router3 上配置到网络 160.10.1.0 的静态路由
Router3# config terminal
Router3(config)# ip route 160.10.1.0 255.255.255.0 175.10.1.1
//在 Router3 上尝试 ping Router1 的 Serial 0 接口、Ethernet 0 接口
Router3# ping 175.10.1.1
Router3# ping 160.10.1.1
//在 Router3 上尝试 ping Router2 的 FastEthernet 0/0 接口
Router3# ping 160.10.1.2
//在 Router3 上查看路由表
Router3# show ip route
//在 Router2 上配置到网络 175.10.1.0 的静态路由
Router2(config)# ip route 175.10.1.0 255.255.255.0 160.10.1.1
//在 Router3 上尝试 ping Router1 的 Serial 0 接口、Ethernet 0 接口
Router3# ping 175.10.1.1
Router3# ping 160.10.1.1
//在 Router3 上尝试 ping Router2 的 FastEthernet 0/0 接口
Router3# ping 160.10.1.2
//在 Router2 上查看路由表
Router2# show ip route
```

习　　题

1. 写出路由器配置,拓扑结构图如图 3.12 所示,完成如下配置要求。

(1) 在路由器 Router2 和 Router3 上配置静态路由,实现 Router2 与 Router3 的通信。

(2) 以 Router2 到 Router3 的 ping 操作为例,说明 ping 通的路由过程。

2. 写出路由器配置,拓扑结构图如图 3.13 所示,完成如下配置要求。

(1) 路由器 R1 作为 DHCP 服务器,为网段 110.44.0.0/16 提供 DHCP 服务。IP 地址为网段 110.44.0.0/16 全部地址,默认网关地址除外。

(2) 路由器 R2 作为 DHCP 中继,转发 DHCP 广播到 DHCP 服务器。

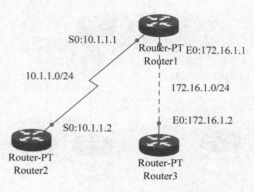

图 3.12 习题 1 拓扑结构图

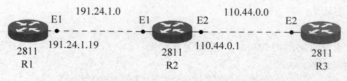

图 3.13 DHCP 拓扑结构图

(3) 路由器 R3 的 E2 接口作为 DHCP 客户机，从 DHCP 服务器动态获得网络参数，其中默认网关为 110.44.0.1，租期为 30 天。

第 4 章　广 域 网

本章学习目标

- 掌握 PPP 认证配置方法。
- 掌握帧中继接口配置方法。
- 掌握帧中继子接口配置方法。
- 掌握帧中继交换机配置方法。

4.1　DDN 配置

4.1.1　DDN 概述

计算机通信技术层出不穷，国民经济的飞速发展，金融、证券、海关、外贸等集团用户和租用数据专线的部门、单位大幅度增加，数据库及其检索业务也迅速发展，现代社会对电信业务的依赖性越来越强。

数字数据网 DDN(Digital Data Network)就是适合这些业务发展的一种传输网络。它是将数万、数十万条以光缆为主体的数字电路，通过数字电路管理设备，构成一个传输速率高、质量好、网络时延小、全透明、高流量的数据传输基础网络。

DDN 是利用数字信道传输数据信号的数据传输网。它的主要作用是向用户提供永久性和半永久性连接的数字数据传输信道，既可用于计算机之间的通信，也可用于传送数字化传真、数字话音、数字图像信号或其他数字化信号。永久性连接的数字数据传输信道是指用户间建立固定连接，传输速率不变的独占带宽电路。半永久性连接的数字数据传输信道对用户来说是非交换性的。但用户可提出申请，由网络管理人员对其提出的传输速率、传输数据的目的地和传输路由进行修改。网络经营者向广大用户提供了灵活方便的数字电路出租业务，供各行业构成自己的专用网。数字数据网的组成如图 4.1 所示。

数字数据网 DDN 是由数字传输电路和相应的数字交叉复用设备组成的。其中，数字传输主要以光缆传输电路为主，数字交叉连接复用设备对数字电路进行半固定交叉连接和子速率的复用。

DTE：数据终端设备，接入 DDN 的用户端设备可以是局域网，通过路由器连至对端，也可以是一般的异步终端或图像设备，以及传真机、电传机、电话机等。DTE 和 DTE 之间是全透明传输。

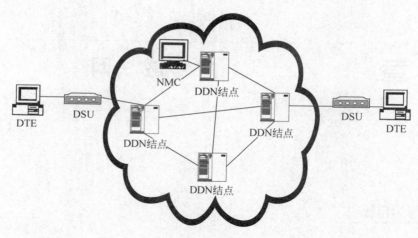

图 4.1 数字数据网的组成

DSU：数据业务单元，可以是调制解调器或基带传输设备，以及时分复用、语音/数字复用等设备。

DTE 和 DSU 主要功能是业务的接入和接出。

NMC：网管中心，可以方便地进行网络结构和业务的配置，实时地监视网络运行情况，进行网络信息、网络节点告警、线路利用情况等收集、统计报告。

在实际应用中，Cisco 路由器接 DDN 专线时，同步串口需通过 V.35 或 RS232 DTE 线缆连接 CSU/DSU，则 Cisco 路由器为 DTE，CSU/DSU 为 DCE，DCE 提供时钟。如果将两台路由器通过 V.35 或 RS232 线缆进行直连时，则连接 DCE 线缆的路由器为 DCE，必须配置同步时钟速率和带宽。

4.1.2 配置 HDLC 协议

HDLC 使用同步串行传输，它在并不可靠的物理层链路上为两点间提供无差错通信。HDLC 定义了第 2 层帧结构，通过使用确认和窗口操作方案进行流量控制和差错控制。不管是数据帧还是控制帧，格式都相同。

标准的 HDLC 原本不支持在单一链路上传输多种协议，这是因为 HDLC 无法标识所携带的是哪一种协议。Cisco 提出了一种专有的 HDLC 版本。Cisco 的 HDLC 帧中使用了一个专有类型字段，这个字段等同于一个协议字段，使 HDLC 在同一链路中传输多种网络层协议数据成为可能。HDLC 是 Cisco 路由器串行接口默认的第 2 层封装协议。

ISO HDLC 协议由 IBM SDLC 协议演化过来，ISO HDLC 采用 SDLC 的帧格式，支持同步、全双工操作，ISO SDLC 分为物理层与 LLC 层（逻辑链路子层）。但 Cisco HDLC 无 LLC 层，这意味着 Cisco HDLC 对上层数据只进行物理帧封装，没有任何应答机制，重传机制，任何的纠错处理由上层协议处理。

Cisco 2500 系列、Cisco 1600 系列的同步串口，默认状态下为 HDLC 封装，同步/异步串口默认状态为同步工作方式，HDLC 封装，因此，一般无须显式封装 HDLC。

默认情况下，Cisco 设备在同步串行线路上采用 Cisco HDLC 串行封装方法。可是，如果串行接口被配置成其他封装协议，而且接口的封装协议必须要改回 HDLC，此时应进入串行接口配置模式。然后输入"encapsulation hdlc"这条接口配置命令，指定接口的封装为 HDLC。

【例 4.1】 两台路由器通过 DDN 专线连接，封装协议为 HDLC，如图 4.2 所示。

图 4.2 HDLC DDN 连接

Router0 配置：

```
Router0(config)# interface serial 1/0
Router0(config-if)# encapsulation hdlc
Router0(config-if)# ip address 192.168.1.1 255.255.255.0
Router0(config-if)# clockrate 9600
```

Router1 配置：

```
Router1(config)# interface serial 1/0
Router0(config-if)# encapsulation hdlc
Router1(config-if)# ip address 192.168.1.2 255.255.255.0
```

4.1.3 配置 PPP 协议

PPP 是点对点封装协议，它是 SLIP（串行线路 IP 协议的继承者），它提供了跨越同步和异步电路实现路由器到路由器和主机到网络的连接。PPP 是目前使用最广泛的广域网协议，这是因为它具有以下特征。

(1) 能够控制数据链路的建立。
(2) 能够对 IP 地址进行分配和管理。
(3) 支持多种网络协议的复用。
(4) 能够配置链路并对链路进行质量测试。
(5) 错误检测。

在 Cisco 路由器之间用同步专线连接时，采用 Cisco HDLC 比采用 PPP 协议效率高得多。但是，假如将 Cisco 路由器和非 Cisco 路由器进行同步专线连接时，不能采用 Cisco HDLC，因为它们不支持 Cisco HDLC，只能采用 PPP 协议。

在 PPP 的点对点通信中，可以采用 PAP（Password Authentication Protocol）或者 CHAP（Challenge Handshake Authentication Protocol）身份验证方式（首选 CHAP 方式）对连接用户进行身份验证，以防非法用户的 PPP 连接。但这些认证是可选项，不是必需的。如果需要认证，则发生在网络层协议配置之前，在链路层建立通信完成，在选择认证协议后，通信双方就可以被认证了。在认证阶段中，要求链路发起方在认证选项中填写认证信息，以便确认用户得到了网络管理员的许可。在认证过程中，通信双方对等的路由器要彼此交换认证信息。

如果是采用PAP协议,则整个身份认证过程是两次握手验证过程,口令以明文传送。PAP认证过程如图4.3所示。用文字描述如下。

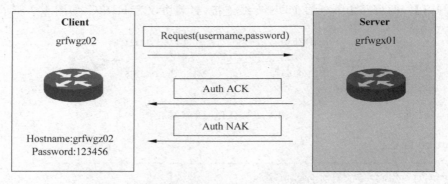

图4.3 PAP身份认证两次握手

(1) 被验证方发送用户名和口令到验证方,示例中是以客户(Client)端grfwgz02向服务器(Server)端grfwgz01请求身份验证。

(2) 验证方grfwgz01根据自己的网络用户配置信息查看是否有此用户,并且口令是否正确,然后返回不同的响应(Acknowledge or Not Acknowledge)。

(3) 如果正确,则会给对端发送ACK(应答确认)报文,通告对端已被允许进入下一阶段协商;否则发送NCK(不确认)报文,通知对方验证失败。但此时并不会直接将链路关闭,客户端还可以继续尝试新的用户密码。只有当验证不通过次数达到一定值(默认为4)时,才会关闭链路,来防止因误传、网络干扰等造成不必要的LCP重新协商过程。

PAP并不是一个健全的认证协议。它的特点是,在网络上以明文的方式传递用户名及口令,如在传输过程中被截获,便有可能对网络安全造成极大的威胁。因此它并不是一种强有效的认证方法,其密码以文本格式在电路上进行发送,对于窃听、重放或重复尝试和错误攻击没有任何保护,仅适用于对网络安全要求相对较低的环境。

而如果采取CHAP协议进行身份验证,则需要三次握手验证协议,不直接发送口令,由主验证方首先发起验证请求。CHAP的安全性比PAP高。CHAP身份验证的三次握手流程如图4.4所示。文字描述如下(同样以客户端grfwgz02向服务器端grfwgz01发送认证请求为例进行介绍)。

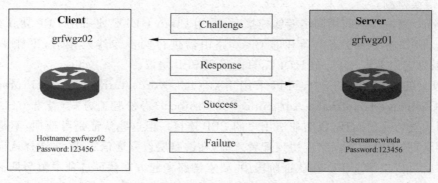

图4.4 CHAP身份认证三次握手流程

（1）当客户端要求与验证服务器连接时，并不是像 PAP 验证方式那样直接由客户端输入密码，而首先由验证方 grfwgz01 向被验证方 grfwgz02 发送一个作为身份认证请求的随机产生的报文，并同时将自己的主机名附带上一起发送给被验证方。

（2）被验证方得到验证方的询问请求（Challenge）后，便根据此报文中验证方的主机名和自己的用户表查找对应用户账户口令。如找到用户表中与验证方主机名相同的用户账户，便利用接收到的随机报文和该用户的密匙，以 MD5 算法生成应答（Response），随后将应答和自己的主机名发送给验证服务器。

（3）验证方接到此应答后，再利用对方的用户名在自己的用户表中查找自己系统中保留的口令字，找到后再用自己的保留口令字（密钥）和随机报文，以 MD5 算法生成结果，与被验证方应答比较。验证成功验证服务器会发送一条 ACK 报文（Success），否则会发送一条 NAK 报文（Failure）。

CHAP 身份认证的特点是只在网络上传输用户名，而并不传输用户口令，因此它的安全性要比 PAP 高。CHAP 认证方式使用不同的询问消息，每个消息都是不可能预测的唯一值，这样就可以防范再生攻击。不断询问可以被限制在一次攻击中的时间内，本地路由器可以控制询问的频率和时间。

PPP 认证支持单向和双向认证。在单向认证中，只有接收呼叫的一方认证另一方。在双向认证中，每一方独立发起认证请求，并接收认证确认或不确认。

为至少启用一个 PPP 认证协议，在接口上指定协议的选择顺序，在接口配置模式下，使用 ppp authentication 命令。为禁用该认证，使用该命令的 no 形式。ppp authentication 命令的格式如下，其语法说明如表 4.1 和表 4.2 所示。

```
ppp authentication{protocol1 [protocol2…]}
no ppp authentication
```

表 4.1 ppp authentication 命令语法说明

protocol1 [protocol2…]	认证协议，参见表 4.2

表 4.2 认证协议

chap	在串口启用 CHAP
eap	在串口启用 EAP
ms-chap	在串口启用 MS-CHAP
pap	在串口启用 PAP

为建立基于用户名认证系统，在全局配置模式下，使用 username 命令。为移除一个建立的基于用户名的认证，使用该命令的 no 形式。username 命令的格式如下，其语法说明如表 4.3 所示。

```
username name password password
no username name
```

表 4.3　username 命令语法说明

name	用户名
password	用户口令
password	用户输入的口令

为创建使用 CHAP 认证的发起呼叫路由器主机名,在接口配置模式下,使用 ppp chap hostname 命令,为禁用该功能,使用该命令的 no 形式。ppp chap hostname 命令的格式如下,其语法说明如表 4.4 所示。

```
ppp chap hostname hostname
no ppp chap hostname hostname
```

表 4.4　ppp chap hostname 命令语法说明

hostname	主机名

对不支持通常 CHAP 加密口令命令的未知主机,为启用路由器对其挑战信息的响应,在接口配置模式下,使用 ppp chap password 命令。为禁用 PPP CHAP 口令,使用该命令的 no 形式。ppp chap password 命令的格式如下,其语法说明如表 4.5 所示。

```
ppp chap password secret
no ppp chap password secret
```

表 4.5　ppp chap password 命令语法说明

secret	口令

为一个接口重新启用远端 PAP 支持,在 PAP 认证请求包中使用 sent-username 和 password,在接口配置模式下,使用 ppp pap sent-username 命令。为禁用远端 PAP 支持,使用该命令的 no 形式。ppp pap sent-username 命令的格式如下,其语法说明如表 4.6 所示。

```
ppp pap sent-username username password password
no ppp pap sent-username
```

表 4.6　ppp pap sent-username 命令语法说明

username	用户名
password	口令
password	口令

PPP 的 CHAP 认证的配置原则如下。

(1) 认证过程中,提交给对方信息中的主机名配置,接口配置优先于全局配置,即如果在接口配置了主机名,那么提交给对方的主机名为接口配置的主机名,不是设备自身全局配置的设备名,除非没有接口配置。

（2）认证过程中，从对方接收的信息中主机名对应的密码配置，全局配置优先于接口配置，即如果在全局配置了主机名和密码对应关系，那么从对方接收的信息中主机名对应的密码为全局配置的密码，不是在接口配置的密码，除非没有全局配置。

（3）认证方（服务端）对被认证方（客户端）用户名和密码配置只能通过全局的 **username** *name* **password** *password* 命令配置，不能通过接口的 **ppp chap password** *secret* 命令配置。

（4）被认证方（客户端）对认证方（服务端）用户名和密码配置既可以通过全局的 **username** *name* **password** *password* 命令配置，也可以通过接口的 **ppp chap password** *secret* 命令配置，但是全局配置优先于接口配置。

（5）一旦认证通过，就已经授权，就不在进行认证过程，保持认证通过状态，通信正常进行（即使又修改了认证参数），为了让新认证参数生效，需要先关闭接口，再启用接口。要想确定认证通过，最好就是关闭接口，再启用接口，如果状态都是 UP，然后再做一次 ping，如果还能 ping 通，那应该就可以确认认证通过，配置应该没有问题。

PPP 的 CHAP 认证的配置组合分析如下。R1 作为验证方（服务端），R2 作为被验证方（客户端）。

（1）R1 相关 CHAP 认证配置：

```
username R1 password cisco
ppp authentication chap
```

R2 相关 CHAP 认证配置：

```
ppp chap hostname R1
ppp chap password cisco
```

配置组合结论分析如下。

这样的配置组合不可行。

因为 R2 发送 call；R1 回复 challenge，使用系统 hostname 标识自己，即 R1；R2 收到后，发现标识配置 ppp chap hostname R1，即也是 R1，直接丢弃。

注意：在这种情况，实际是认证过程被忽略而结束，没有完成认证，认证变为超时结束，状态不会变化，状态可能都是 UP 的状态（以前未启用认证的状态或者是以前认证通过的状态）。实际上认证未通过，没有授权成功，通信无法完成，不能仅仅通过都是 UP 的状态来确认认证通过，最好进行一次接口的禁用再启用，完成一次通信进行测试确认。

（2）R1 相关 CHAP 认证配置：

```
username R1 password cisco
ppp authentication chap
```

R2 相关 CHAP 认证配置：

```
ppp chap password cisco
```

配置组合结论分析如下。

这样的配置组合虽然不会出现(1)中 R2 收到 challenge 后丢弃的情况,但也会认证失败。

因为 R2 发送 call;R1 回复 challenge,使用系统 hostname 标识自己,即 R1;R2 使用系统 hostname 标识自己,即 R2,标识 R1 对应的密码为配置 ppp chap password,即 cisco,发送 response 给 R1;R1 收到 R2 的 response,在本地数据库寻找标识 R2 对应的密码,没有找到,所以验证失败。

(3) R1 相关 CHAP 认证配置:

```
username R2 password cisco
ppp authentication chap
```

R2 相关 CHAP 认证配置:

```
ppp chap password cisco
```

配置组合结论分析如下。

这样的配置组合可行。

因为 R2 发送 call;R1 回复 challenge,使用系统 hostname 标识自己,即 R1;R2 使用系统 hostname 标识自己,即 R2,标识 R1 对应的密码为配置 ppp chap password,即 cisco,发送 response 给 R1;R1 收到 R2 的 response,在本地数据库寻找标识 R2 对应的密码,找到对应的密码也为 cisco,所以验证通过。

(4) R1 相关 CHAP 认证配置:

```
username R2 password cisco
ppp authentication chap
```

R2 相关 CHAP 认证配置:

```
username R1 password cisco
ppp chap password admin
```

配置组合结论分析如下。

这样的配置组合可行。

R2 发送 call;R1 回复 challenge,使用系统 hostname 标识自己,即 R1;R2 使用系统 hostname 标识自己,即 R2,由于标识对应的密码全局配置优先于接口配置,因此标识 R1 对应的密码为配置 username R1 password cisco,即 cisco,发送 response 给 R1;R1 收到 R2 的 response,在本地数据库寻找标识 R2 对应的密码,找到对应的密码也为 cisco,所以验证通过。

(5) R1 相关 CHAP 认证配置:

```
username R2
ppp authentication chap
```

R2 相关 CHAP 认证配置：

```
username R1
ppp chap password admin
```

配置组合结论分析如下。

这样的配置组合可行。

R2 发送 call；R1 回复 challenge，使用系统 hostname 标识自己，即 R1；R2 使用系统 hostname 标识自己，即 R2，由于标识对应的密码全局配置优先于接口配置，因此标识 R1 对应的密码为配置 username R1，即密码为空，发送 response 给 R1；R1 收到 R2 的 response，在本地数据库寻找标识 R2 对应的密码，找到对应的密码也为空，所以验证通过。

(6) R1 相关 CHAP 认证配置：

```
username R2 password cisco
ppp authentication chap
```

R2 相关 CHAP 认证配置：

```
username R1 password admin
ppp chap password cisco
```

配置组合结论分析如下。

这样的配置组合不可行。

R2 发送 call；R1 回复 challenge，使用系统 hostname 标识自己，即 R1；R2 使用系统 hostname 标识自己，即 R2，由于标识对应的密码全局配置优先于接口配置，因此标识 R1 对应的密码为配置 username R1 password admin，即密码为 admin，发送 response 给 R1；R1 收到 R2 的 response，在本地数据库寻找标识 R2 对应的密码，找到对应的密码为 cisco，密码不一致，所以验证失败。

(7) R1 相关 CHAP 认证配置：

```
username R2 password cisco
ppp authentication chap
ppp chap hostname Router1
```

R2 相关 CHAP 认证配置：

```
username R1 password cisco
username Router1 password admin
```

配置组合结论分析如下。

这样的配置组合不可行。

R2 发送 call；R1 回复 challenge，由于主机名接口配置优先于全局配置，使用配置 ppp chap hostname Router1 标识自己，即 Router1；R2 由于没有主机名的接口配置，所以使用系统 hostname 标识自己,即 R2,在本地数据库寻找标识 Router1 对应的密码,找到对应的密码为 admin,发送 response 给 R1;R1 收到 R2 的 response,在本地数据库寻找标识 R2 对应的密码,找到对应的密码为 cisco,密码不一致,所以验证失败。

【例 4.2】 路由器 Router0 对 Router1 的 CHAP 单向认证,如图 4.5 所示。

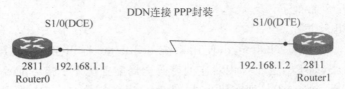

图 4.5 CHAP 单向认证

Router0 配置:

```
Router0(config)#username R1 password cisco
Router0(config)#interface Serial 1/0
Router0(config-if)#encapsulation ppp
Router0(config-if)#ppp authentication chap
Router0(config-if)#ip address 192.168.1.1 255.255.255.0
Router0(config-if)#clockrate 9600
```

Router1 配置:

```
Router1(config)#interface Serial 1/0
Router1(config-if)#encapsulation ppp
Router1(config-if)#ppp chap hostname R1
Router1(config-if)#ppp chap password cisco
Router1(config-if)#ip address 192.168.1.2 255.255.255.0
```

【例 4.3】 路由器 Router0 对 Router1 的 CHAP 双向认证,如图 4.6 所示。

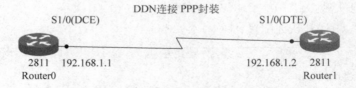

图 4.6 CHAP 双向认证

Router0 配置:

```
Router0(config)#username R1 password cisco
Router0(config)#interface Serial 1/0
Router0(config-if)#encapsulation ppp
Router0(config-if)#ppp authentication chap
Router0(config-if)#ppp chap hostname R0
Router0(config-if)#ip address 192.168.1.1 255.255.255.0
Router0(config-if)#clockrate 9600
```

Router1 配置：

```
Router1(config)# username R0 password cisco
Router1(config)# interface Serial 1/0
Router1(config-if)# encapsulation ppp
Router1(config-if)# ppp authentication chap
Router1(config-if)# ppp chap hostname R1
Router1(config-if)# ip address 192.168.1.2 255.255.255.0
```

【例 4.4】 路由器 Router0 对 Router1 的 PAP 单向认证，如图 4.7 所示。

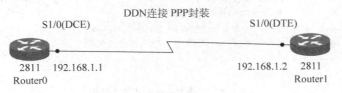

图 4.7　PAP 单向认证

Router0 配置：

```
Router0(config)# username Router1 password cisco1
Router0(config)# interface Serial 1/0
Router0(config-if)# encapsulation ppp
Router0(config-if)# ppp authentication pap
Router0(config-if)# ip address 192.168.1.1 255.255.255.0
Router0(config-if)# clockrate 9600
```

Router1 配置：

```
Router1(config)# interface Serial 1/0
Router1(config-if)# encapsulation ppp
Router1(config-if)# ppp pap sent-username Router1 password cisco1
Router1(config-if)# ip address 192.168.1.2 255.255.255.0
```

【例 4.5】 路由器 Router0 对 Router1 的 PAP 双向认证，如图 4.8 所示。

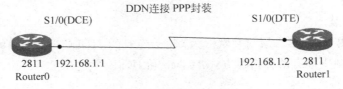

图 4.8　PAP 双向认证

Router0 配置：

```
Router0(config)# username Router1 password cisco1
Router0(config)# interface Serial 1/0
Router0(config-if)# encapsulation ppp
```

```
Router0(config-if)#ppp authentication pap
Router0(config-if)#ppp pap sent-username Router0 password cisco0
Router0(config-if)#ip address 192.168.1.1 255.255.255.0
Router0(config-if)#clockrate 9600
```

Router1 配置：

```
Router1(config)#username Router0 password cisco0
Router1(config)#interface Serial 1/0
Router1(config-if)#encapsulation ppp
Router1(config-if)#ppp authentication pap
Router1(config-if)#ppp pap sent-username Router1 password cisco1
Router1(config-if)#ip address 192.168.1.2 255.255.255.0
```

4.2 帧中继配置

4.2.1 帧中继概述

帧中继最初是对 ISDN 的扩展，其设计目的是在包交换的网络上实现电路交换技术。发展到后来帧中继成为一种独立、经济的广域网技术。

帧中继是工作在数据链路层的协议，使用的是 HDLC 的一个变种子集 LAPF(Link Access Procedure for Frame-relay)。它是面向连接的，采用包交换(packet-switch)技术。FR 采用虚电路(VC)为终端用户建立连接。有 SVC 和 PVC 两种形式。SVC 是指通信前双方通过信令消息来动态建立链路；而 PVC(永久虚电路)是预设在交换机里面的。一般情况下帧中继采用的是 PVC。

帧中继被认为是工作于高质量的数字链路上，因此它不提供差错恢复机制，一旦发现数据包出错就直接丢弃，且不会以任何形式通知源设备。

帧中继之所以被认为是经济的，是由于它把多条虚电路复用于一条物理链路上，采用统计多路复用的方式。

帧中继的工作范围如图 4.9 所示。一般情况下，用户端路由器为 DTE 设备，而 FR 交换机为 DCE 设备。

1. 帧中继封装

在 Cisco 路由器上，第二层封装默认为 Cisco 专有的 HDLC。要配置帧中继，则必须改为帧中继封装。帧中继有两种封装方式：Cisco 和 IETF。

2. DLCI

帧中继使用 DLCI(Data Link Control Identifier)来标识一条 VC，相当于一个二层地址。DLCI 的取值为 0～1023(某些值具有特殊意义)，一般是由服务提供商提供的(一般为 16～1007)。DLCI 一般只具有本地意义，即它只在必须直连的两台设备之间那条链路上唯一，不同物理链路上的 DLCI 值可以相同，而连接两台远端路由器的一条 PVC 两端的 DLCI 值可以不同。某些特殊情况下，如使用了 LMI 的某些特性时，DLCI 可以被赋予全局意义用于全局寻址。

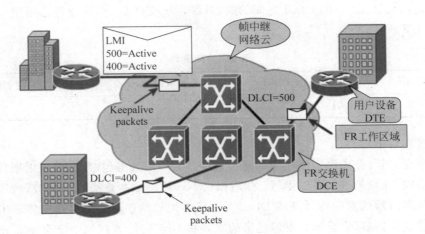

图 4.9 帧中继工作范围

3. LMI

帧中继利用 LMI 进行链路和用户的管理。LMI 是帧中继的一个扩展,用于在 DTE 和 DCE 之间动态获得网络状态信息。

由于厂商和标准组织分别开发,导致 LMI 有 3 种互不兼容的类型:ansi(ANSI)、cisco (cisco+Nortel+DEC)、q933a(ITU-T)。提供商的帧中继交换机和用户的 DTE 设备间的 LMI 类型必须匹配。在 Cisco IOS 版本 11.2 以后,LMI 类型可以由 LMI 信令自动感知,因此用户 DTE 设备上可以不用配置 LMI 类型。

LMI 使用保留的 DLCI 值,如 DLCI=0 表示 ANSI 和 ITU-T 定义的 LMI,而 DLCI=1023 为 cisco 定义的 LMI。

LMI 的作用如下。

(1) keepalive 机制:用以验证数据正在流动。

(2) 状态机制:定期报告 PVC 的存在和加入/删除情况。PVC 有 3 种状态,active 表示连接活跃,路由器可以交换数据;inactive 表示本地路由器到帧中继交换机是可工作的,但远程路由器到帧中继交换机的连接不能工作;deleted 表示没有从帧中继交换机收到 LMI。

(3) 多播机制:允许发送者发送一个单一帧但能够通过网络传递给多个接受者。

(4) 全局寻址:赋予 DLCI 全局意义。

4. 映射表和交换表

帧中继利用帧中继映射表和帧中继交换表进行数据包的传递和交换。

映射表:IP 到 DLCI 的映射,保存于路由器上,通过静态设置或 Inverse-ARP 动态生成。映射表如表 4.7 所示。

表 4.7 映射表

远端路由器地址	DLCI
192.168.1.2	100

交换表：入 DLCI 与出 DLCI 之间的映射，保存于交换机上，一般静态指定（PVC）。交换表如表 4.8 所示。

表 4.8 交换表

IN Port	IN DLCI	OUT Port	OUT DLCI
s0	100	s1	200

交换过程如下。

具体来说，当与帧中继网络相连的路由器接收到一个数据包时，它首先根据目的地址查找它的路由表，并找到下一跳路由器；然后根据下一跳路由器查找帧中继映射表，找到可以到达下一跳路由器的对应虚链路的 DLCI 号；接着把数据包从此虚链路中传送出去。当帧中继交换机接收到后，它根据数据包进来的端口和 DLCI 号，查找帧中继交换表并找到出去的端口和 DLCI 号；然后将数据包交换到出口的 DLCI 上去，完成数据包的传递工作。在帧中继网络中的其他交换机也做类似的处理，最后达到下一跳路由器上，完成帧中继网络的中继功能。

5. Inverse-ARP

Inverse-ARP（逆向 ARP）用于完成第三层协议地址（如 IP）向 DLCI 的映射，类似 Ethernet 中的 RARP：根据 DLCI 请求对应的远端路由器 IP。

如前所述，Inverse-ARP 用于自动生成帧中继映射表。路由器在每条 VC 上发送 IARP 查询，交换机根据已有的交换表传送到所有对端路由器，目的路由器响应查询包，送回其 IP。

需要注意的是，使用子接口时，IARP 会失效。解决方法有两个：用 frame-relay map 命令手动配置映射表；在子接口中显式地指定 DLCI（指定后能用 IARP 自动生成 map）。

6. 子接口

由于帧中继是一个 NBMA（Non Broadcast Multi Access）网络，一条物理链路上存在多条 VC 时，如果启用了水平分割，则会导致不同 VC 之间的路由信息无法相互传递；而如果关闭水平分割，则可能导致路由环路问题。采用子接口可以解决上述问题。

子接口为逻辑创建的模拟物理接口的实体，它的功能与物理接口的功能没有什么区别，因此可以在一个物理端口上建立多个逻辑接口。这样每一个接口在功能上等价于一个物理接口，因此可以打破水平分割的原理限制。

子接口有两种模式：点对点（point-to-point）模式和多点（multipoint）模式。没有默认值，在配置时必须指明任何一个模式。

（1）点对点模式：一个单独子接口建立一条 PVC，这 PVC 连接到远端路由器一个子接口或物理接口，每个子接口就可以有自己独立的 DLCI。

（2）多点模式：一个单独子接口可建立多条 PVC，加入的接口都应该处在同一子网。

4.2.2 配置帧中继封装

当在 Cisco 配置帧中继的时候，首先必须在一个串行端口上指定帧中继的封装类型，以便封装上层数据。帧中继的封装类型有两种，分别是 Cisco 和 IETF。Cisco 路由器默认的封装是 Cisco，除非手工指定 IETF 类型。当两台同样都是 Cisco 的设备被连接时，则使用 Cisco 封装类型。在使用帧中继的时候，如果想要将一台 Cisco 的设备连接到一台非 Cisco 的设备上时，必须选用 IETF 封装类型。因此当选择一个帧中继封装类型时，咨询提供接入服务的 ISP 服务提供商，并检查其使用的封装类型。

为启用帧中继封装，在接口配置模式下，使用 encapsulation frame-relay 命令。为禁用帧中继封装，使用该命令的 no 形式。encapsulation frame-relay 命令的格式如下，其语法说明如表 4.9 所示。

```
encapsulation frame-relay [cisco | ietf]
no encapsulation frame-relay [ietf]
```

表 4.9 encapsulation frame-relay 命令语法说明

cisco	（可选项）Cisco 专有帧中继封装
ietf	（可选项）IETF 帧中继封装

【例 4.6】 在串行接口 1 上配置 Cisco 帧中继封装。

```
Router(config)# interface serial 1
Router(config-if)# encapsulation frame-relay
```

【例 4.7】 在串行接口 1 上配置 IETF 帧中继封装。

```
Router(config)# interface serial 1
Router(config-if)# encapsulation frame-relay ietf
```

4.2.3 配置 DLCI 编号

封装完帧中继后，就需要制定帧中继的一些其他技术参数。帧中继技术提供面向连接的数据链路层的通信。在每对设备之间都存在一条定义好的通信链路，且该链路有一个链路识别码。这种服务通过帧中继虚电路实现，每条虚电路都用 DLCI 标识自己。

为分配数据链路连接标识(DLCI)到路由器上指定帧中继接口，分配指定的永久虚电路(PVC)到一个 DLCI，在接口配置模式下，使用 frame-relay interface-dlci 命令。为移除这个分配，使用该命令的 no 形式。frame-relay interface-dlci 命令的格式如下，其语法说明如表 4.10 所示。

```
frame-relay interface-dlci dlci [ietf|cisco]
no frame-relay interface-dlci dlci [ietf|cisco]
```

表 4.10 frame-relay interface-dlci 命令语法说明

dlci	DLCI 号码
ietf	（可选项）IETF 帧中继封装类型
cisco	（可选项）Cisco 帧中继封装类型

【例 4.8】 分配 DLCI 100 到串行接口。

```
router(config)#interface serial 1/1
router(config-if)#frame-relay interface-dlci 100
```

【例 4.9】 分配 DLCI 100 到串行子接口 5.17。

```
router(config)#interface serial 5.17
router(config-subif)#frame-relay interface-dlci 100
```

4.2.4 配置 LMI 类型

LMI 是帧中继中一项重要指标,是对基本的帧中继的扩展。它是用户终端设备和帧中继交换机之间传送信令的标准,负责管理设备连接并且维护设备之间的连接状态,提供帧中继的管理机制等。LMI 分为 3 种类型:cisco、ansi 及 q933a。在连接帧中继的时候,路由器必须知道当前使用的 LMI 类型。但自从 Cisco 的 IOS 版本升级到 11.2 或者更新以后,系统软件支持本地管理接口(LMI)自动适应。它可以使接口自动确定帧中继交换机的 LMI 类型,并对自身进行相对应的正确类型选择。因此用户可以不必明确指定路由器上的 LMI 接口类型。如果不使用自动适应的特性,那就必须咨询帧中继服务提供商,查明使用的 LMI 类型并正确选择和配置。

为选择本地管理接口(LMI)类型,在接口配置模式下,使用 frame-relay lmi-type 命令。为返回到默认的 LMI 类型,使用该命令的 no 形式。frame-relay lmi-type 命令的格式如下,其语法说明如表 4.11 所示。

```
frame-relay lmi-type {ansi|cisco|q933a}
no frame-relay lmi-type {ansi|q933a}
```

表 4.11 frame-relay lmi-type 命令语法说明

参数	说明
ansi	美国国家标准学会(ANSI)标准定义
cisco	Cisco 和其他 3 个公司定义
q933a	ITU-T Q.933 定义

【例 4.10】 配置接口 LMI 类型为 ANSI。

```
Router(config)#interface Serial1
Router(config-if)#encapsulation frame-relay
Router(config-if)#frame-relay lmi-type ansi
```

4.2.5 配置地址映射

路由器可以从路由选择表决定下一跳地址,但该地址必须被解析到一个帧中继 DLCI。这个解析过程是通过一个称为帧中继映射的数据结构来完成的。路由选择表用来提供出站通信流量的下一跳协议地址或 DLCI。该数据结构可在路由器中静态配置,或使用 Inverse-

ARP 功能特性来自动建立映射。

动态地址映射用帧中继的 Inverse-ARP 协议发送请求下一个希望到达的地址（next hopprotocol address）（假设知道 DLCI），当有应答 Inverse-ARP 协议请求时，保存在 address-to-DLCI 映射表中，这张表就用来提供下一个希望到达的地址或出去的 DLCI 地址。

Inverse-ARP 协议默认是打开的，故动态地址映射不需要做任何配置。

一个静态地址映射是人为地指定下一个希望到达的地址（next hop protocol address）与 DLCI 的对应关系。当指定了静态地址映射时，Inverse-ARP 协议自动关闭。

1. 动态映射

如果 Inverse-ARP 被禁用，为在指定接口、子接口或 DLCI 重新启用 Inverse-ARP，在接口配置模式下，使用 frame-relay inverse-arp 命令，为禁用 Inverse-ARP，使用该命令的 no 形式。frame-relay inverse-arp 命令的格式如下，其语法说明如表 4.12 所示。

```
frame-relay inverse-arp[ protocol ] dlci
no frame-relay inverse-arp[ protocol ] dlci
```

表 4.12 frame-relay inverse-arp 命令语法说明

protocol	（可选项）协议，取值如下之一：appletalk、decnet、ip 和 ipx
dlci	（可选项）DLCI 号码

【例 4.11】 在运行 IPX 协议接口上的 DLCI 100 上设置反向 ARP。

```
Router(config)#interface serial 0
Router(config-if)#frame-relay inverse-arp ipx 100
```

2. 静态映射

为在目的协议地址和 DLCI 之间定义映射，在接口配置模式下，使用 frame-relay map 命令。为删除该映射项，使用该命令的 no 形式。frame-relay map 命令的格式如下，其语法说明如表 4.13 所示。

```
frame-relay map protocol protocol-address {dlci }[broadcast] [ietf | cisco]
no frame-relay map protocol protocol-address
```

表 4.13 frame-relay map 命令语法说明

protocol	协议名称，取值如下之一：appletalk、decnet、dlsw、ip、ipx、llc2 和 rsrb
protocol-address	协议地址
dlci	DLCI 号码
broadcast	（可选项）转发广播
ietf	（可选项）IETF 帧中继封装
cisco	（可选项）Cisco 帧中继封装

【例 4.12】 映射目的 IP 地址 172.16.123.1 到 DLCI 100。

```
Router(config)#interface serial 0
Router(config-if)#frame-relay map ip 172.16.123.1 100 broadcast
```

4.2.6 配置子接口

在目前的帧中继应用中子接口应用得相当广泛。当一台路由器的一个物理接口上只有一条 PVC 的时候，广播和水平分割都可以正常运作。但当一台路由器的一个物理接口存在多条 PVC 的时候，会造成广播和水平分割，对数据报的可达性造成了一定的影响。为了解决这些问题，使路由器能够正常地转发路由更新广播，就必须在路由器连接多条 PVC 的接口上开子接口。

子接口可以分为如下两种类型。

(1) 点对点链接类型。使用单一子接口建立到达远程路由器上的另一个物理接口或子接口的单一 PVC 连接。在这种情况下，一条 PVC 连接的两端的接口必须位于相同的子网，且每个接口各自有一个 DLCI。每个点对点连接都有自己的子网。在此环境中，因为路由器是点对点连接且运作方式类似于专线，所以广播不成问题。

(2) 点对多点连接类型。使用单一子接口建立到达远程路由器上的多个物理接口和子接口的多重 PVC 连接。在这种情况下，所有参与的接口必须位于相同的子网内，且每个接口具有自己的本地 DLCI。在此环境中，由于子接口的运作方式类似于一般的 NBMA 帧中继网络物理接口，因此路由更新广播信息依照水平分割的方式运行。

另外，如果使用子接口，那么被用来生成子接口的物理接口就不能被分配任何的网络层地址。因为如果这个物理接口存在一个网络层地址的话，数据帧就不会被其子接口接收。

还必须为子接口指定一个本地的 DLCI 以将它同物理接口区分开。这对于所有点对点连接的子接口都是需要的，对于启用 Inverse-ARP 的点对多点连接类型的子接口也是需要的。

在定义物理接口的帧中继封装后，可以定义子接口。为配置帧中继子接口，在全局配置模式下，使用 interface serial 命令。interface serial 命令的格式如下，其语法说明如表 4.14 所示。

```
interface serial number.subinterface-number {multipoint|point-to-point}
```

表 4.14 interface serial 命令语法说明

number	物理接口号
subinterface-number	虚拟子接口号
multipoint	多点类型
point-to-point	点对点类型

【例 4.13】 配置帧中继子接口,如图 4.10 所示。

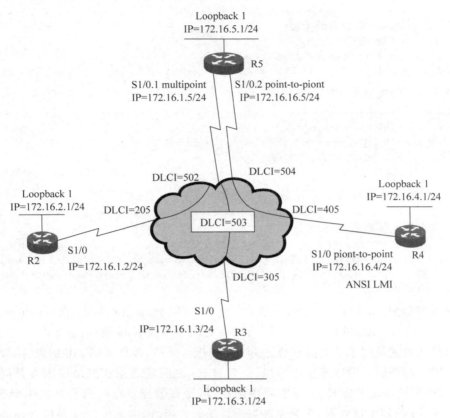

图 4.10 配置帧中继子接口

路由器 R5 的配置如下:

```
R5(config)#interface serial 1/0
R5(config-if)#no ip address
R5(config-if)#encapsulation frame-relay
R5(config)#interface serial 1/0.1 multipoint
R5(config-subif)#ip address 172.16.1.5 255.255.255.0
//直接通过静态映射方式获取映射关系
R5(config-subif)#frame-relay map ip 172.16.1.2 502 broadcast
//配置子接口 DLCI,通过 Inverse-ARP 动态映射方式获取映射关系
R5(config-subif)#frame-relay interface-dlci 503 broadcast
R5(config)#interface serial 1/0.2 point-to-point
R5(config-subif)#ip address 172.16.16.5 255.255.255.0
//只需且只能配置子接口 DLCI,因为是点对点子接口
R5(config-subif)#frame-relay interface-dlci 504
```

路由器 R2 的配置如下:

```
R2(config)#interface serial 1/0
R2(config-if)#ip address 172.16.1.2 255.255.255.0
R2(config-if)#encapsulation frame-relay
```

路由器 R3 的配置如下：

```
R3(config)# interface serial 1/0
R3(config-if)# ip address 172.16.1.3 255.255.255.0
R3(config-if)# encapsulation frame-relay
```

路由器 R4 的配置如下：

```
R4(config)# interface serial 1/0
R4(config-if)# ip address 172.16.16.4 255.255.255.0
R4(config-if)# encapsulation frame-relay
```

路由器 R5 显示帧中继映射信息：

```
R5# show frame-relay map
Serial1/0.1 (up): ip 172.16.1.2 dlci 502, static, broadcast, CISCO, status defined, active
Serial1/0.1 (up): ip 172.16.1.3 dlci 503, dynamic, broadcast, CISCO, status defined, active
Serial1/0.2 (up): point-to-point dlci, dlci504, broadcast, status defined, active
```

按照当前的配置，R2 只可以 ping 通 R5，R3 只可以 ping 通 R5，R4 只可以 ping 通 R5，R5 可以 ping 通 R2、R3 和 R4，而 R2、R3 和 R4 之间是不能 ping 通的。

原因是要想满足两个节点能够通过 Internet 进行通信，按照 TCP/IP 协议，需要满足在数据链路层和网络层都可以连通才可以。R2 与 R3 之间的通信在网络层来看是同一网络内通信，采用直接转发的方式，不存在路由问题，但是在数据链路层来看是帧中继通信，R2 需要知道到 R3 的帧中继映射，无论是静态还是动态皆可，同时帧中继交换机必须知道如何完成 R2 与 R3 之间的帧中继转发，按照目前的配置，上述条件都不具备，所以无法实现 R2 与 R3 之间的通信。而 R2 或 R3 与 R4 之间的通信，按照上述的分析，在网络层来看属于不同网络之间通信，采样间接转发的方式，存在路由问题，以 R4 为例，到 R2 或者 R3 需要经过下一跳 R5，需要通过配置静态或者动态路由方式获得到下一跳的路由，才能在网络层上实现数据的转发，当然实际是否能够转发成功，还需要判断各个数据链路层（帧中继）通信是否可以进行，按照目前的设置 R5 与 R2、R3 和 R4 之间的帧中继通信都是可以进行的，所以数据链路层通信也是可以进行的，这样就可以实现 R2、R3 与 R4 之间的通信。

参考的配置步骤如下。

在 R2、R3 或者帧中继交换机上添加新的 DLCI 定义 203 和 302，通过静态映射或者动态映射方式获取帧中继映射，并在帧中继交换机上配置 DLCI203 和 302 的虚电路转发，这样就可以实现 R2 与 R3 的同一个网络帧中继通信。

在 R2 和 R4 上分别添加到对方的静态路由或者能够学习到对方的动态路由配置，因为 R2 和 R5、R4 与 R5 之间帧中继通信可以进行，这样就可以实现 R2 和 R4 的不同网络帧中继通信，R3 的配置和 R2 类似。

关于静态映射和动态映射的几个问题。

(1) 在什么情况下使用 frame-relay interface-dlci 命令？

建议在所有的子接口（点到点和多点）中都进行定义，因为 DLCI 是运营商进行分配，而子接口是用户自行进行的配置,所以运营商并不清楚分配的 DLCI 与用户所设置的子接口的对应关系。

(2) 在什么情况下使用 frame-relay map 命令?

当采用多点子接口进行连接时,应采用手工进行映射的方式。

(3) 在什么情况下同时使用这两条命令?

如果是点到点子接口,应只定义 DLCI。如果是多点子接口,应该都进行定义。

(4) 在什么情况下在 frame-relay map 命令后面使用 broadcast 参数?

建议在映射的时候加上该参数,否则一些路由协议就没有办法进行工作了,因为很多路由协议在进行路由更新或建立邻居关系时采用的方式不是基于广播就是组播。

(5) 在使用 frame-relay map 命令时,是否必须使用 no frame-relay inverse-arp 命令关闭自动 inverse-arp?

不一定,因为静态手工设置优先。

(6) 在什么情况下使用自动 inverse-arp,什么情况下使用手动配置命令 frame-relay map?

点到点的子接口使用自动,多点子接口中多条 PVC 时使用手工映射。

定义静态映射 frame-relay map ip ip-address dlci,相当于分配 DLCI 到定义映射的接口,即 frame-relay interface-dlci dlci,定义多条映射相当于多个 frame-relay interface-dlci dlci。

反过来,指定本地接口 DLCI,并不能实现映射,需要动态映射或者静态映射实现。

对于子接口需要通过上述方式获得该子接口上使用的 DLCI,未指定的该 DLCI 被物理接口使用(实际用不了,因为按照子接口方式工作)。

在 DCE 端,指定的 DLCI,可以被 DTE 学习到;但在 DTE 端,指定的 DLCI,不可以被 DCE 学习到。

对于子接口情况,由于对端为 DCE 指定多条 DLCI,为了明确每个子接口使用的 DLCI,需要在子接口模式下使用映射或者指定的方式明确该子接口使用的 DLCI,因为这些 DLCI 都可以被物理接口学习到。

"frame-relay interface-dlci XXXX"命令将手动向链路添加唯一标识,封装帧中继的端口有两种模式,一种是物理接口;一种是子接口,子接口封装帧中继时又分为点到点、点到多点。如果将物理接口封装 frame_relay 后,进入子接口时系统强制用户指定接口类型,物理接口和点到多点子接口在给链路添加标识符时使用的命令是"frame-relay map ip XXXX"或者"frame-relay interface-dlci XXXX",而配置点到点的子接口使用的只能是"frame-relay interface-dlci XXXX"。

4.2.7 配置帧中继交换

帧中继交换就是基于 DLCI 的分组交换,当分组中的输入 DLCI 被输出 DLCI 替换时交换发生,且该分组从输出接口被发送出去。使用者可以配置路由器为一个专用的、只作为 DCE 的帧中继交换机。

1. 启用帧中继交换

为在帧中继 DCE 设备或网络到网络接口(NNI)上启用永久虚电路(PVC),在全局配置模式下,使用 frame-relay switching 命令。为禁用交换,使用该命令的 no 形式。

```
frame-relay switching
no frame-relay switching
```

2. 配置帧中继 DTE 设备、DCE 交换机或 NNI 支持

使用者可将一个接口配置为 DTE 设备或 DCE 交换机,或为支持 NNI 连接的交换机。为配置帧中继交换类型,在接口配置模式下,使用 frame-relay intf-type 命令。为禁用该交换,使用该命令的 no 形式。frame-relay intf-type 命令的格式如下,其语法说明如表 4.15 所示。

```
frame-relay intf-type [dce | dte | nni]
no frame-relay intf-type [dce | dte | nni]
```

表 4.15 frame-relay intf-type 命令语法说明

dce	(可选项)连接到路由器的交换机
dte	(可选项)连接到帧中继网络
nni	(可选项)连接到支持 NNI 连接交换机的交换机

3. 配置帧中继交换表

为 PVC 交换指定静态路由,在接口配置模式下,使用 frame-relay route 命令。为移除静态路由,使用该命令的 no 形式。frame-relay route 命令的格式如下,其语法说明如表 4.16 所示。

```
frame-relay route in-dlci interface out-interface-type out-interface-number out-dlci
no frame-relay route in-dlci interface out-interface-type out-interface-number out-dlci
```

表 4.16 frame-relay route 命令语法说明

in-dlci	接口上接收包所在的 DLCI 号码
interface out-interface-type out-interface-number	发送包接口类型和号码
out-dlci	接口上发送包所在的 DLCI 号码

【例 4.14】 配置中继交换机 Router0,如图 4.11 所示。

```
Router0(config)#frame switching
Router0(config)#interface serial 1/0
Router0(config-if)#no ip address
Router0(config-if)#clock rate 9600
Router0(config-if)#encapsulation frame-relay
Router0(config-if)#frame-relay intf-type dce
Router0(config-if)#frame-relay lmi-type ansi
```

```
Router0(config-if)#frame-relay route 102 interface serial 1/1 201
Router0(config-if)#frame-relay route 103 interface serial 1/2 301
Router0(config)#interface serial 1/1
Router0(config-if)#no ip address
Router0(config-if)#clock rate 9600
Router0(config-if)#encapsulation frame-relay
Router0(config-if)#frame-relay intf-type dce
Router0(config-if)#frame-relay lmi-type cisco
Router0(config-if)#frame-relay route 201 interface serial 1/0 102
Router0(config)#interface serial 1/2
Router0(config-if)#no ip address
Router0(config-if)#clock rate 9600
Router0(config-if)#encapsulation frame-relay
Router0(config-if)#frame-relay intf-type dce
Router0(config-if)#frame-relay lmi-type q933a
Router0(config-if)#frame-relay route 301 interface serial 1/0 103
```

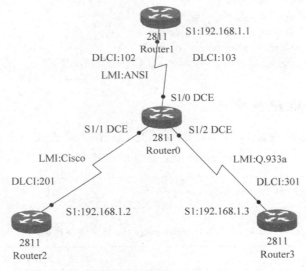

图 4.11 配置帧中继交换机

【例 4.15】 配置帧中继交换机 SW1 和 SW2 之间的 NNI 连接接口，如图 4.12 所示。SW1 的配置如下：

```
SW1(config)#interface Serial 1/0
SW1(config-if)#no ip address
SW1(config-if)#clock rate 9600
SW1(config-if)#encapsulation frame-relay
SW1(config-if)#frame-relay intf-type nni
SW1(config-if)#frame-relay lmi-type q933a
SW1(config-if)#frame-relay route 300 interface Serial1/1 100
SW1(config-if)#frame-relay route 300 interface Serial1/2 200
```

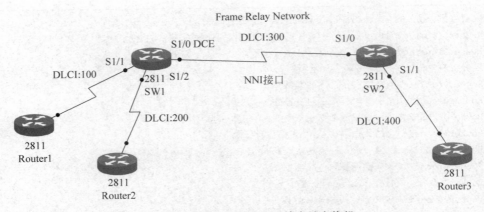

图 4.12 配置 NNI 连接接口帧中继交换机

SW2 的配置如下:

```
SW2(config)#interface Serial 1/0
SW2(config-if)#no ip address
SW2(config-if)#encapsulation frame-relay
SW2(config-if)#frame-relay intf-type nni
SW2(config-if)#frame-relay lmi-type q933a
SW2(config-if)#frame-relay route 300 interface Serial1/1 400
```

4.2.8 监视与维护帧中继

(1) 为显示本地管理接口(LMI)统计信息,在用户模式或特权模式下,使用 show frame-relay lmi 命令。show frame-relay lmi 命令的格式如下,其语法说明如表 4.17 所示。

```
show frame-relay lmi[type number]
```

表 4.17 show frame-relay lmi 命令语法说明

type	(可选项)接口类型,必须是 serial
number	(可选项)接口号码

【例 4.16】 当接口是 DTE 设备时,show frame-relay lmi 命令输出。

```
Router#show frame-relay lmi
LMI Statistics for interface Serial1/0 (Frame Relay DTE) LMI TYPE = CISCO
  Invalid Unnumbered info 0        Invalid Prot Disc 0
  Invalid dummy Call Ref 0         Invalid Msg Type 0
  Invalid Status Message 0         Invalid Lock Shift 0
  Invalid Information ID 0         Invalid Report IE Len 0
  Invalid Report Request 0         Invalid Keep IE Len 0
  Num Status Enq. Sent 315         Num Status msgs Rcvd 315
  Num Update Status Rcvd 0         Num Status Timeouts 16
```

```
LMI Statistics for interface Serial1/0.1 (Frame Relay DTE) LMI TYPE = CISCO
Invalid Unnumbered info 0           Invalid Prot Disc 0
Invalid dummy Call Ref 0            Invalid Msg Type 0
Invalid Status Message 0            Invalid Lock Shift 0
Invalid Information ID 0            Invalid Report IE Len 0
Invalid Report Request 0            Invalid Keep IE Len 0
Num Status Enq. Sent 0              Num Status msgs Rcvd 0
Num Update Status Rcvd 0            Num Status Timeouts 16
LMI Statistics for interface Serial1/0.2 (Frame Relay DTE) LMI TYPE = CISCO
Invalid Unnumbered info 0           Invalid Prot Disc 0
Invalid dummy Call Ref 0            Invalid Msg Type 0
Invalid Status Message 0            Invalid Lock Shift 0
Invalid Information ID 0            Invalid Report IE Len 0
Invalid Report Request 0            Invalid Keep IE Len 0
Num Status Enq. Sent 0              Num Status msgs Rcvd 0
Num Update Status Rcvd 0            Num Status Timeouts 16
```

【例 4.17】 当接口是 NNI 接口时,show frame-relay lmi 命令输出。

```
Router # show frame-relay lmi
LMI Statistics for interface Serial3 (Frame Relay NNI) LMI TYPE = CISCO
Invalid Unnumbered info 0           Invalid Prot Disc 0
Invalid dummy Call Ref 0            Invalid Msg Type 0
Invalid Status Message 0            Invalid Lock Shift 0
Invalid Information ID 0            Invalid Report IE Len 0
Invalid Report Request 0            Invalid Keep IE Len 0
Num Status Enq. Rcvd 11             Num Status msgs Sent 11
Num Update Status Rcvd 0            Num St Enq. Timeouts 0
Num Status Enq. Sent 10             Num Status msgs Rcvd 10
Num Update Status Sent 0            Num Status Timeouts 0
```

(2) 为显示当前帧中继映射项和关于连接的信息,在特权模式下,使用 show frame-relay map 命令。show frame-relay map 命令的格式如下,其语法说明如表 4.18 所示。

show frame-relay map[interface *type number*][*dlci*]

表 4.18 show frame-relay map 命令语法说明

interface *type number*	(可选项)接口类型和号码
dlci	(可选项)DLCI 号码

【例 4.18】 显示所有映射,show frame-relay map 命令字段说明如表 4.19 所示。

```
Router # show frame-relay map
Serial1/0.1 (up): ip 192.168.1.3 dlci 103, static, broadcast, CISCO, status defined, active
Serial1/0.1 (up): ip 192.168.1.2 dlci 102, dynamic, broadcast, CISCO, status defined, active
Serial1/0.2 (up): point-to-point dlci, dlci 104, broadcast, status defined, active
```

表 4.19 show frame-relay map 命令字段说明

字 段	说 明
Serial1/0.1（up）	帧中继接口标识符和状态
ip 192.168.1.3	目的 IP 地址
dlci 103	DLCI 号码
static/dynamic	静态或动态项
broadcast	广播
CISCO	映射的封装类型
status defined, active	目的地址和 DLCI 之间的映射是活动的

（3）为显示关于帧中继永久虚电路（PVC）统计信息，在特权模式下，使用 show frame-relay pvc 命令。show frame-relay pvc 命令的格式如下，其语法说明如表 4.20 所示。

```
show frame-relay pvc [[interface interface] [dlci] [64-bit] |summary [all]]
```

表 4.20 show frame-relay pvc 命令语法说明

字段	说明
interface	（可选项）接口
interface	（可选项）接口号码
dlci	（可选项）DLCI 号码
64-bit	（可选项）64 位计数器
summary	（可选项）所有 PVC 摘要
all	（可选项）每个接口所有 PVC 摘要

【例 4.19】 显示所有 PVC，show frame-relay pvc 命令字段说明如表 4.21 所示。

```
Router# show frame-relay pvc
PVC Statistics for interface Serial1/0 (Frame Relay DTE)
DLCI = 102, DLCI USAGE = LOCAL, PVC STATUS = ACTIVE, INTERFACE = Serial1/0.1
  input pkts 14055        output pkts 32795       in bytes 1096228
  out bytes 6216155       dropped pkts 0          in FECN pkts 0
  in BECN pkts 0          out FECN pkts 0         out BECN pkts 0
  in DE pkts 0            out DE pkts 0
  out bcast pkts 32795    out bcast bytes 6216155
DLCI = 103, DLCI USAGE = LOCAL, PVC STATUS = ACTIVE, INTERFACE = Serial1/0.1
  input pkts 14055        output pkts 32795       in bytes 1096228
  out bytes 6216155       dropped pkts 0          in FECN pkts 0
  in BECN pkts 0          out FECN pkts 0         out BECN pkts 0
  in DE pkts 0            out DE pkts 0
  out bcast pkts 32795    out bcast bytes 6216155
DLCI = 104, DLCI USAGE = LOCAL, PVC STATUS = ACTIVE, INTERFACE = Serial1/0.2
  input pkts 14055        output pkts 32795       in bytes 1096228
  out bytes 6216155       dropped pkts 0          in FECN pkts 0
  in BECN pkts 0          out FECN pkts 0         out BECN pkts 0
  in DE pkts 0            out DE pkts 0
  out bcast pkts 32795    out bcast bytes 6216155
```

表 4.21 show frame-relay pvc 命令字段说明

字 段	说 明
DLCI	PVC 的 DLCI 号
DLCI USAGE	当路由器作为交换时为 SWITCHED；当路由器作为 DTE 设备时为 LOCAL
PVC STATUS	PVC 的状态：ACTIVE、INACTIVE 或 DELETED
INTERFACE	与 DLCI 关联的子接口
input pkts	PVC 上接收的包数
output pkts	PVC 上发送的包数
in bytes	PVC 上接收的字节数
out bytes	PVC 上发送的字节数
dropped pkts	路由器丢弃的输入和输出的包数
in FECN pkts	接收的 FECN 位被设置的包数
in BECN pkts	接收的 BECN 位被设置的包数
out FECN pkts	发送的 FECN 位被设置的包数
out BECN pkts	发送的 BECN 位被设置的包数
in DE pkts	接收的 DE 包数
out DE pkts	发送的 DE 包数
out bcast pkts	输出广播包数
out bcast bytes	输出广播字节数

(4) 为显示所有配置的帧中继路由和它们的状态,在特权模式下,使用 show frame-relay route 命令。show frame-relay route 命令的格式如下。

```
show frame-relay route
```

【例 4.20】 show frame-relay route 命令输出,show frame-relay route 命令字段说明如表 4.22 所示。

```
Router# show frame-relay route
Input Intf      Input Dlci      Output Intf     Output Dlci     Status
Serial1         100             Serial2         200             active
Serial1         101             Serial2         201             active
Serial1         102             Serial2         202             active
Serial1         103             Serial3         203             inactive
Serial2         200             Serial1         100             active
Serial2         201             Serial1         101             active
Serial2         202             Serial1         102             active
Serial3         203             Serial1         103             inactive
```

表 4.22 show frame-relay route 命令字段说明

字 段	说 明
Input Intf	输入接口
Input Dlci	输入 DLCI 号

字 段	说 明
Output Intf	输出接口
Output Dlci	输出 DLCI 号
Status	连接的状态：active or inactive

（5）为显示从最近重启以来全局帧中继统计信息，在特权模式下，使用 show frame-relay traffic 命令。show frame-relay traffic 命令的格式如下。

```
show frame-relay traffic
```

【例 4.21】 show frame-relay traffic 命令输出。

```
Router#show frame-relay traffic
Frame Relay statistics:
ARP requests sent 14, ARP replies sent 0
ARP request recvd 0, ARP replies recvd 10
```

（6）为清除通过 Inverse-ARP 协议动态创建的帧中继映射，在特权模式下，使用 clear frame-relay-inarp 命令。clear frame-relay-inarp 命令的格式如下。

```
clear frame-relay-inarp
```

【例 4.22】 清除动态创建的帧中继映射。

```
Router#clear frame-relay-inarp
```

4.3 实验练习

实验拓扑结构图如图 4.13 所示，帧中继参数如表 4.23 所示。

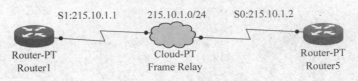

图 4.13 综合实验拓扑结构图

表 4.23 帧中继参数

路 由 器	接 口	IP 地址	本地 DLCI
Router1	Serial 1	215.10.1.1/24	105
Router5	Serial 0	215.10.1.2/24	501

路由器配置步骤如下。

参照上述帧中继图表在 Router1 的 Serial 1 接口和 Router5 的 Serial 0 接口配置帧中

继。两个路由器的 LMI 类型为 ANSI,映射方式为静态映射。

```
Router1(config)# interface serial1
Router1(config-if)# encapsulation frame-relay
Router1(config-if)# ip address 215.10.1.1 255.255.255.0
Router1(config-if)# frame-relay map ip 215.10.1.2 105 broadcast
Router1(config-if)# frame-relay lmi-type ansi
Router1(config-if)# no shut

Router5(config)# interface serial0
Router5(config-if)# encapsulation frame-relay
Router5(config-if)# ip address 215.10.1.2 255.255.255.0
Router5(config-if)# frame-relay map ip 215.10.1.1 501 broadcast
Router5(config-if)# frame-relay lmi-type ansi
Router5(config-if)# no shut
```

在 Router1 和上查看 Serial 1 接口信息、本地 DLCI 映射和 PVC 状态。

```
Router1    # show interfaces serial1
Router1    # show frame-relay map
Router1    # show frame-relay pvc
```

在 Router5 上查看 Serial 0 接口信息、本地 DLCI 映射和 PVC 状态。

```
Router5    # show interfaces serial0
Router5    # show frame-relay map
Router5    # show frame-relay pvc
```

在 Router1 上查看 LMI 统计信息。

```
Router1    # show frame-relay lmi
```

从 Router5 ping Router1。

```
Router5    # ping 215.10.1.1
```

在 Router1 和 Router5 上创建点对点子接口。

```
Router1(config)# interface serial1
Router1(config-if)# no ip address 215.10.1.1 255.255.255.0
Router1(config-if)# no frame map ip 215.10.1.2 105 broadcast
Router1(config-if)# interface serial1.1 point-to-point
Router1(config-subif)# ip address 215.10.1.1 255.255.255.0
Router1(config-subif)# frame-relay interface-dlci 105

Router5(config)# interface serial0
Router5(config-if)# no ip address 215.10.1.2 255.255.255.0
Router5(config-if)# no frame map ip 215.10.1.1 501 broadcast
```

```
Router5(config-if)#interface serial0.1 point-to-point
Router5(config-subif)#ip address 215.10.1.2 255.255.255.0
Router5(config-subif)#frame-relay interface-dlci 501
```

在 Router1 和 Router5 上,查看物理接口和子接口状态。在 Router1 上查看 DLCI 105 PVC 状态,在 Router5 上查看 DLCI 501 PVC 状态。

```
Router1   #show ip interface brief
Router1   #show frame-relay pvc

Router5   #show ip interface brief
Router5   #show frame-relay pvc
```

从 Router5 ping Router1。

```
Router5#ping 215.10.1.1
```

习　题

1. 写出路由器配置,拓扑结构图如图 4.14 所示,帧中继参数如表 4.24 所示,完成下列配置要求。

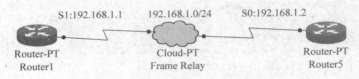

图 4.14　习题 1 拓扑结构图

表 4.24　帧中继参数

路由器	接口	IP 地址	本地 DLCI
Router1	Serial 1	192.168.1.1/24	125
Router5	Serial 0	192.168.1.2/24	521

(1) 参照上述帧中继图表在 Router1 的 Serial 1 接口和 Router5 的 Serial 0 接口配置帧中继。两个路由器的 LMI 类型为 CISCO,映射方式为动态映射。

(2) 在 Router1 上查看 Serial 1 接口信息、本地 DLCI 映射和 PVC 状态。

(3) 在 Router5 上查看 Serial 0 接口信息、本地 DLCI 映射和 PVC 状态。

(4) 在 Router1 上查看 LMI 统计信息。

(5) 从 Router5 ping Router1。

(6) 在 Router1 和 Router5 上创建点对点子接口。

(7) 在 Router1 和 Router5 上,查看物理接口和子接口状态。在 Router1 上查看 DLCI 105 PVC 状态,在 Router5 上查看 DLCI 501 PVC 状态。

(8) 从 Router5 ping Router1。

2. 写出路由器配置,拓扑结构图如图 4.15 所示,完成下列配置要求。

图 4.15 PPP 认证拓扑结构图

(1) 路由器 R1 和 R2 的 S0 口封装 PPP 协议,启用 R1 对 R2 的 PAP 单向认证。
(2) 路由器 R1 认证数据库用户名 Router2 和口令 Cisco2。
(3) 路由器 R2 的认证输出用户名 Router2 和口令 Cisco2。
(4) 如果认证方式改为 R1 对 R2 的 CHAP 单向认证,简述如何修改。

第 5 章　网 络 安 全

本章学习目标

- 掌握标准和扩展 IP ACL 定义方法。
- 掌握应用 IP ACL 配置方法。
- 掌握 NAT 静态和动态转换配置方法。

5.1　ACL 配置

5.1.1　ACL 概述

网络管理员必须能够拒绝不希望的访问连接,同时又要允许正常的访问。尽管一些安全工具和安全设备很有帮助,但它们经常缺乏基本的流量过滤灵活性和特定控制,而这些正是管理员最需要的。

路由器提供了基本的流量过滤能力,最简单方便且易于理解和使用的就是访问控制列表(Access Control List,ACL)。ACL 就是在使用路由技术的网络中,识别和过滤那些由某些网络发出的或者被发送出去某些网络的,符合所规定条件的数据流量,以决定这些数据流量是应该转发还是应该丢弃的技术。

ACL 是一个连续的允许和拒绝语句的集合,关系到地址或上层协议。在使用 ACL 时,把预先定义好的 ACL 放置在路由器的接口上,对接口上进方向或者出方向的数据包进行过滤。但是 ACL 只能过滤经过路由器的数据包,对于路由器自己本身所产生的数据包,应用在接口上的 ACL 是不能过滤的。

ACL 通过应用访问控制列表到路由器接口来管理流量和审视特定分组。任何经过该接口的流量都要接受 ACL 中条件的检测。除了在串行接口、以太网接口等物理接口上应用 ACL 以实现控制数据流量的功能之外,ACL 还具有很多其他的应用方式,如在虚拟终端线路接口(VTY)上应用 ACL,以实现允许网络管理员通过 VTY 接口远程登录(Telnet)到路由器上来的同时,阻止没有权限的人远程登录到路由器的功能。另外,ACL 还可以应用在队列技术、按需拨号、NAT、基于策略的路由等多种技术中。

ACL 适用于所有的路由协议,如 IP、IPX 等,当分组经过路由器时进行过滤。可在路由器上配置 ACL 以控制对某一网络或子网的访问。

ACL 通过在路由器接口处控制被路由的分组是被转发还是被阻塞来过滤网络流量。

路由器基于 ACL 中指定的条件来决定转发还是丢弃分组。ACL 中的条件可以是流量的源地址、流量的目的地址、上层协议、端口号或应用等。

ACL 的定义必须基于协议。换句话说，如果想在某个接口控制某种协议的数据流，必须对该接口处的该协议定义单独的 ACL。通过增加灵活性，为每个协议的 ACL 创建一个编号范围或方案，ACL 将成为网络控制的工具，用于过滤进出路由器接口的分组。

ACL 实际上是一系列的判断语句，这些语句是一种自上而下的逻辑排列的关系，当把一个 ACL 放置在接口上时，被过滤的数据包会一个一个地和这些语句的条件进行顺序的比较，以找出符合条件的数据包。当数据包不能符合一条语句的条件时，它将向下与下一条语句的条件比较，直到它符合某一条语句的条件为止。如果一个数据包与所有语句的条件都不能匹配，在 ACL 的最后，有一条隐含的语句，它将会强制性地把这个数据包丢弃。需要指出的是，ACL 的语句顺序极为重要，因为数据包是自上而下地按照语句的顺序逐一与列表的语句进行比对的，一旦它符合某一条语句的条件，即做出判断，是让该数据包通过还是丢弃它，而不再让数据包向下与剩余的列表语句比较了。所以，ACL 的语句顺序如果排列不好，不但不能起到应有的作用，反而会产生更大的问题。

定义 ACL 时所应遵循的规范如下。

(1) ACL 的列表号指出了是哪种协议的 ACL。各种协议有自己的访问控制列表，比如 IP 协议的 ACL、IPX 协议的 ACL，而每个协议的 ACL 又分为标准 ACL 和扩展 ACL。这些 ACL 是通过访问控制列表号区别的。协议、ACL 及相应编号的关系如表 5.1 所示。

表 5.1 协议、ACL 及相应编号

协 议	范 围	协 议	范 围
标准 IP	1～99	标准 IPX	800～899
扩展 IP	100～199	扩展 IPX	900～999
AppleTalk	600～699	IPX SAP	1000～1999

(2) 一个 ACL 的配置是每协议、每接口、每方向的。路由器的一个接口上每一种协议可以配置进方向和出方向两个访问控制列表。也就是说，如果路由器上启用了 IP 和 IPX 两种协议栈，那么路由器的一个接口上可以配置 IP、IPX 两种协议，每种协议进出两个方向，共 4 个 ACL。

(3) ACL 的语句顺序决定了对数据包的控制顺序。ACL 是由一系列的语句所组成的。当数据包的信息开始和 ACL 语句内的条件开始比较时，是按照从上到下的顺序进行的。数据包按照语句的顺序和 ACL 的语句进行逐一的比较，一旦数据包的信息符合某一条语句的条件，数据包就会被执行该语句所规定的操作。ACL 中余下的语句则不再和该数据包的信息比较。所以，错误的语句顺序将得不到所要实现的结果。

(4) 最有限制性的语句应放在 ACL 语句的首行。由于 ACL 的操作是由上而下逐条地比较语句的条件和数据包的信息，因此把最有限制性的语句放在 ACL 的首行或者在语句中靠近前面的位置上，把"全部允许"或"全部拒绝"这样的语句放在末行或者接近末行，可以防止出现诸如本该拒绝的数据包被放过这样的错误。

(5) 在将 ACL 应用到接口之前，一定要先建立访问控制列表。在全局配置模式下建立 ACL，然后把它应用在接口的出方向或进方向上。在接口上应用一个不存在的 ACL 是不可能的。

（6）ACL 的语句不能被逐条地删除，只能一次性地删除整个访问控制列表。在建立 ACL 时一定要小心，不要有顺序错误问题和拼写错误问题，因为一个小的失误而需重写上百条的语句。建议当需要编辑语句较多的 ACL 时，在调试路由器的终端计算机上（或 TFTP 服务器上）使用文本编辑工具事先编辑好 ACL 的语句和顺序，确认无误后，再复制、粘贴到超级终端中执行。

（7）在 ACL 的最后，有一条隐含的"全部拒绝"的命令，所以在 ACL 表里一定至少要有一条"允许"的语句。如果 ACL 里连一条"允许"的语句都没有，那么该接口在该 ACL 应用的方向上将不能传输任何数据包。

（8）ACL 只能过滤穿过路由器的数据流量，不能过滤路由器本身发出的数据包。

5.1.2　配置标准 ACL

标准 ACL 检查被路由 IP 分组的源地址，并且把它与 ACL 中的条件判断语句相比较。标准 ACL 可以根据网络、子网或主机 IP 地址允许或拒绝整个协议组（如 IP）。

为定义标准 IP 访问列表，在全局配置模式下，使用 access-list 命令的标准版本。为移除标准访问列表，使用该命令的 no 形式。access-list 命令的格式如下，其语法说明如表 5.2 所示。

```
access-list access-list-number {deny|permit} source [source-wildcard]
no access-list access-list-number
```

表 5.2　access-list 命令语法说明

access-list-number	访问列表编号
deny	在匹配条件语句时，拒绝分组通过
permit	在匹配条件语句时，允许分组通过
source	发送分组的源地址，指定源地址方式如下： 32 位点分十进制 使用关键字 any，作为 0.0.0.0 255.255.255.255 的源地址和源地址通配符的缩写字
source-wildcard	（可选项）通配符掩码，指定源地址通配符掩码方式如下： 32 位点分十进制 使用关键字 any，作为 0.0.0.0 255.255.255.255 的源地址和源地址通配符的缩写字

通配符掩码是一个 32 比特的数字字符串，它被用点号分成 4 个 8 位组，每个 8 位组包含 8 个比特。在通配符掩码位中，0 表示"检查相应位"，而 1 表示"不检查（忽略）相应的位"。通配符掩码跟 IP 地址是成对出现的。在通配符掩码的地址位使用 1 或 0 表明如何处理相应的 IP 地址位。ACL 使用通配符掩码来标志一个或几个地址是被允许还是被拒绝。

使用二进制通配符掩码位的十进制表示方法是一件单调乏味的事。最普遍的通配符掩码使用方式是使用缩写字。当网络管理员配置测试条件时，可用缩写字来代替冗长的通配符掩码字符串,这些缩写大大地减少了输入量。假设在一个 ACL 测试中允许访问任何目的地址,为了指出是任何 IP 地址,将要输入"0.0.0.0"。然后,还要指出 ACL 将要忽略(不测试)任何值,相应的通配符掩码位是全 1(也就是 255.255.255.255)。

可以使用缩写字 any 把上述的测试条件表达给 Cisco IOS 软件的 ACL 软件。这样就不需要输入"0.0.0.0"和"255.255.255.255",而只要使用通配符 any 本身就行了。

Cisco IOS 软件所允许的第二种普遍的情况是:当想要与整个 IP 主机地址的所有位相匹配时,Cisco IOS 软件允许在 ACL 的通配符掩码中使用缩写词。假设想要在 ACL 的测试中允许一个特定的主机地址。为了表示这个主机 IP 地址,要输入全部的地址,然后给出这个 ACL 将要测试这个地址的所有位,相应的通配符掩码位全为零(也就是 0.0.0.0)。

可以在 Cisco IOS 软件的 ACL 中使用缩写词 host 来表达上面所说的这种测试条件。

【例 5.1】 标准访问列表允许来自 3 个指定网络上的主机访问。

```
Router(config)# access-list 1 permit 192.168.34.0 0.0.0.255
Router(config)# access-list 1 permit 10.88.0.0 0.0.255.255
Router(config)# access-list 1 permit 10.0.0.0 0.255.255.255
```

【例 5.2】 标准访问列表允许 IP 地址范围从 10.29.2.64 到 10.29.2.127 的设备访问。

```
Router(config)# access-list 1 permit 10.29.2.64 0.0.0.63
```

【例 5.3】 为了更容易地指定大量单独地址,如果通配符掩码都为 0,可以忽略。因此,如下 3 个配置效果是一样的。

```
Router(config)# access-list 2 permit 10.48.0.3
Router(config)# access-list 2 permit host 10.48.0.3
Router(config)# access-list 2 permit 10.48.0.3 0.0.0.0
```

【例 5.4】 来自 10.8.1.0 网络的主机被限制访问该路由器,但 10.0.0.0 网络中所有其他 IP 主机被允许。另外,地址 10.8.1.23 主机允许访问该路由器。

```
Router(config)# access-list 1 permit 10.8.1.23
Router(config)# access-list 1 deny 10.8.1.0 0.0.0.255
Router(config)# access-list 1 permit 10.0.0.0 0.255.255.255
```

5.1.3 应用 ACL

为应用一个 IP 访问列表到一个接口,在接口配置模式下,使用 ip access-group 命令。为移除一个 IP 访问列表,使用该命令的 no 形式。ip access-group 命令的格式如下,其语法说明如表 5.3 所示。

```
ip access-group {access-list-name | access-list-number} {in|out}
no ip access-group {access-list-number | access-list-name} {in|out}
```

表 5.3 ip access-group 命令语法说明

access-list-name	IP 访问列表名字
access-list-number	IP 访问列表的号码
in	入站过滤分组
out	出站过滤分组

【例 5.5】 应用列表 101 过滤从以太网接口 0 出站的分组。

```
Router>enable
Router#configure terminal
Router(config)#interface ethernet 0
Router(config-if)#ip access-group 101 out
```

为限制一个特定的 VTY 之间的传入和传出连接(到 Cisco 设备),在线路配置模式下,使用 access-class 命令。为移除访问限制,使用该命令的 no 形式。access-class 命令的格式如下,其语法说明如表 5.4 所示。

```
access-class access-list-number {in | out}
no access-class access-list-number {in | out}
```

表 5.4 access-class 命令语法说明

access-list-number	IP 访问列表号码
in	在传入连接限制
out	在传出连接限制

【例 5.6】 定义访问列表只允许在网络 192.89.55.0 上的主机连接到路由器上虚拟终端端口。

```
Router(config)#access-list 12 permit 192.89.55.0 0.0.0.255
Router(config)#line 1 5
Router(config-line)#access-class 12 in
```

5.1.4 配置扩展 ACL

扩展 ACL 比标准 ACL 使用得更多,因为它提供了更大的弹性和控制范围。扩展 ACL 既可检查分组的源地址和目的地址,也检查协议类型和 TCP 或 UDP 的端口号。

扩展 ACL 可以基于分组的源地址、目的地址、协议类型、端口地址和应用来决定访问是被允许或者被拒绝。扩展 ACL 比标准 ACL 提供了更广阔的控制范围和更多的分组处理方法。标准 ACL 只能禁止或拒绝整个协议集,但扩展 ACL 可以允许或拒绝协议集中的某些协议。

为定义扩展 IP 访问列表,在全局配置模式下,使用 access-list 命令的扩展版本。为移除访问列表,使用该命令的 no 形式。access-list 命令的格式如下,其语法说明如表 5.5 所示。

> **access - list** *access - list - number* {**deny** | **permit**} *protocol source source - wildcard destination destination - wildcard*
> **no access - list** *access - list - number*
> Internet Control Message Protocol (ICMP)
> **access - list** *access - list - number* {**deny** | **permit**}**icmp** *source source - wildcard destination destination - wildcard* [*icmp - type* [*icmp - code*] | **icmp - message**]
> Internet Group Management Protocol (IGMP)
> **access - list** *access - list - number* {**deny** | **permit**}**igmp** *source source - wildcard destination destination - wildcard* [*igmp - type*]
> Transmission Control Protocol (TCP)
> **access - list** *access - list - number* {**deny** | **permit**}**tcp** *source source - wildcard* [*operator* [*port*]] *destination destination - wildcard* [*operator* [*port*]] [**established**]
> User Datagram Protocol (UDP)
> **access - list** *access - list - number* {**deny** | **permit**}**udp** *source source - wildcard* [*operator* [*port*]] *destination destination - wildcard* [*operator* [*port*]]

表 5.5 access-list 命令扩展版本语法说明

access-list-number	访问控制列表编号
deny	如果条件符合就拒绝访问
permit	如果条件符合就允许访问
protocol	Internet 协议名称或号码。可能关键字如下：eigrp、grs、icmp、igmp、igrp、ip、ipinip、nos、ospf、pim、tcp 或 udp，或者为 0 到 255 之间的整数，用来代表不同 IP 协议，可以通过使用 ip 关键字来匹配所有 Internet 协议，部分协议允许更多的控制
source	发送分组的网络号或主机，定义分组源地址方式如下： 32 比特点分十进制 关键字 any 关键字 host
source-wildcard	应用于源地址的反向掩码，指定源通配符方式如下： 32 比特点分十进制 关键字 any 关键字 host
destination	分组的目的网络号或主机，定义分组目的地址方式如下： 32 比特点分十进制 关键字 any 关键字 host
destination-wildcard	应用于目的地址的反向掩码，指定源通配符方式如下： 32 比特点分十进制 关键字 any 关键字 host
icmp-type	(可选项)基于 ICMP 消息类型来过滤 ICMP 分组
icmp-code	(可选项)基于 ICMP 消息代码来过滤 ICMP 分组
icmp-message	(可选项)基于 ICMP 消息的类型名称或者 ICMP 消息类型和代码名称来过滤 ICMP 分组
igmp-type	(可选项)基于 IGMP 消息类型或者消息名称来过滤 ICMP 分组

operator	（可选项）比较源和目的端口,可用的操作符包括 lt(小于)、gt(大于)、eq(等于)、neq(不等于)和 range(包括的范围)
port	（可选项）指明 TCP 或 UDP 端口号或名字。TCP 端口号只被用于过滤 TCP 分组。UDP 端口号只被用于过滤 UDP 分组
established	（可选项）只针对 TCP 协议,表示一个已经建立的连接。如果 TCP 数据报中的 ACK、FIN、PSH、RST、SYN 或 URG 等控制位被设置,则匹配,如果是要求建立连接的初始数据包,则不匹配

【例 5.7】 在串口 0 上不允许接收发起到 B 类网络 10.88.0.0 的 TCP 连接,除了访问邮件主机 10.88.1.2 的邮件通信之外。established 关键字只用在 TCP 协议,表示一个建立的连接。如果 TCP 数据包中的 ACK 或 RST 被设置,那么匹配发生,表明分组属于一个存在的连接。

```
Router(config)#access-list 102 permit tcp any 10.88.0.0 0.0.255.255 established
Router(config)#access-list 102 permit tcp any host 10.88.1.2 eq smtp
Router(config)#interface serial 0
Router(config-if)#ip access-group 102 in
```

【例 5.8】 允许 DNS 分组和 ICMP 回送和回送回答分组。

```
Router(config)#access-list 102 permit tcp any any eq domain
Router(config)#access-list 102 permit udp any any eq domain
Router(config)#access-list 102 permit icmp any any echo
Router(config)#access-list 102 permit icmp any any echo-reply
```

【例 5.9】 串行接口 0 上不允许 IGMP 的 host-report 报文由任何内部主机发送给任何外部主机。

```
Router(config)#access-list 102 deny igmp any any host-report
Router(config)#interface serial 0
Router(config-if)#ip access-group 102 out
```

【例 5.10】 以太网接口 0 上,只拒绝 RIP 报文进入路由器。

```
Router(config)#access-list 104 permit udp any any neq rip
Router(config)#access-list 104 deny udp any any eq rip
Router(config)#interface ethernet 0
Router(config-if)#ip access-group 104 in
```

5.1.5 配置命名 ACL

Cisco IOS 软件 11.2 版本中引入了 IP 命名 ACL,命名 ACL 允许在标准 ACL 和扩展 ACL 中,使用名字代替数字来表示 ACL 编号。在使用命名 ACL 有以下的好处。

(1) 通过一个字母数字串组成的名字来直观地表示特定的 ACL。

(2) 不受 99 条标准 ACL 和 100 条扩展 ACL 的限制。

(3) 使得网络管理员可以方便地对 ACL 进行修改而无须删除 ACL 之后再对其进行重新配置。

为定义一个使用名称或编号的 IP 访问列表，在全局配置模式下使用 ip access-list 命令。为移除 IP 访问列表，使用该命令的 no 形式。ip access-list 命令的格式如下，其语法说明如表 5.6 所示。

```
ip access-list {standard|extended} {access-list-name|access-list-number}
no ip access-list {standard|extended} {access-list-name|access-list-number}
```

表 5.6　ip access-list 命令语法说明

standard	标准 IP 访问列表
extended	扩展 IP 访问列表
access-list-name	IP 访问列表名称
access-list-number	访问列表的编号

使用 ip access-list 命令可创建命名 ACL，置于 ACL 配置模式下。在 ACL 配置模式下，通过指定一个或多个允许及拒绝条件，来决定一个分组是允许通过还是被丢弃。ACL 配置命令中，permit 或 deny 操作符用于通知路由器当一个分组满足某一 ACL 语句时应执行转发操作还是丢弃操作。

在实现命名 ACL 之前，需要考虑以下几个方面的问题。

(1) 11.2 版本之前的 Cisco IOS 软件不支持命名 ACL。

(2) 不能够以同一名字命名多个 ACL。

当 ACL 被应用到接口时既可以使用号码也可以使用名字。当 ACL 被应用到虚拟终端线路时，只能使用号码。因为使用者可以连接所有的虚拟终端，因此所有的虚拟终端连接都应使用相同的 ACL。

【例 5.11】 定义标准访问列表，命名为 Internetfilter。

```
Router(config)# ip access-list standard Internetfilter
Router(config-std-nacl)# permit 192.5.34.0 0.0.0.255
Router(config-std-nacl)# permit 10.88.0.0 0.0.255.255
Router(config-std-nacl)# permit 10.0.0.0 0.255.255.255
```

【例 5.12】 定义扩展访问列表，命名为 server-access。

```
Router(config)# ip access-list extended server-access
Router(config-ext-nacl)# permit tcp any host 131.108.101.99 eq smtp
Router(config-ext-nacl)# permit tcp any host 131.108.107.99 eq domain
Router(config-ext-nacl)# permit ip any any
```

【例 5.13】 从标准命名 ACL 中删除单独的 ACE。

```
Router(config)# ip access-list standard border-list
Router(config-ext-nacl)# no permit ip host 10.1.1.3 any
```

5.1.6 配置时间 ACL

时间 ACL(Time-Based ACL)是在原有 ACL 的基础上加入时间属性,可以实现更加弹性的访问控制。基于时间的访问控制列表由两部分组成,第一部分是定义时间段,第二部分是用扩展访问控制列表定义规则。

为了启用时间段配置模式,定义时间段实现功能(如扩展访问控制列表),使用 time-range 全局配置命令。为移除时间限制,使用该命令的 no 形式。time-range 命令的格式如下,其语法说明如表 5.7 所示。

```
time-range time-range-name
no time-range time-range-name
```

表 5.7 time-range 命令语法说明

time-range-name	时间段指定的名字。该名字不能含有空格或者引号,必须以字母开头

时间段条目通过名字来识别,在其他一个或者多个配置命令中,通过名字进行引用。多个时间段可以出现在一个访问列表或者其他特性中。

在 time-range 命令之后,使用 periodic 时间段配置命令、absolute 时间段配置命令或者它们的一些组合定义什么时候该特性是有效的。在一个时间段中可以使用多个 periodic 命令,但是只能使用一个 absolute 命令。

为在一个时间段中指定一个绝对时间是有效的,使用 absolute 时间段配置命令,为了移除该时间限制,使用该命令的 no 形式。absolute 命令格式如下,其语法说明如表 5.8 所示。

```
absolute [start time date] [end time date]
no absolute
```

表 5.8 absolute 命令语法说明

start time date	(可选)在相关联的访问列表里 permit 和 deny 开始生效的绝对时间和日期。*time* 使用 24 小时方式表示,格式为 *hours:minutes*,如 8:00 表示上午 8 点,20:00 表示下午 8 点。*date* 使用 *day month year* 格式表示。最小开始是 00:00 1 January 1993。如果没有开始时间和日期指定,那么 permit 和 deny 指令会立即生效
end time date	(可选)在相关联的访问列表里 permit 和 deny 不再生效的绝对时间和日期。*time* 和 *date* 格式与 start 关键字的描述一致。结束的时间和日期必须要在开始的时间和日期之后,最大结束时间是 23:59 31 December 2035。如果没有结束时间和日期指定,那么相关联的 permit 和 deny 指令会无限生效

为支持时间段特性的功能指定一个再次发生的时间段(每周),使用 periodic 时间段配置命令。为了移除该时间限制,使用该命令的 no 形式。periodic 命令的格式如下,其语法说明如表 5.9 所示。

```
periodic days-of-the-week hh:mm to [days-of-the-week] hh:mm
no periodic days-of-the-week hh:mm to [days-of-the-week] hh:mm
```

表 5.9 periodic 命令的语法说明

days-of-the-week	该参数第一次出现表示关联的时间段有效的开始日期或者一周的某天。第二次出现表示关联的时间段有效的结束日期或者一周的某天。该参数可以是单独一天或者是多天的组合：**Monday**、**Tuesday**、**Wednesday**、**Thursday**、**Friday**、**Saturday**、和 **Sunday**。其他可能的取值： • daily——从周一到周日 • weekdays——从周一到周五 • weekend——从周六到周日 如果某周的结束时间和开始时间一致，那么将被忽略
hh:mm	该参数的第一次出现表示关联的时间段有效的开始小时：分钟。第二次出现表示关联的时间段有效的结束小时：分钟 小时：分钟用 24 小时时钟表示。例如，8:00 是上午 8 点，20:00 是下午 8 点
to	完整时间段"从开始时间到结束时间"表示的 to 关键字

【例 5.14】 周一到周五上午 8 点到下午 6 点不允许 HTTP 通信。

```
Router(config)#time-range no-http
Router(config-time-range)#periodic weekdays 8:00 to 18:00
Router(config)#ip access-list extended strict
Router(config-ext-nacl)#deny tcp any any eq http time-range no-http
Router(config)#interface ethernet 0
Router(config-if)#ip access-group strict in
```

【例 5.15】 周一、周二和周五上午 9 点到下午 5 点允许 Telnet 通信。

```
Router(config)#time-range testing
Router(config-time-range)#periodic Monday Tuesday Friday 9:00 to 17:00
Router(config)#ip access-list extended legal
Router(config-ext-nacl)#permit tcp any any eq telnet time-range testing
Router(config)#interface ethernet 0
Router(config-if)#ip access-group legal in
```

【例 5.16】 从 2001 年 1 月 1 日中午 12 点开始，一直允许以太网接口 0 通信。

```
Router(config)#time-range xyz
Router(config-time-range)#absolute start 12:00 1 January 2001
Router(config)#ip access-list extended northeast
Router(config-ext-nacl)#permit ip any any time-range xyz
Router(config)#interface ethernet 0
Router(config-if)#ip access-group northeast in
```

【例 5.17】 允许以太网接口 0 上输出 UDP 通信直到 2000 年 12 月 31 日中午 12 点。

```
Router(config)#time-range abc
Router(config-time-range)#absolute end 12:00 31 December 2000
Router(config)#ip access-list extended northeast
Router(config-ext-nacl)#permit udp any any time-range abc
```

```
Router(config)# interface ethernet 0
Router(config-if)# ip access-group northeast out
```

【例 5.18】 只允许在周末、从 1999 年 1 月 1 日上午 8 点到 2001 年 12 月 31 日下午 6 点以太网接口 0 上输出 UDP 通信。

```
Router(config)# time-range test
Router(config-time-range)# absolute start 8:00 1 January 1999 end 18:00 31 December 2001
Router(config-time-range)# periodic weekends 00:00 to 23:59
Router(config)# ip access-list extended northeast
Router(config-ext-nacl)# permit udp any any time-range test
Router(config)# interface ethernet 0
Router(config-if)# ip access-group northeast out
```

【例 5.19】 周一到周五上午 8 点到下午 6 点不允许 HTTP 通信,周六和周日从中午到午夜允许 UDP 通信。

```
Router(config)# time-range no-http
Router(config-time-range)# periodic weekdays 8:00 to 18:00
Router(config)# time-range udp-yes
Router(config-time-range)# periodic weekend 12:00 to 24:00
Router(config)# ip access-list extended strict
Router(config-ext-nacl)# deny tcp any any eq http time-range no-http
Router(config-ext-nacl)# permit udp any any time-range udp-yes
Router(config)# interface ethernet 0
Router(config-if)# ip access-group strict in
```

5.1.7 ACL 网络应用位置

在一个网络中,ACL 是通过过滤分组和拒绝那些不需要的通信流量来实现控制的。放置 ACL 需要考虑的一个重要条件是应该在什么地方放置 ACL。当 ACL 被放置在正确的地方时,它不仅可以过滤通信量,而且可以使整个网络更有效地运作。为了考虑通信流量,ACL 应该放置在对网络增长影响最大的地方。

放置 ACL 的一般原则是,尽可能把扩展 ACL 放置在距离要被拒绝的通信量近的地方。标准 ACL 由于不能指定目的地址,所以它们应该尽可能放置在距离目的地最近的地方。

对于过滤从同一个源到同一个目的的数据流量,在网络中应用标准的 ACL 和应用扩展的 ACL 的位置是不同的。

如果要禁止 PC3 访问 PC1,可以在网络中使用标准的 ACL,命令如下:

```
Router(config)# access-list 1 deny host 183.16.1.1
Router(config)# access-list 1 permit any
```

或者扩展的 ACL,命令如下:

```
Router(config)# access-list 101 deny ip host 183.16.1.1 host 11.1.0.1
Router(config)# access-list 101 permit ip any any
```

使用的位置如图 5.1 所示。

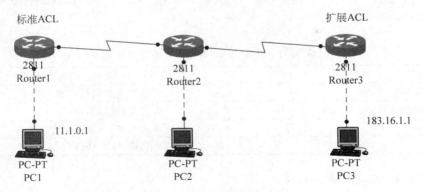

图 5.1　ACL 在网络中应用位置

如果把使用两种 ACL 的位置颠倒,如在路由器 Router3 上应用标准的 ACL,那么主机 PC3 将会无法访问其他的网段的主机,如主机 PC2,这明显是错误的。例如,在路由器 Router1 上应用扩展的 ACL,那么符合条件的数据流也经过了路由器 Router3 和 Router2 转发,最后在路由器 Router1 上丢弃,浪费了路由器 Router3、Router2 和中间链路的资源。

所以扩展的 ACL 应该尽量放置在接近数据流的源的地方,标准的 ACL 应该尽量放置在接近数据流的目的的地方。

5.1.8　监视与维护 ACL

为显示当前访问列表的内容,在用户模式或特权模式下,使用 show access-lists 命令。show access-lists 命令的格式如下,其语法说明如表 5.10 所示。

```
show access-lists [access-list-number | access-list-name]
```

表 5.10　show access-lists 命令语法说明

access-list-number	(可选项)访问列表编号
access-list-name	(可选项)访问列表名称

【例 5.20】　查看全部 ACL。

```
Router#show access-lists
Standard IP access list 1
    deny   192.168.1.0, wildcard bits 0.0.0.255
    permit any
Extended IP access list 101
    deny   tcp 192.168.2.0 0.0.0.255 192.168.1.0 0.0.0.255 eq ftp
    permit ip any any
```

为显示所有当前 IP 访问列表的内容,在特权模式下,使用 show ip access-list 命令。show ip access-list 命令的格式如下,其语法说明如表 5.11 所示。

```
show ip access - list[access - list - number | access - list - name | interface interface -
name [in | out]]
```

表 5.11 show ip access-list 命令语法说明

access-list-number	（可选项）IP 访问列表编号
access-list-name	（可选项）IP 访问列表名称
interface interface-name	（可选项）接口名称
in	（可选项）输入接口统计信息
out	（可选项）输出接口统计信息

【例 5.21】 显示所有访问列表。

```
Router# show ip access - list
Extended IP access list 101
   deny udp any any eq ntp
   permit tcp any any
   permit udp any any eq tftp
   permit icmp any any
   permit udp any any eq domain
```

【例 5.22】 显示指定名称的访问列表。

```
Router# show ip access - list Internetfilter
Extended IP access list Internetfilter
permit tcp any 171.16.0.0 0.0.255.255 eq telnet
deny tcp any any
deny udp any 171.16.0.0 0.0.255.255 lt 1024
deny ip any any log
```

【例 5.23】 显示快速以太网接口 0/0 的输入方向 ACL 信息。

```
Router# show ip access - list interface FastEthernet0/0 in
Extended IP access list 150 in
   10 permit ip host10.1.1.1 any
   30 permit ip host10.2.2.2 any (15 matches)
```

为清除访问列表的计数器，在特权模式下，使用 clear access-list counters 命令。clear access-list counters 命令的格式如下，其语法说明如表 5.12 所示。

```
clear access - list counters {access - list - number | access - list - name}
```

表 5.12 clear access-list counters 命令语法说明

access-list-number	访问列表编号
access-list-name	访问列表名称

【例 5.24】 清除访问列表 101 的计数器。

```
Router#clear access-list counters 101
```

5.2 NAT 配置

5.2.1 NAT 概述

网络地址转换(Network Address Translation,NAT)属接入广域网(WAN)技术,是一种将私有(保留)地址转化为合法 IP 地址的转换技术,它被广泛应用于各种类型 Internet 接入方式和各种类型的网络中。原因很简单,NAT 不仅完美地解决了 IP 地址不足的问题,而且还能够有效地避免来自网络外部的攻击,隐藏并保护网络内部的计算机。

虽然 NAT 可以借助于某些代理服务器来实现,但考虑到运算成本和网络性能,很多时候都是在路由器上来实现的。

随着接入 Internet 的计算机数量的不断猛增,IP 地址资源也就愈加显得捉襟见肘。事实上,除了中国教育和科研计算机网(CERNET)外,一般用户几乎申请不到整段的 C 类 IP 地址。在其他 ISP 那里,即使是拥有几百台计算机的大型局域网用户,当他们申请 IP 地址时,所分配的地址也不过只有几个或十几个 IP 地址。显然,这样少的 IP 地址根本无法满足网络用户的需求,于是也就产生了 NAT 技术。

借助于 NAT,私有(保留)地址的"内部"网络通过路由器发送数据包时,私有地址被转换成合法的 IP 地址,一个局域网只需使用少量 IP 地址(甚至是一个)即可实现私有地址网络内所有计算机与 Internet 的通信需求。

NAT 将自动修改 IP 报文的源 IP 地址和目的 IP 地址,IP 地址校验则在 NAT 处理过程中自动完成。有些应用程序将源 IP 地址嵌入到 IP 报文的数据部分中,所以还需要同时对报文进行修改,以匹配 IP 头中已经修改过的源 IP 地址。否则,在报文和数据都分别嵌入 IP 地址的应用程序就不能正常工作。

NAT 的实现方式有 3 种,即静态转换(Static Nat)、动态转换(Dynamic Nat)和端口多路复用(Overload)。

静态转换是指将内部网络的私有 IP 地址转换为公有 IP 地址,IP 地址对是一对一的,是一成不变的,某个私有 IP 地址只转换为某个公有 IP 地址。借助于静态转换,可以实现外部网络对内部网络中某些特定设备(如服务器)的访问。

动态转换是指将内部网络的私有 IP 地址转换为公用 IP 地址时,IP 地址对是不确定的,而是随机的,所有被授权访问上 Internet 的私有 IP 地址可随机转换为任何指定的合法 IP 地址。也就是说,只要指定哪些内部地址可以进行转换,以及用哪些合法地址作为外部地址时,就可以进行动态转换。动态转换可以使用多个合法外部地址集。当 ISP 提供的合法 IP 地址略少于网络内部的计算机数量时。可以采用动态转换的方式。

端口多路复用是指改变外出数据包的源端口并进行端口转换,即端口地址转换(Port Address Translation,PAT)。采用端口多路复用方式,内部网络的所有主机均可共享一个合法外部 IP 地址实现对 Internet 的访问,从而可以最大限度地节约 IP 地址资源。同时,又可隐藏网络内部的所有主机,有效避免来自 Internet 的攻击。因此,目前网络中应用最多的就是端口多路复用方式。

NAT 解决方法有其不足之处,仅以增强的网络状态作为补充,而忽略了 IP 地址端对端的重要性。结果是由于存在 NAT 设备,由 IPSec 保证的端对端 IP 网络级安全无法应用到终端主机。

NAT 使用下列地址定义。

(1) Inside Local IP Address,内部本地地址:指定于内部网络的主机地址,全局唯一,但为私有地址。

(2) Inside Global IP Address,内部全局地址:代表一个或更多内部 IP 到外部网络可路由的合法 IP(须注册)。

(3) Outside Local IP Address,外部本地地址:为内部网络主机所知的一台外部网络中的主机 IP 地址(无须注册),主要用于静态转换。

(4) Outside Global IP Address,外部全局地址:外部网络主机的合法注册 IP,主要用于静态转换。

5.2.2 内部源地址静态转换

内部源地址静态转换即一对一的转换。该模式要求被转换的源地址数与转换后的源地址数相同。仅仅只为了安全保密,并不能节省 IP。内部源地址静态转换如图 5.2 所示。

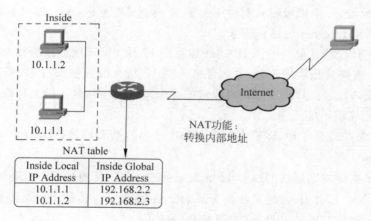

图 5.2 内部源地址静态转换

为启用内部源地址静态转换,在全局配置模式下,使用 ip nat inside source static 命令。为移除静态转换,使用该命令的 no 形式。ip nat inside source static 命令的格式如下,其语法说明如表 5.13 所示。

IP 静态 NAT:

```
ip nat inside source static { local - ip global - ip }
no ip nat inside source static { local - ip global - ip }
```

端口静态 NAT：

```
ip nat inside source static {tcp | udp {local-ip local-port global-ip global-port |
interface global-port}}
no ip nat inside source static {tcp | udp {local-ip local-port global-ip global-port |
interface global-port}}
```

网络静态 NAT：

```
ip nat inside source static network local-network global-network mask
no ip nat inside source static network local-network global-network mask
```

表 5.13　ip nat inside source static 命令语法说明

local-ip	本地 IP 地址
global-ip	全局 IP 地址
tcp	传输控制协议
udp	用户数据报协议
local-port	本地端口号
global-port	全局端口号
local-network	本地子网
global-network	全局子网
mask	子网掩码

对于网络地址转换，为指定接口属于内部（本地）还是外部（全局），在接口配置模式下，使用 ip nat 命令。为阻止接口能够进行网络地址转发，使用该命令的 no 形式。ip nat 命令的格式如下，其语法说明如表 5.14 所示。

```
ip nat [inside | outside]
no ip nat [inside | outside]
```

表 5.14　ip nat 命令语法说明

inside	（可选项）表明接口连接到内部网络
outside	（可选项）表明接口连接到外部网络

【例 5.25】　静态 NAT 配置，如图 5.3 所示。

（1）配置静态 NAT 映射：

```
Router(config)# ip nat inside source static 192.168.1.1 202.96.1.3
Router(config)# ip nat inside source static 192.168.1.2 202.96.1.4
```

（2）配置 NAT 内部接口：

```
Router(config)# interface fastethernet 0/1
Router(config-if)# ip nat inside
```

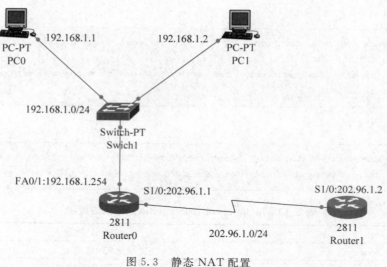

图 5.3 静态 NAT 配置

（3）配置 NAT 外部接口：

```
Router(config-if)# interface serial 1/0
Router(config-if)# ip nat outside
```

在 PC0 和 PC1 上 ping 202.96.1.2（路由器 Router1 的串行接口 1/0），此时应该是通的，路由器 Router0 的输出信息如下：

```
Router# debug ip nat
IP NAT debugging is on
Router#
NAT: s = 192.168.1.1 -> 202.96.1.3, d = 202.96.1.2[0]
NAT*: s = 202.96.1.2, d = 202.96.1.3 -> 192.168.1.1[0]
NAT: s = 192.168.1.2 -> 202.96.1.4, d = 202.96.1.2[0]
NAT*: s = 202.96.1.2, d = 202.96.1.4 -> 192.168.1.2[0]
```

以上输出表明了 NAT 的转换过程。首先把内部本地地址 192.168.1.1 和 192.168.1.2 分别转换成内部全局地址 202.96.1.3 和 202.96.1.4 访问地址 202.96.1.2，然后返回时把内部全局地址 202.96.1.3 和 202.96.1.4 分别转换成内部本地地址 192.168.1.1 和 192.168.1.2。

查看 NAT 表。在静态映射时，NAT 表一直存在。

Router# show ip nat translations			
Pro Inside global	Inside local	Outside local	Outside global
--- 202.96.1.3	192.168.1.1	---	---
--- 202.96.1.4	192.168.1.2	---	---

以上输出表明了内部全局地址和内部本地地址的对应关系。

5.2.3 内部源地址动态转换

与内部源地址静态转换相比,动态转换能够用少量的内部全局地址服务于大量具有内部本地地址的主机。内部源地址动态转换如图 5.4 所示。

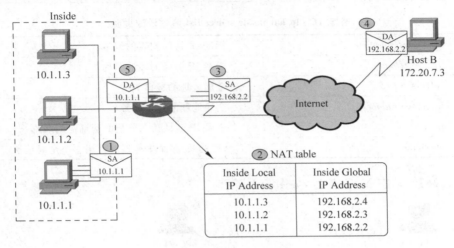

图 5.4 动态 NAT 转换

为定义 NAT 的 IP 地址池,在全局配置模式下,使用 ip nat pool 命令。为从池中移除一个或多个地址,使用该命令的 no 形式。ip nat pool 命令的格式如下,其语法说明如表 5.15 所示。

```
ip nat pool name start-ip end-ip {netmask netmask | prefix-length prefix-length}
no ip nat pool name start-ip end-ip {netmask netmask | prefix-length prefix-length}
```

表 5.15 ip nat pool 命令语法说明

name	地址池名
start-ip	地址池中起始 IP 地址
end-ip	地址池中结束 IP 地址
netmask netmask	地址池所属网络的网络掩码
prefix-length prefix-length	地址池所属网络的网络掩码前缀长度

为定义一个标准访问控制列表以允许地址被转换,在全局配置模式下,使用 access-list 命令的标准版本。为移除标准访问列表,使用该命令的 no 形式。access-list 命令的格式如下。

```
access-list access-list-number {deny | permit} source [source-wildcard]
no access-list access-list-number
```

为启用内部源地址的 NAT,在全局配置模式下,使用 ip nat inside source list 命令。为移除到地址池动态关联,使用该命令的 no 形式。ip nat inside source list 命令的格式如下,其语法说明如表 5.16 所示。

```
ip nat inside source list {access-list-number | access-list-name} {interface type
number | pool name} [overload]
no ip nat inside source list {access-list-number | access-list-name} {interface type
number | pool name} [overload]
```

表 5.16 ip nat inside source list 命令语法说明

参数	说明
access-list-number	标准 IP 访问列表的编号
access-list-name	标准 IP 访问列表的名称
interface type	全局地址的接口类型
interface number	全局地址的接口编号
pool name	全局 IP 地址动态分配的地址池的名称
overload	(可选项)多个本地地址使用一个全局地址

【例 5.26】 动态 NAT 配置,如图 5.5 所示。

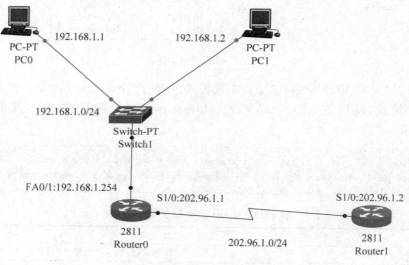

图 5.5 动态 NAT 配置

(1) 配置动态 NAT 转换的地址池。

```
Router(config)# ip nat pool NAT 202.96.1.3 202.96.1.100 netmask 255.255.255.0
```

(2) 配置动态 NAT 映射。

```
Router(config)# ip nat inside source list 1 pool NAT
```

(3) 允许动态 NAT 转换的内部地址范围。

```
Router(config)# access-list 1 permit 192.168.1.0 0.0.0.255
Router(config)# interface fastethernet 0/1
```

```
Router(config-if)# ip nat inside
Router(config-if)# interface serial 1/0
Router(config-if)# ip nat outside
```

在 PC0 和 PC1 上 ping 202.96.1.2(路由器 Router1 的串行接口 1/0),此时应该是通的,路由器 Router0 的输出信息如下:

```
Router# debug ip nat
IP NAT debugging is on
Router#
NAT: s=192.168.1.1->202.96.1.4, d=202.96.1.2 [3]
NAT*: s=202.96.1.2, d=202.96.1.4->192.168.1.1 [3]
NAT: s=192.168.1.2->202.96.1.5, d=202.96.1.2 [4]
NAT*: s=202.96.1.2, d=202.96.1.5->192.168.1.2 [4]
```

如果动态地址池中没有足够的地址进行动态映射,则会出现提示 NAT 转换失败并丢弃数据包的信息。

```
Router# show ip nat translations
Pro    Inside global    Inside local    Outside local    Outside global
---    202.96.1.4       192.168.1.1     —                —
---    202.96.1.5       192.168.1.2     —                —
```

以上信息表明当 PC0 和 PC1 第一个访问 202.96.1.2 地址时,NAT 路由器 Router0 为主机 PC0 和 PC1 动态分配两个全局地址 202.96.1.4 和 202.96.1.5,在 NAT 表中生成两条动态映射的记录,同时会在 NAT 表中生成和应用相对应的协议和端口号的记录(过期时间为 60s)。在动态映射没有过期(过期时间为 86 400s)之前,再有应用从相同主机发起时,NAT 路由器直接查 NAT 表,然后为应用分配相应的端口号。

查看 NAT 转换的统计信息。

```
Router# show ip nat statistics

Total translations: 2 (0 static, 2 dynamic, 0 extended)
Outside Interfaces: Serial1/0
Inside Interfaces: FastEthernet0/1
Hits: 43    Misses: 4
Expired translations: 0
Dynamic mappings:
-- Inside Source
access-list 1 pool NAT refCount 2
pool NAT: netmask 255.255.255.0
     start 202.96.1.3 end 202.96.1.100
     type generic, total addresses 98, allocated 2 (2%), misses 0
```

5.2.4 内部源地址复用动态转换

PAT 是端口地址转换,NAT 是网络地址转换。PAT 可以看做是 NAT 的一部分。在 NAT 时,考虑一种情形,就是只有一个公有 IP,而内部有多个私有 IP,这个时候 NAT 就要通过映射 UDP 和 TCP 端口号来跟踪记录不同的会话,如用户 A、B、C 同时访问 CSDN,则 NAT 路由器会将用户 A、B、C 访问分别映射到 1088、1098、23100(举例而已,实际上是动态的),此时实际上就是 PAT 了。

由上面推论,PAT 理论上可以同时支持 $(65\,535-1024)=64\,511$ 个连接会话。但实际使用中由于设备性能和物理连接特性是不能达到的,Cisco 的路由器 NAT 功能中每个公有 IP 最多能有效地支持大约 4000 个会话。

PAT 普遍应用于接入设备中,它可以将中小型的网络隐藏在一个合法的 IP 地址后面。PAT 与动态地址 NAT 不同,它将内部连接映射到外部网络中的一个单独的 IP 地址上,同时在该地址上加上一个由 NAT 设备选定的 TCP/UDP 端口号。也就是采用 port multiplexing 技术,或改变外出数据源端口的技术将多个内部 ip 地址映射到同一个外部地址。PAT 转换如图 5.6 所示。

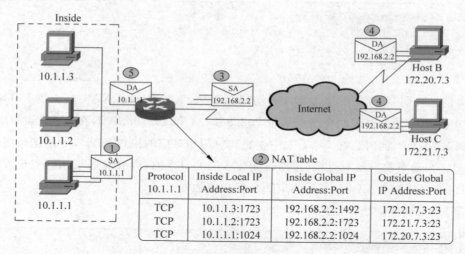

图 5.6　PAT 转换

配置源地址复用动态转换过程同配置源地址动态转换基本一致,只差 overload 关键字。

【例 5.27】　配置 PAT,如图 5.7 所示。

(1) 配置动态 NAT 转换的地址池。

```
Router(config)# ip nat pool NAT 202.96.1.3 202.96.1.100 netmask 255.255.255.0
```

(2) 配置 PAT。

```
Router(config)# ip nat inside source list 1 pool NAT overload
```

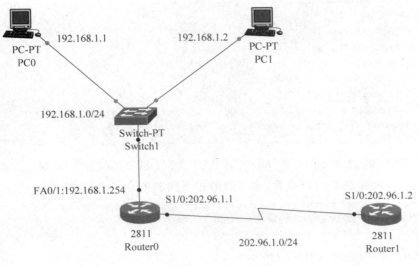

图 5.7　PAT 配置

（3）配置允许动态 NAT 转换的内部地址范围。

```
Router(config)# access-list 1 permit 192.168.1.0 0.0.0.255
Router(config)# interface fastethernet 0/1
Router(config-if)# ip nat inside
Router(config-if)# interface serial 1/0
Router(config-if)# ip nat outside
```

在 PC0 和 PC1 上 ping 202.96.1.2（路由器 Router1 的串行接口 1/0），此时应该是通的，路由器 Router0 的输出信息如下：

```
Router# debug ip nat
IP NAT debugging is on
Router#
NAT: s = 192.168.1.1 -> 202.96.1.3, d = 202.96.1.2[5]
NAT*: s = 202.96.1.2, d = 202.96.1.3 -> 192.168.1.1[5]
NAT: s = 192.168.1.2 -> 202.96.1.3, d = 202.96.1.2[6]
NAT*: s = 202.96.1.2, d = 202.96.1.3 -> 192.168.1.2[6]
Router# show ip nat translations
Pro     Inside global      Inside local       Outside local     Outside global
icmp    202.96.1.3:21      192.168.1.1:21     202.96.1.2:21     202.96.1.2:21
icmp    202.96.1.3:10      192.168.1.2:10     202.96.1.2:10     202.96.1.2:10
tcp     202.96.1.3:1027    192.168.1.2:1027   202.96.1.2:23     202.96.1.2:23
```

以上输出表明进行 PAT 转换使用的是同一个 IP 地址的不同端口号。

```
Router# show ip nat statistics
Total translations: 11 (0 static, 11 dynamic, 11 extended)
Outside Interfaces: Serial1/0
Inside Interfaces: FastEthernet0/1
```

```
    Hits: 98    Misses: 27
    Expired translations: 12
    Dynamic mappings:
    -- Inside Source
    access-list 1 pool NAT refCount 11
     pool NAT: netmask 255.255.255.0
            start 202.96.1.3 end 202.96.1.100
            type generic, total addresses 98, allocated 1 (1%), misses 0
```

动态 NAT 的过期时间是 86400s，PAT 的过期时间是 60s，通过 show ip nat translations verbose 命令可以查看，也可以通过下面的命令修改超时时间：

```
Router(config)# ip nat translation timeout timeout
```

参数 timeout 的范围为 0～2 147 486。

如果主机的数量不是很多，可以直接使用 outside 接口地址配置 PAT，不必定义地址池，命令如下：

```
Router(config)# ip nat inside source list 1 interface serial 1/0 overload
```

5.2.5 配置转换超时

动态 NAT 还提供比静态 NAT 更强的安全性，因为不同于静态 NAT，在空闲一段时间后动态 NAT 超时被删除，这样还可以节省地址和路由器内存空间。如果一个包被动态 NAT 进程检查匹配已存在 NAT 表中的 NAT 项，就重置该项的计时器。

为改变 NAT 转换超时时间，在全局配置模式下，使用 ip nat translation 命令。为禁用超时，使用该命令的 no 形式。ip nat translation 命令的格式如下，其语法说明如表 5.17 所示。

```
ip nat translation {timeout | udp-timeout | dns-timeout | tcp-timeout | finrst-timeout |
 icmp-timeout | pptp-timeout | syn-timeout | port-timeout | arp-ping-timeout} {seconds
 | never}
no ip nat translation {timeout | udp-timeout | dns-timeout | tcp-timeout | finrst-timeout
 | icmp-timeout | pptp-timeout | syn-timeout | port-timeout | arp-ping-timeout}
```

表 5.17 ip nat translation 命令语法说明

timeout	应用于动态转换的超时值，除复用转换外，默认为 86400 秒(24 小时)
udp-timeout	应用于 UDP 端口的超时值，默认为 300 秒(5 分钟)
dns-timeout	应用于 DNS 连接的超时值，默认为 60 秒
tcp-timeout	应用于 TCP 端口的超时值，默认为 86400 秒(24 小时)
finrst-timeout	应用于结束(FIN)和复位(RST)中止连接的 TCP 包超时值，默认为 60 秒
icmp-timeout	ICMP 流的超时值，默认为 60 秒
pptp-timeout	NAT PPTP 流的超时值，默认为 86400 秒(24 小时)
syn-timeout	紧接 SYN 传输消息后 TCP 流的超时值，默认为 60 秒

续表

port-timeout	应用于 TCP/UDP 端口的超时值
arp-ping-timeout	应用于 arp ping 的超时值
seconds	端口转换超时的秒数，默认为 0
never	没有端口转换超时

不适当配置 NAT 计时器可能导致动态 NAT 的意外网络行为和不适宜操作。如果 NAT 计时器太短，在 NAT 表中的 NAT 项会在收到应答前到期，包将被丢弃，这意味着预期的流量没有通过，并且包的丢弃产生了重传，消耗了更多的带宽。如果计时器太长，NAT 项会在 NAT 表中停留过久的时间，占用可用的地址池。

5.2.6 监视与维护 NAT

（1）为显示活动的 NAT 转换，在用户模式或特权模式下，使用 show ip nat translations 命令。show ip nat translations 命令的格式如下，其语法说明如表 5.18 所示。

```
show ip nat translations [protocol] [verbose]
```

表 5.18 show ip nat translations 命令语法说明

字段	说明
protocol	（可选项）显示协议项目，协议参数关键字如下： **esp**：ESP 协议项目 **icmp**：ICMP 协议项目 **pptp**：PPTP 协议项目 **tcp**：TCP 协议项目 **udp**：UDP 协议项目
verbose	（可选项）显示每个转换表项目的额外信息

【例 5.28】 show ip nat translations 命令输出，show ip nat translations 命令字段说明如表 5.19 所示。

```
Router# show ip nat translations
Pro    Source global       Source local        Destin local       Destin global
icmp   172.20.0.254:25     172.20.0.130:25     172.20.1.1:25      10.199.199.100:25
icmp   172.20.0.254:26     172.20.0.130:26     172.20.1.1:26      10.199.199.100:26
icmp   172.20.0.254:27     172.20.0.130:27     172.20.1.1:27      10.199.199.100:27
icmp   172.20.0.254:28     172.20.0.130:28     172.20.1.1:28      10.199.199.100:28
```

表 5.19 show ip nat translations 命令字段说明

字段	说明
Pro	协议
Source global	源全局地址
Source local	源本地地址
Destin local	目的本地地址
Destin global	目的全局地址

(2) 为显示 NAT 统计信息,在特权模式下,使用 show ip nat statistics 命令。

```
show ip nat statistics
```

【例 5.29】 show ip nat statistics 命令输出, show ip nat statistics 命令字段说明如表 5.20 所示。

```
Router# show ip nat statistics
Total translations: 2 (0 static, 2 dynamic; 0 extended)
Outside interfaces: Serial0
Inside interfaces: Ethernet1
Hits: 135   Misses: 5
Expired translations: 2
Dynamic mappings:
-- Inside Source
access-list 1 pool net-208 refcount 2
pool net-208: netmask 255.255.255.240
        start 172.16.233.208 end 172.16.233.221
        type generic, total addresses 14, allocated 2 (14%), misses 0
```

表 5.20　show ip nat statistics 命令字段说明

字　段	说　明
Total translations	系统活动的转换数
Outside interfaces	外部接口列表
Inside interfaces	内部接口列表
Hits	转换表查询找到表项的次数
Misses	转换表查询没有找到表项的次数
Expired translations	过期的转换数
Dynamic mappings	动态映射信息
Inside Source	内部源转换信息
access-list	访问列表编号
pool	地址池的名称
refcount	使用地址池的转换数
netmask	地址池 IP 网络掩码
start	地址池起始 IP 地址
end	地址池终止 IP 地址
type	地址池的类型,可能的类型为 generic 或 rotary
total addresses	地址池可用的地址数
allocated	被使用的地址数
misses	地址池分配失败数

(3) 为从转换表中清除动态 NAT 转换,在特权模式下,使用 clear ip nat translation 命令。clear ip nat translation 命令的格式如下,其语法说明如表 5.21 所示。

```
clear ip nat translation{ * | [inside global - ip global - port local - ip local - port] |
[outside local - ip global - ip] [esp | tcp | udp]}
```

表 5.21 clear ip nat translation 命令语法说明

*	清除所有动态转换
inside	（可选项）清除含有指定 global-ip 和 local-ip 地址的内部转换
global-ip	（可选项）全局 IP 地址
global-port	（可选项）全局端口
local-ip	（可选项）本地 IP 地址
local-port	（可选项）本地端口
outside	（可选项）清除含有指定 global-ip 和 local-ip 地址的外部转换
esp	（可选项）从转换表清除 ESP 项目
tcp	（可选项）从转换表清除 TCP 项目
udp	（可选项）从转换表清除 UDP 项目

【例 5.30】 显示 UDP 项目被清除前后的 NAT 项目。

```
Router> show ip nat translations
Pro  Inside global         Inside local          Outside local         Outside global
udp  10.69.233.209:1220    10.168.1.95:1220      10.69.2.132:53        10.69.2.132:53
tcp  10.69.233.209:11012   10.168.1.89:11012     10.69.1.220:23        10.69.1.220:23
tcp  10.69.233.209:1067    10.168.1.95:1067      10.69.1.161:23        10.69.1.161:23
Router# clear ip nat translation udp inside 10.69.233.209 1220 10.168.1.95 1220 10.69.2.132
53 10.69.2.132 53
Router# show ip nat translations
Pro  Inside global         Inside local          Outside local         Outside global
tcp  10.69.233.209:11012   10.168.1.89:11012     10.69.1.220:23        10.69.1.220:23
tcp  10.69.233.209:1067    10.168.1.95:1067      10.69.1.161:23        10.69.1.161:23
```

5.2.7 NAT 与路由

当网络包进入了配置了 NAT 路由器后，路由器对网络的处理顺序非常重要，可以影响到 ACL 等依赖 IP 地址特性的处理。对于 IP 内部源地址 NAT 转换来说，路由的处理顺序如下。

（1）对于由内网口接收的网络包，先进行路由处理，如果路由转发接口为外网口，再进行 NAT 处理，将源地址从内部本地地址转换为内部全局地址，目的地址不变；如果路由转发接口不为外网口，则不进行 NAT 处理。

（2）对于由外网口接收的网络包，先进行 NAT 处理，将目的地址从内部全局地址转换为内部本地地址，源地址不变，然后进行路由处理，根据转换后的目的地址进行路由转发。

（3）对于不是由内网口接收的网络包或者不是由外网口接收的网络包不进行 NAT 处理，只进行路由处理。

（4）对于 PAT 转换，如果存在应用层 TCP 协议或者 UDP 协议，那么 NAT 处理时要同时考虑 IP 地址和端口号进行转换；如果不存在应用层协议，例如 ICMP PAT 转换，其没有端口号信息,则使用 ICMP 协议中 16 位标识符字段用于标识本 ICMP 进程,起到端口号区分应用一样的作用。

5.2.8 其他形式 NAT 转换及应用

内部源地址转换 ip nat inside source{static|dynamic}是内部本地地址到内部全局地址转换,如果是动态转换,通信流方向必须是从内部到外部,如果是静态转换,通信流方向既可以是从内部到外部,也可以是从外部到内部。

外部源地址转换 ip nat outside source{static|dynamic}是外部全局地址到外部本地地址转换,如果是动态转换,通信流方向必须是从外部到内部,如果是静态转换,通信流方向既可以是从外部到内部,也可以是从内部到外部。

内部目的地址转换 ip nat inside destination list 是内部全局地址到内部本地地址转换。通信流的方向是必须从外部到内部。

以图 5.8 为例根据 NAT 转换的原理,采用静态转换方式,解释内部源地址 NAT 转换的典型应用。

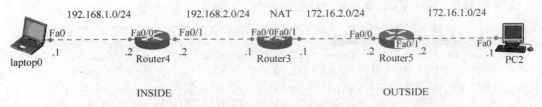

图 5.8 内部源地址 NAT 转换

NAT 路由器 Router3 相关配置:

```
Router3(config)# interface FastEthernet0/0
Router3(config-if)# ip address 192.168.2.1 255.255.255.0
Router3(config-if)# ip nat inside
Router3(config)# interface FastEthernet0/1
Router3(config-if)# ip address 172.16.2.1 255.255.255.0
Router3(config-if)# ip nat outside
Router3(config)# ip nat inside source static 192.168.1.1 172.16.2.111
Router3(config)# ip route 192.168.1.0 255.255.255.0 192.168.2.2
Router3(config)# ip route 172.16.1.0 255.255.255.0 172.16.2.2
```

使用 ip nat inside source 关键字配置命令,根据思科官方文档解释完成两种转换:在从内网到外网时,转换 IP 包的源地址;在从外网到内网时,转换 IP 包的目的地址。

(1) 内网主机共享外网地址访问外网典型应用。

以图 5.8 为例,当内网主机 laptop0 发起 ping 通信到外网主机 PC2,源地址为内网主机的内部本地地址 192.168.1.1,目的地址为外网主机的外部全局地址 172.16.1.1。

当 echo 包经过 NAT 路由器时,完成内部本地地址 192.168.1.1 到内部全局地址 172.16.2.111 源地址转换;当 echo reply 包经过 NAT 路由器时,完成内部全局地址 172.16.2.111 到内部本地地址 192.168.1.1 目的地址转换。

(2) 内网主机共享外网地址提供服务典型应用。

以图 5.8 为例,当外网主机 PC2,发起 ping 通信到内网主机 laptop0,源地址为外网主机的外部全局地址 172.16.1.1,目的地址为内网主机的外部全局地址 172.16.2.111。

当 echo 包经过 NAT 路由器时,完成内部全局地址 172.16.2.111 到内部本地地址 192.168.1.1 目的地址转换;当 echo reply 包经过 NAT 路由器时,完成内部本地地址 192.168.1.1 到内部全局地址 172.16.2.111 源地址转换。

以图 5.9 为例根据 NAT 转换的原理,采用静态转换方式,解释外部源地址 NAT 转换的典型应用。

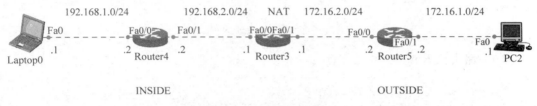

图 5.9 外部源地址 NAT 转换

NAT 路由器 Router3 相关配置:

```
Router3(config)# interface FastEthernet0/0
Router3(config-if)# ip address 192.168.2.1 255.255.255.0
Router3(config-if)# ip nat inside
Router3(config)# interface FastEthernet0/1
Router3(config-if)# ip address 172.16.2.1 255.255.255.0
Router3(config-if)# ip nat outside
Router3(config)# ip nat outside source static 172.16.1.1 192.168.3.111
Router3(config)# ip route 192.168.1.0 255.255.255.0 192.168.2.2
Router3(config)# ip route 172.16.1.0 255.255.255.0 172.16.2.2
```

使用 ip nat outside source 关键字配置命令,根据思科官方文档解释完成两种转换:在从外网到内网时,转换 IP 包的源地址;在从内网到外网时,转换 IP 包的目的地址。

(1) 外网主机为了隐藏外部全局地址典型应用。

以图 5.9 为例,当外网主机 PC2,发起 ping 通信到内网主机 laptop0,源地址为外网主机的外部全局地址 172.16.1.1,目的地址为内网主机的内部本地地址 192.168.1.1。

当 echo 包经过 NAT 路由器时,完成外部全局地址 172.16.1.1 到外部本地地址 192.168.3.111 源地址转换;当 echo reply 包经过 NAT 路由器时,完成外部本地地址 192.168.3.111 到外部全局地址 172.16.1.1 目的地址转换。

(2) 内网主机访问外网主机暴露在内网的地址获得服务典型应用。

以图 5.9 为例,当内网主机 laptop0,发起 ping 通信到外网主机 laptop0,源地址为内网主机的内部本地地址 172.16.1.1,目的地址为外网主机的内部本地地址 192.168.3.111。

当 echo 包经过 NAT 路由器时,完成外部本地地址 192.168.3.111 到外部全局地址 172.16.1.1 目的地址转换;当 echo reply 包经过 NAT 路由器时,完成外部全局地址 172.16.1.1 到外部本地地址 192.168.3.111 源地址转换。

以图 5.10 为例根据 NAT 转换的原理,解释内部目的地址 NAT 转换的典型应用。

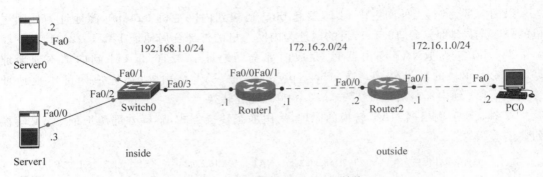

图 5.10　内部目的地址 NAT 转换

NAT 路由器 Router1 相关配置：

```
Router1(config)# interface FastEthernet0/0
Router1(config-if)# ip address 192.168.1.1 255.255.255.0
Router1(config-if)# ip nat inside
Router1(config)# interface FastEthernet0/1
Router1(config-if)# ip address 172.16.2.1 255.255.255.0
Router1(config-if)# ip nat outside
Router1(config)# ip nat pool test 192.168.1.2 192.168.1.3 netmask 255.255.255.0 type rotary
Router1(config)# access-list 1 permit 10.1.1.1
Router1(config)# ip nat inside destination list 1 pool test
```

使用 ip nat inside destination 关键字配置命令，根据思科官方文档解释完成两种转换：在从外网到内网时，转换 IP 包的目的地址；在从内网到外网时，转换 IP 包的源地址。

(3) 实现 TCP 流量负载均衡典型应用。

以图 5.10 为例，当外网主机 PC0，发起 TCP 通信到虚拟服务器，源地址为外网主机的外部全局地址 172.16.1.2，目的地址为内网实际服务器群暴露在外网的内部全局地址 10.1.1.1。

当 TCP 包经过 NAT 路由器时，完成外部全局地址 10.1.1.1 到外部本地地址目的地址转换，由于转换的地址池设置为 rotary 循环类型，每次分配的目的地址依次会发生变化，可能为 192.168.1.2，192.168.1.3，实现 TCP 流量负载均衡；当 TCP 返回包经过 NAT 路由器时，完成实际外部本地地址(192.168.1.2 或者 192.168.1.3)到外部全局地址 10.1.1.1 源地址转换。

注意：只有 TCP 流量才会转换，ping 流量是不会触发 NAT 的 Destination 转换的。
nat pool 一定要设置 type 为 rotary。

5.3　实验练习

实验拓扑结构图如图 5.11 所示。
路由器配置步骤如下。

(1) ACL 配置。在 Router1 上，创建标准 ACL，只允许来自网络 175.10.1.0 的数据包被转发，其余的数据包都将被阻止；将 ACL 绑定到 Serial0 的入口上。

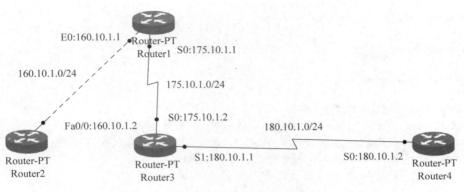

图 5.11 综合实验拓扑结构图

```
Router1(config)#access-list 1 permit 175.10.1.0 0.0.0.255
Router1(config)#interface serial0
Router1(config-if)#ip access-group 1 in
```

在 Router1 上,创建扩展 ACL,只允许来自 Router3 的 Telnet 服务,允许来自 Router4 的 ping 命令;移除以前的访问控制列表,将新创建的扩展 ACL 绑定到 Serial0 的入口上。

```
Router1(config)#access-list 100 permit tcp host 175.10.1.2 any eq telnet
Router1(config)#access-list 100 permit icmp host 180.10.1.2 any
Router1(config)#interface serial0
Router1(config-if)#no ip access-group 1 in
Router1(config-if)#ip access-group 100 in
```

通过从 Router3 和 Router4 ping 与 telnet 到 Router2 测试访问控制列表 100。Router3 (175.10.1.2)应该能够 telnet 到 Router2,而不能 ping 通 Router2。Router4(180.10.1.2) 应该能 ping 通 Router2,而不能 telnet 到 Router2。

```
Router3#ping 160.10.1.2
Router3#telnet 160.10.1.2

Router4#ping 160.10.1.2
Router4#telnet 160.10.1.2
```

(2) NAT 配置。在 Router1 上,配置静态 NAT 映射,配置 NAT 内部接口,配置 NAT 外部接口,查看 NAT 表;配置 PAT。

```
Router1(config)#ip nat inside source static 160.10.1.2 175.10.1.3
Router1(config)#interface ethernet0
Router1(config-if)#ip address 160.10.1.1 255.255.255.0
Router1(config-if)#ip nat inside
Router1(config-if)#interface serial0
Router1(config-if)#ip address 175.10.1.1 255.255.255.0
Router1(config-if)#ip nat outside
```

```
Router1(config-if)#no shut

Router2#telnet 175.10.1.2

Router3#show users

Router1#show ip nat translations
Router1(config)#no ip nat inside source static 160.10.1.2 175.10.1.3
Router1(config)#ip nat pool pool1 175.10.1.50 175.10.1.100 netmask 255.255.255.0
Router1(config)#ip nat inside source list 1 pool pool1
Router1(config)#access-list 1 permit 160.10.1.0 0.0.0.255

Router2#telnet 175.10.1.2

Router3#show users

Router1#show ip nat translations
Router1(config)#ip nat inside source list 1 interface serial0 overload
Router1(config)#interface Ethernet 0
Router1(config-if)#ip address 160.10.1.1 255.255.255.0
Router1(config-if)#ip nat inside
Router1(config-if)#interface serial 0
Router1(config-if)#ip address 175.10.1.1 255.255.255.0
Router1(config-if)#ip nat outside
Router1(config-if)#exit
Router1(config)#access-list 1 permit 160.10.1.0 0.0.0.255

Router2#telnet 175.10.1.2

Router3#show users

Router1#show ip nat translations
```

习　　题

1. 写出路由器配置，拓扑结构图如图 5.12 所示，完成如下配置要求。

(1) 在 Router1 上创建标准 ACL，只允许来自网络 172.16.1.0 的数据包被转发，其余的数据包都将被阻止；将 ACL 绑定到 Ethernet0 的入口上。

(2) 在 Router1 上创建扩展 ACL，只允许来自 Router3 的 ping 命令，允许来自 Router4 的 Telnet 服务；移除以前的访问控制列表，将新创建的扩展 ACL 绑定到 Ethernet0 的入口上。

(3) 通过从 Router3 和 Router4 ping 与 telnet 到 Router2 测试访问控制列表，分别记录 ping 和 telnet 运行效果。

(4) 在 Router1 上移除 Ethernet0 上的扩展 ACL。

(5) 在 Router1 上配置 Router2 的 Serial0 地址 10.1.1.2 静态转换为 172.16.1.3 和内

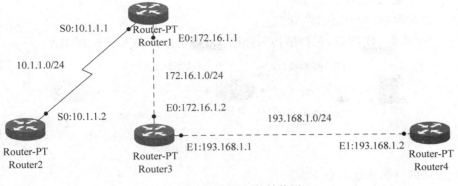

图 5.12　习题 1 拓扑结构图

外部接口。

（6）通过从 Router2 Telnet Router3 测试静态转换，一旦进入 Router3，在 Router3 上查看连接的用户信息。

（7）在 Router1 上显示 NAT 转换表。

（8）在 Router2 上中断到 Router3 的 Telnet 会话。

（9）在 Router1 上移除以前的静态 NAT 命令，配置 NAT 转换 Router2 的 Serial0 地址为动态分配的地址，动态分配范围为 172.16.1.50～172.16.1.100，子网掩码为 255.255.255.0。

（10）通过从 Router2 Telnet Router3 测试动态转换，一旦进入 Router3，在 Router3 上查看连接的用户信息。

（11）在 Router1 上显示 NAT 转换表。

（12）在 Router1 移除以前 NAT 命令，配置 NAT 复用（PAT）转换 Router2 的 Serial0 地址为 Ethernet0 接口地址。

（13）在 Router1 上显示 NAT 转换表。

（14）通过从 Router2 Telnet Router3 测试 PAT 转换，一旦进入 Router3，在 Router3 上查看连接的用户信息。

2. 写出路由器 R1 配置，拓扑结构图如图 5.13 所示，完成如下配置要求。

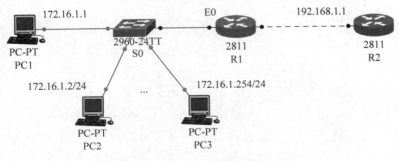

图 5.13　ACL 拓扑结构图

（1）拒绝 172.16.1.1 主机访问路由器 R2 的 Telnet 服务。

（2）拒绝 172.16.1.0/24 网段主机 ping 路由器 R2。

(3) 允许其他 IP 通信。
(4) 在以太网接口 0 应用该 ACL。
3. 写出路由器 R1 配置，拓扑结构图如图 5.14 所示，完成如下配置要求。

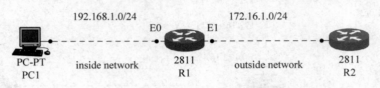

图 5.14　NAT 拓扑结构图

(1) 实现内网源地址动态 NAT。
(2) 内网源地址为子网全部地址。
(3) 外网地址池范围为 172.168.1.2～172.168.1.253。

第 6 章　动态路由协议

本章学习目标

- 掌握 RIP 协议配置方法。
- 掌握 OSPF 协议配置方法。
- 掌握 EIGRP 协议配置方法。

6.1　RIP 协议配置

6.1.1　RIP 协议概述

路由信息协议(Routing information Protocol,RIP)是应用较早、使用较普遍的内部网关协议,适用于小型网络,是典型的距离向量协议。RIP 是一种在网关与主机之间交换路由选择信息的标准。作为形成网络的每一个自治系统,都有属于自己的路由选择技术,不同的 AS 系统,路由选择技术也不同。作为一种内部网关协议,路由选择协议应用于 AS 系统。连接 AS 系统有专门的协议,最早的这样的协议是外部网关协议。RIP 主要用来在大小适度的网络中工作,通过速度变化不大的接线连接,RIP 比较适用于简单的校园网和区域网,但并不适用于复杂的大规模网络。

RIP2 由 RIP 而来,属于 RIP 协议的补充协议,主要用于扩大 RIP 信息装载的有用信息的数量,同时增加其安全性能。RIP2 是基于 UDP 的协议。RIP 提供跳跃计数(Hop Count)作为尺度来衡量路由距离,跳跃计数是一个包到达目标所必须经过的路由器的数目。如果到相同目标有两个不等速或不同带宽的路由器,但跳跃计数相同,则 RIP 认为两个路由是等距离的。RIP 最多支持的跳数为 15,即在源和目的网间所要经过的最多路由器的数目为 15,跳数 16 表示不可达。RIP 进程使用 UDP 的 520 端口来发送和接收 RIP 分组。RIP 分组每隔 30s 以广播的形式发送一次,为了防止出现"广播风暴",其后续的分组将做随机延时后发送。在 RIP 中,如果一个路由在 180s 内未被更新,则相应的距离就被设定成无穷大,并从路由表中删除该表项。

RIP 有以下一些主要特性。

(1) RIP 属于典型的距离向量路由选择协议。

(2) RIP 消息通过广播地址 255.255.255.255 进行发送,使用 UDP 协议的 520 端口。

(3) RIP 以到达目的网络的最小跳数作为路由选择度量标准,而不是在链路的带宽和延迟的基础上进行选择。

(4) RIP 是为小型网络设计的。它的跳数计数限制为 15 跳，16 跳为不可到达。

(5) RIP1 是一种有类路由协议，不支持不连续子网设计。RIP2 支持 CIDR 及 VLSM 可变长子网掩码，使其支持不连续子网设计。

(6) RIP 周期进行路由更新，将路由表广播给邻居路由器，广播周期默认为 30s。

(7) RIP 的管理距离为 120。

RIP1 提出较早，它有许多缺陷。为了改善 RIP1 的不足，在 RFC 1388 中提出了改进的 RIP2，并在 RFC 1723 和 RFC 2453 中进行了修订。RIP2 定义了一套有效的改进方案，新的 RIP2 支持子网路由选择，支持 CIDR，支持组播，并提供验证机制。

随着 OSPF 和 IS-IS 的出现，许多人认为 RIP 已经过时了。但事实上 RIP 也有它自己的优点。对于小型网络，RIP 就所占带宽而言开销小，易于配置、管理和实现，RIP 还在大量使用中。但 RIP 也有明显的不足，即当有多个网络时会出现环路问题。为了解决环路问题，IETF 提出了分割范围方法，即路由器不可以通过它得知路由的接口去宣告路由。分割范围解决了两个路由器之间的路由环路问题，但不能防止 3 个或多个路由器形成路由环路。触发更新是解决环路问题的另一方法，它要求路由器在链路发生变化时立即传输它的路由表。这加速了网络的聚合，但容易产生广播泛滥。总之，环路问题的解决需要消耗一定的时间和带宽。

在最初开发 RIP 的时候就发现环路的问题，所以已经在 RIPv1 和 RIPv2 中集成了几种防止环路的方式。

(1) 最大跳数：当一个路由条目作为副本发送出去的时候就会自加 1 跳，那么最大加到 16 跳，到 16 跳就已经被视为最大跳数不可达了。

(2) 水平分割：路由器不会把从某个接口学习到的路由再从该接口广播回去或者以组播的方式发送回去。

(3) 带毒性逆转的水平分割：路由器从某些接口学习到的路由有可能从该接口反发送出去，只是这些路由已经具有毒性，即跳数都被加到了 16 跳。

(4) 抑制定时器：当路由表中的某个条目所指网络消失时，路由器并不会立刻删除该条目和学习新条目，而是严格按照计时器时间先将条目设置为无效，然后挂起，在 240s 时才删除该条目，这么做其实是为了尽可能地给予一个时间，等待发生改变的网络恢复。

(5) 触发更新：因网络拓扑发生变化导致路由表发生改变时，路由器立刻产生更新通告直连邻居，不再需要等待 30s 的更新周期，这样做是为了尽可能地将网络拓扑的改变通告给其他人。

RIP1 作为距离矢量路由协议，具有与 D-V 算法有关的所有限制，如慢收敛、易于产生路由环路和广播更新占用带宽过多等；RIP1 作为一个有类别路由协议，更新消息中是不携带子网掩码，这意味着它在主网边界上自动聚合，不支持 VLSM 和 CIDR；同样，RIP1 作为一个较老的协议，不提供认证功能，这可能会产生潜在的危险性。总之，简单性是 RIP1 广泛使用的原因之一，但简单性带来的一些问题，也是 RIP 故障处理中必须关注的。

RIP 在不断地发展完善过程中，又出现了第二个版本：RIP2。与 RIP1 最大的不同是 RIP2 为一个无类别路由协议，其更新消息中携带子网掩码，它支持 VLSM、CIDR、认证和多播。目前这两个版本都在广泛应用，两者之间的差别导致的问题在 RIP 故障处理时需要特别注意。

RIP 有 RIP1 和 RIP2 两个版本,需要注意的是,RIP2 不是 RIP1 的替代,而是 RIP1 功能的扩展。例如,RIP2 更好地利用原来 RIP1 分组中必须为零的域来增加功能,不仅支持可变长子网掩码,也支持路由对象标志。此外,RIP2 还支持明文认证和 MD5 密文认证,确保路由信息的正确。

6.1.2 启用 RIP 协议

为配置 RIP 进程,在全局配置模式下,使用 router rip 命令。为关闭 RIP 路由进程,使用该命令的 no 形式。router rip 命令的格式如下。

```
router rip
no router rip
```

为指定 RIP 路由进程的网络列表,在路由器配置模式下,使用 network 命令。为移除一列表项,使用该命令的 no 形式。network 命令的格式如下,其语法说明见表 6.1。

```
network ip-address
no network ip-address
```

表 6.1 network 命令语法和说明

ip-address	IP 地址

指定的网络号不包含任何子网信息。在路由器上,network 命令使用数没有限制。RIP 路由更新通过该网络的接口发送和接收。RIP 也发送更新到指定网络的接口。如果接口的网络没有指定,该接口将不会在任何 RIP 更新中被通告。

【例 6.1】 在连接网络 10.99.0.0 和 192.168.7.0 的所有接口定义 RIP。

```
Router(config)#router rip
Router(config-router)#network 10.99.0.0
Router(config-router)#network 192.168.7.0
```

6.1.3 单播更新

RIP 通常为广播协议,如果 RIP 路由信息需要通过非广播网传输,则需要设备以便支持 RIP 利用单播通告路由信息更新报文。RIP 单播报文配置是为了减少 RIP 广播流量,因为基本的 RIP 配置都是广播报文的,这样会大大增加 RIP 协议的负载性,所以在一些特定的网络环境下,需要将 RIP 配置成单播报文的形式。

为定义一个与其交换路由信息的邻接路由器,在路由器配置模式下,使用 neighbor 命令。为移除一项,使用该命令的 no 形式。neighbor 命令的格式如下,其语法说明见表 6.2。

```
neighbor ip-address
no neighbor ip-address
```

表 6.2　neighbor 命令语法说明

ip-address	交换路由信息的邻接路由器的 IP 地址

【例 6.2】 RIP 发送路由更新到指定邻居。

```
Router(config)# router rip
Router(config-router)# neighbor 10.108.20.4
```

RIP 中的 neighbor 和 passive-interface 命令。

RIP 路由更新用的是广播地址,在非广播链路上就受到了限制,思科在这两个协议中加入了 neighbor 命令来指定邻居,以单播的方式发送路由更新,更新的目的地址为 neighbor 命令中指定的邻居的 ip 地址。如果在允许广播的链路上配置此命令,则广播和单播更新同时进行,也就是 neighbor 命令会产生一份备份路由更新。

passive-interface 命令是阻止在某个接口上的更新,以便在不必要产生动态路由信息的链路上节约资源。如果这两个命令同时出现在一台路由器上时,passive-interface 接口将停止默认的广播式更新,而单播更新会经过该接口发到 neighbor 命令所指定的邻居上(假设 neighbor 命令指定的邻居和此接口相连),这两个命令是平等的,不存在优先级,只是停止协议默认的更新,允许第三方命令指定的更新。

当在广播网络配置 neighbor 后,进行 rip 调试,发现更新发送两次,配置 passive-interface 后,发现更新只发送一次(由于 neighbor),取消 neighbor 配置后,发现不再更新,取消 passive-interface 后,发现更新只发送一次(默认更新)。

6.1.4　配置计时器

RIP 使用不同种类的定时器来管理它的性能。

(1) 路由更新定时器:用于设置定期路由更新的时间间隔(30s),在这个间隔里路由器发送一个自己路由表的完整副件到所有相邻的路由器。

(2) 路由失效定时器:用于决定一个时间长度,即路由器在认定一个路由成为无效路由之前所需要等待的时间(180s)。如果路由器在此期间内没有得到关于某个指定路由的任何更新消息,它将认为这个路由失效。当这一情况发生时,这个路由器会给它所有的邻居发送一个更新消息,通知它们这个路由已经失效。

(3) 保持失效定时器:用于设置路由信息被抑制的时间数量。当指示某个路由为不可达的更新数据包被接收到时,路由器会进入保持失效状态。这个状态将一直持续到一个带有更好度量的更新数据包被接收到,或者这个保持失效定时器到期。它的默认取值为 180s。

(4) 路由清除定时器:用于设置某个路由成为无效路由并将它从路由表中删除的时间间隔(240s)。在将它从表中删除前,路由器会通告它的邻居这个路由即将消亡。路由失效定时器的值必须要小于路由器清除定时器的值。这就为路由器提供足够的时间在本地路由表更新前通告它的邻居有关这一无效路由的情况。

为调整 RIP 网络定时器,在路由器配置模式,使用 timers basic 命令。为恢复默认定时器,使用该命令的 no 形式。timers basic 命令的格式如下,其语法说明见表 6.3。

```
timers basic update invalid holddown flush
no timers basic
```

表 6.3 timers basic 命令语法说明

update	更新发送的时间间隔,单位为秒,默认为 30s
invalid	路由被宣布为失效前的时间间隔,单位为秒,默认为 180s
holddown	关于更新路由信息被抑制的时间间隔,单位为秒,默认为 180s
flush	路由被从路由表中删除前必经的时间量,单位为秒,默认为 240s

【例 6.3】 设置每 5s 广播更新。如果某台路由器在 15s 内没有得到关于它的信息,该路由被宣布为不可用。其后信息再被抑制 15s。在抑制期结束时,路由从路由表中清除。

```
Router(config)#router rip
Router(config-router)#timers basic 5 15 15 30
```

6.1.5 配置最大路径数

为控制 IP 路由协议能支持并行路由的最大数,在路由器配置模式下,使用 maximum-paths 命令。为恢复并行路由的默认值,使用该命令的 no 形式。使用 maximum-paths 命令的格式如下,其语法说明见表 6.4。

```
maximum-paths number-paths
no maximum-paths
```

表 6.4 maximum-paths 命令语法说明

number-paths	一个 IP 路由协议安装在路由表中的并行路由的最大数

【例 6.4】 为 RIP 路由进程配置并行路由最大值为 16。

```
Router(config)#router rip
Router(config-router)#maximum-paths 16
```

6.1.6 配置 RIP 协议版本

为指定路由器全局使用的 RIP 版本,在路由器配置模式下,使用 version 命令。为恢复默认值,使用该命令的 no 形式。version 命令的格式如下,其语法说明见表 6.5。

```
version{1 | 2}
no version
```

表 6.5 version 命令语法说明

1	指定 RIP 版本 1
2	指定 RIP 版本 2

【例 6.5】 发送和接收 RIP 版本 2 的数据包。

```
Router(config-router)#version 2
```

为指定在一个接口上发送 RIP 版本,在接口配置模式下,使用 ip rip send version 命令。为按照全局 version 规则,使用该命令的 no 形式。ip rip send version 命令的格式如下,其语法说明见表 6.6。

```
ip rip send version [1] [2]
no ip rip send version
```

表 6.6　ip rip send version 命令语法说明

1	(可选项)只发送 RIP 版本 1 数据包出接口
2	(可选项)只发送 RIP 版本 2 数据包出接口

【例 6.6】 配置接口发送 RIP 版本 1 和版本 2 数据包出接口。

```
Router(config-if)#ip rip send version 1 2
```

【例 6.7】 配置接口只发送 RIP 版本 2 数据包出接口。

```
Router(config-if)#ip rip send version 2
```

为指定在一个接口上接收 RIP 版本,在接口配置模式下,使用 ip rip receive version 命令。为按照全局 version 规则,使用该命令的 no 形式。ip rip receive version 命令的格式如下,其语法说明见表 6.7。

```
ip rip receive version [1] [2]
no ip rip receive version
```

表 6.7　ip rip receive version 命令语法说明

1	(可选项)在接口上只接收 RIP 版本 1 数据包
2	(可选项)在接口上只接收 RIP 版本 2 数据包

【例 6.8】 配置接口接收 RIP 版本 1 和版本 2 数据包。

```
Router(config-if)#ip rip receive version 1 2
```

【例 6.9】 配置接口只接收 RIP 版本 1 数据包。

```
Router(config-if)#ip rip receive version 1
```

6.1.7 配置 RIP 协议认证

RIPv1 不支持认证,如果设备配置 RIPv2 路由协议,可以在相应的接口配置认证,RIP 认证分明文认证和 MD5 加密认证两种类型。这两种认证模式的工作方式完全相同,只是 MD5 发送的是消息摘要,而不是认证密钥本身。明文认证在线路上发送认证密钥本身。 MD5 消息摘要是由密钥和消息产生的,而密钥本身并不发送,以防止在其传输过程中被窃取。需要交换路由更新的路由器之间的认证模式和密钥必须一致。

传统的 RIP 配置是没有认证的,对于 RIP 路由的安全性是没有安全可言的,但是 RIPv2 版本支持对邻居设备的路由进行认证,对路由设备的路由起到安全保护,只有通过认证的用户才能与邻近设备交换路由信息,对于没有通过 RIP 认证的邻居设备是不会交换路由信息的,正因为如此,RIPv2 路由协议的安全性大大得到了提高。对于网络安全性要求不高的网络,或同一管理网络就不需要 RIP 进行认证配置,因为认证会增加设备的处理性能消耗。

为启用 RIP 版本 2 数据包认证,在接口上指定使用的密钥集合,在接口配置模式下,使用 ip rip authentication key-chain 命令。为阻止认证,使用该命令的 no 形式。ip rip authentication key-chain 命令的格式如下,其语法说明见表 6.8。

```
ip rip authentication key-chain name-of-chain
no ip rip authentication key-chain[name-of-chain]
```

表 6.8 ip rip authentication key-chain 命令语法说明

name-of-chain	启用认证,指定有效的密钥组

【例 6.10】 配置接口接收和发送属于名为 trees 的密钥链的密钥。

```
Router(config-if)#ip rip authentication key-chain trees
```

为指定在 RIP 版本 2 数据包中使用的认证类型,在接口配置模式下,使用 ip rip authentication mode 命令。为恢复明文认证,使用该命令的 no 形式。ip rip authentication mode 命令的格式如下,其语法说明见表 6.9。

```
ip rip authentication mode{text | md5}
no ip rip authentication mode
```

表 6.9 ip rip authentication mode 命令语法说明

text	明文认证
md5	信息摘要 5(MD5)认证

【例 6.11】 配置接口使用 MD5 认证。

```
Router(config-if)#ip rip authentication mode md5
```

配置一个密钥链,一个用来验证路由协议身份的身份验证"密钥"或口令的列表。为启用路由协议的认证,指定认证密钥组,在全局配置模式下,使用 key chain 命令。为移除密钥链,使用该命令的 no 形式。key chain 命令的格式如下,其语法说明见表 6.10。

```
key chain name-of-chain
no key chain name-of-chain
```

表 6.10　key chain 命令语法说明

name-of-chain	密钥链的名称

为在密钥链上指定一个认证密钥,在密钥链配置模式下,使用 key 命令。为从密钥链移除一个密钥,使用该命令的 no 形式。key 命令的格式如下,其语法说明见表 6.11。

```
key key-id
no key key-id
```

表 6.11　key 命令语法说明

key-id	密钥链上认证密钥的标识号

为一个密钥指定认证字符串,在密钥链密钥配置模式下,使用 key-string 命令。为移除认证字符串,使用该命令的 no 形式。key-string 命令的格式如下,其语法说明见表 6.12。

```
key-string text
no key-string text
```

表 6.12　key-string 命令语法说明

text	认证路由协议包中的认证字符串

为设置在密钥链上接收的认证密钥的有效时间,在密钥链密钥配置模式下,使用 accept-lifetime 命令。为恢复到默认值,使用该命令的 no 形式。accept-lifetime 命令的格式如下,其语法说明见表 6.13。

```
accept-lifetime start-time {infinite | end-time | duration seconds}
no accept-lifetime [start-time {infinite | end-time | duration seconds}]
```

表 6.13　accept-lifetime 命令语法说明

start-time	由 key 命令指定的密钥有效被接收的起始时间,语法如下: hh:mm:ss Month date year hh:mm:ss date Month year 默认起始时间和最早可接收的日期是 1993 年 1 月 1 日
infinite	从 start-time 开始接收的密钥一直是有效的

续表

end-time	从 *start-time* 到 *end-time* 接收的密钥是有效的,语法与 *start-time* 相同。*end-time* 必须在 *start-time* 之后,默认终止时间是无限时间
duration *seconds*	接收密钥是有效的时间长度,单位为秒

为设置在密钥链上发送的认证密钥的有效时间,在密钥链密钥配置模式下,使用 send-lifetime 命令。为恢复到默认值,使用该命令的 no 形式。send-lifetime 命令的格式如下,其语法说明如表 6.14 所示。

```
send-lifetime start-time {infinite | end-time | duration seconds}
no send-lifetime [start-time {infinite | end-time | duration seconds}]
```

表 6.14 send-lifetime 命令语法说明

start-time	由 key 命令指定的密钥有效被发送的起始时间,语法如下: hh:mm:ss Month date year hh:mm:ss date Month year 默认起始时间和最早可接收的日期是 1993 年 1 月 1 日
infinite	从 *start-time* 开始被发送的密钥一直是有效的
end-time	从 *start-time* 到 *end-time* 被发送的密钥是有效的,语法与 *start-time* 相同。*end-time* 必须在 *start-time* 之后,默认终止时间是无限时间
duration *seconds*	被发送的密钥是有效的时间长度,单位为秒

【例 6.12】 配置密钥链,名为 chain1。名为 key1 的密钥将从下午 1:30 到 3:30 被接收,从下午 2:00 到 3:30 被发送。名为 key2 的密钥将从下午 2:30 到 4:30 被接收,从下午 3:00 到 4:00 被发送。重叠是为允许密钥的迁移或路由器时间设置的差异。在每一边上有 30min 余地处理时间不一致。

```
Router(config)#interface ethernet 0
Router(config-if)#ip rip authentication key-chain chain1
Router(config-if)#ip rip authentication mode md5
Router(config-if)#exit
Router(config)#router rip
Router(config-router)#network 172.19.0.0
Router(config-router)#version 2
Router(config-router)#exit
Router(config)#key chain chain1
Router(config-keychain)#key 1
Router(config-keychain-key)#key-string key1
Router(config-keychain-key)#accept-lifetime 13:30:00 Jan 25 1996 duration 7200
Router(config-keychain-key)#send-lifetime 14:00:00 Jan 25 1996 duration 3600
Router(config-keychain)#key 2
Router(config-keychain-key)#key-string key2
Router(config-keychain-key)#accept-lifetime 14:30:00 Jan 25 1996 duration 7200
Router(config-keychain-key)#send-lifetime 15:00:00 Jan 25 1996 duration 3600
```

RIPv2 协议认证的密钥判断过程如下。

(1) 明文认证。RIP 配置认证是在接口上进行的，首先选择认证方式，然后指定所使用的钥匙链。R1 上的明文认证配置如下，R2 参照即可。

```
interface Serial1/1
ip rip authentication mode text                        //指定明文认证，明文认证是默认值，可以不配置
ip rip authentication key-chain rip-key-chain          //指定所使用的钥匙链
key chain rip-key-chain                                //配置钥匙链
key 1
key-string cisco                                       //配置密钥
```

RIP 是距离向量路由协议，不需要建立邻居关系，其认证是单向的，即 R1 认证了 R2 时 (R2 是被认证方)，R1 就接收 R2 发送来的路由；反之，如果 R1 没认证 R2 时 (R2 是被认证方)，R1 将不能接收 R2 发送来的路由；R1 认证了 R2(R2 是被认证方) 不代表 R2 认证了 R1(R1 是被认证方)。明文认证时，被认证方发送 key chian 时，发送最低 ID 值的 key，并且不携带 ID；认证方接收到 key 后，和自己 key chain 的全部 key 进行比较，只要有一个 key 匹配就通过对被认证方的认证。R1 和 R2 的钥匙链配置如表 6.15 所示时，R1 和 R2 的路由更新如表 6.15 所示中的规律。

表 6.15 RIP 明文认证结果

R1 的 key chain	R2 的 key chain	R1 是否可以接收路由	R2 是否可以接收路由
key 1=cisco	key 2=cisco	可以	可以
key 1=cisco	key 2=cisco key 1=abcde	无	可以
key 1=cisco key 2=abcde	key 2=cisco key 1=abcde	可以	可以

(2) 密文认证。RIP 的密文认证和明文认证配置非常类似，只需要在指定认证方式为 MD5 认证即可。R1 上的密文认证配置如下，R2 参照即可。

```
interface Serial1/1
ip rip authentication mode md5                         //指定密文认证
ip rip authentication key-chain rip-key-chain          //指定所使用的钥匙链
key chain rip-key-chain                                //配置钥匙链
key 1
key-string cisco
```

同样，RIP 的密文认证也是单向的，然而此时被认证方发送 key 时，发送最低 ID 值的 key，并且携带了 ID；认证方接收到 key 后，首先在自己 key chain 中查找是否具有相同 ID 的 key，如果有相同 ID 的 key 并且 key 相同就通过认证，key 值不同就不通过认证。如果没有相同 ID 的 key，就查找该 ID 往后的最近 ID 的 key；如果没有往后的 ID，认证失败。采用密文认证时，R1 和 R2 的钥匙链配置如表 6.16 所示时，R1 和 R2 的路由更新如表 6.16 所示中的规律。

表 6.16　RIP 密文认证结果

R1 的 key chain	R2 的 key chain	R1 是否可以接收路由	R2 是否可以接收路由
key 1＝cisco	key 2＝cisco	不可以	可以
key 1＝cisco	key 2＝cisco key 1＝abcde	不可以	不可以
key 1＝cisco key 5＝cisco	key 2＝cisco	可以	可以
key 1＝cisco key 3＝abcde key 5＝cisco	key 2＝cisco	不可以	可以

6.1.8　水平分割

首先要注意大部分情况下，坚决不建议禁用水平分割。大部分情况下，水平分割自动避免了路由环路。不过，对于在一个物理端口上有多个 VC 的 WAN 链路，水平分割可能会不适合。例如，假设一个串行端口有 4 个帧中继 VC，并且有 4 个网络使用这个端口。使用水平分割时，在串行链路所有 VC 上接收的更新都不会被转发给另一条 VC，这是由水平分割的规则决定的。IOS 在帧中继上，对所有的 LAN 端口，水平分割是默认启用的。对于 HDLC 和 PPP 端口，水平分割默认为启用。帧中继的水平分割默认设置如下。

(1) 如果没有定义子接口，水平分割是禁用的。

(2) 对于点到点子接口，水平分割是启用的。

(3) 对于多点子接口，水平分割是禁用的。

注意：水平分割在点到点子接口是启用的。这种情况下，RIP 水平分割把每个子接口当成是一个单独的端口。换言之，如果在 S0/0.1 上接收到路由，将不会把它再广播到 S0/0.1 上，但是会广播到 S0/0.2 上。对于没有子接口的接口，如果只有一个 VC 被分配给接口，那么最好在那个接口上启用水平分割。如果多个 VC 被分配给接口，那么有以下 3 种选择。

(1) 启用水平分割，静态配置不被传播的路由。

(2) 禁用水平分割，使用访问列表把可能导致环路的路由过滤掉。

(3) 重新配置路由器，以使用子接口。

第一种方法需要确定哪些路由没有从一个 VC 传播到另一个 VC，然后给路由器静态添加这些路由。例如，在如图 6.1 所示的网络中，需要给 Router0 的路由表静态添加到 192.168.2.0 和 172.17.0.0 网络的路由，给 Router2 的路由表静态添加到 192.168.1.0 和 172.16.0.0 网络的路由。添加这些路由的原因是两个 VC 都进入 S0/0 端口，而 Router1 不会把路由从 S0/0 端口向回传播出去（或者传播的路由度量无效）。这些方法显然只有在小型网络中才适用。如果需要添加大量静态路由，那么 RIP 就没有意义了。

第二种方法禁用水平分割，并加入访问列表语句，把进入每个远端路由器的更新报文中坏的路由过滤掉。在每个远端路由器上，要给路由器直接连接的每个网络增加一个过滤器。例如，在前面的例子中，需要在 Router0 上过滤掉到 192.168.1.0 和 172.16.0.0 网络的路由更新，以防止这些网络的虚假路由进入 Router0 的路由表。

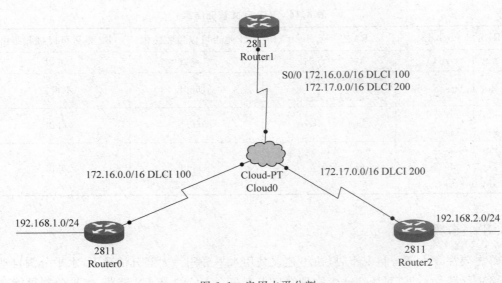

图 6.1 启用水平分割

注意：如果正在使用多点子端口，则设置路由过滤来防止路由环路的产生几乎是必不可少的。

最后一种解决方法只需要重新配置路由器来给每个 VC 设置子端口。这种方法通常是最简单的。

为启用水平分割机制，在接口配置模式下，使用 ip split-horizon 命令。为禁用水平分割机制，使用该命令的 no 形式。ip split-horizon 命令的格式如下。

```
ip split-horizon
no ip split-horizon
```

【例 6.13】 在连接到帧中继网络的串行链路上禁用水平分割。

```
Router(config)# interface serial 0
Router(config-if)# encapsulation frame-relay
Router(config-if)# no ip split-horizon
```

6.1.9 配置路由汇总

RIPv2 中，如果路由满足自动汇总的条件，就会被自动汇总为整个有类网络地址。基本自动汇总条件如下：如果某个端口上被公告的一条路由与端口的基于类的网络地址不同，那么被公告的网络的所有子网将作为一个表项（整个基于类的网络）被公告。

换言之，如果要在 IP 地址为 172.31.1.1/20 的端口上发送一个包含网络 172.16.64.0/18 和 172.16.128.0/18 的更新报文，则公告的网络是 172.16.0.0/16，而不是每个子网的路由。如果网络拓扑是一个复杂的基于 VLSM 的拓扑，则这个特性可能导致问题；但如果不是这样的拓扑，那么自动汇总将大大减少需要被公告以及在路由表中存放的路由数。

不过，如果网络拓扑是一个复杂的基于 VLSM 的拓扑，仍然可以获得汇总的好处。使用 IOS 12.1 或者更新的版本,现在 Cisco 路由器上的 RIP 可以支持有一定限制的路由聚合,可以手工汇总网络。

在图 6.2 的例子中,RIP 的默认设置将从 Router0 到 Router1 的路由自动汇总为 172.16.0.0/16。可是 Router0 并不包含 172.16.0.0/16 网络中的所有子网。这种情况下,路由器会把所有到 172.16.0.0/16 网络的报文给另一个路由器(当然,除了传到与路由器直接连接的子网的那些报文,因为路由器总是选择最明确的路由)。但是如果再增加一个路由器就会有问题,如图 6.3 所示。

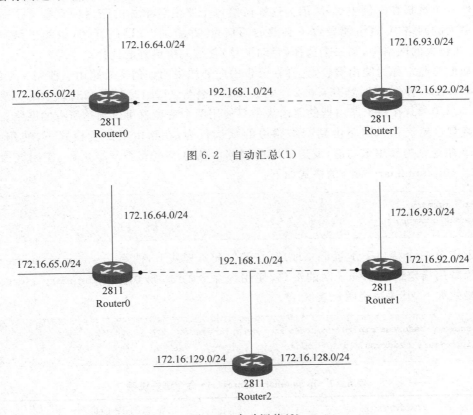

图 6.2　自动汇总(1)

图 6.3　自动汇总(2)

这种情况下,使用默认设置,Router0、Router1 和 Router2 都会公告一条度量为 1 的到 172.16.0.0/16 网络的自动汇总路由。默认情况下,到每个网络允许有 4 条等代价的路径,因此在 Router0 上,会有两个到 172.16.0.0/16 网络的表项:一个经过 Router1,一个经过 Router2。Router0 会在这两条路由之间平衡负载,即如果发送到 172.16.128.1 去的报文,报文成功到达目标的概率将是 50%;实际上,所有报文可能都会到达目标,不过要花费更长的时间,使用更多的带宽。

首先,假设 172.16.64.0/24 上的一个用户要发送到 172.16.128.1 的报文。它发送报文到 Router0,Router0 查表后,假设在两条路由中选择了到 Router1 的路由,于是发送报文到 Router1。Router1 接收报文,查表,发现只有 172.16.0.0/16 表项与之匹配,它有两个到 172.16.0.0/16 的表项(一个来自 Router0,一个来自 Router2)。所以,它在两条路由中选择,假设把报文又转发到了 Router0。现在,假设在此期间没有别的报文经过 Router0 到 172.16.0.0/16 网络,Router0 就会把报文发给 Router2,由 Router2 将把报文送到最终的目的地。

虽然这样还可以工作,但是显然并不理想。并且网络更大的话,将会有更多 172.16.0.0/16 网络的子网,这个小问题影响就会更大(可能会使报文 TTL 减到 0)。所以这样的配置显然不好。

为了解决这个问题,有两个选择。第一个是彻底禁用自动汇总,让路由器公告每一个子网。虽然这个选择在本例中很好(因为这样做给每个路由表增加的路由项只有 4 个),但是在一个更大的网络中,这可能导致不必要的通信量,并增加 CPU 的开销(依赖于路由表的大小)。在较大的网络中,第二个选择(手动汇总)会是一个更好的选择。

手动汇总通常称为路由聚合,允许在公告中向邻居说明如何汇总路由。使用手工汇总,可以从 Router0 公告 172.16.64.0/23,从 Router1 公告 172.16.92.0/23,从 Router2 公告 172.16.128.0/23,在每个路由器的路由表中只使用两个表项就可以到达所有的网络。

为恢复自动汇总子网路由到网络路由的默认行为,在路由器配置模式下,使用 auto-summary 命令。为禁用该功能,发送子网前缀路由信息经过有类网络边界,使用该命令的 no 形式。auto-summary 命令的格式如下。

```
auto-summary
no auto-summary
```

为 RIP 在一个接口下配置汇总地址,在接口配置模式下,使用 ip summary-address rip 命令。为禁用指定地址或者子网的汇总,使用该命令的 no 形式。ip summary-address rip 命令的格式如下,其语法说明见表 6.17。

```
ip summary-address rip ip-address ip-network-mask
no ip summary-address rip ip-address ip-network-mask
```

表 6.17 ip summary-address rip 命令语法说明

参数	说明
ip-address	汇总的 IP 地址
ip-network-mask	IP 网络掩码

【例 6.14】 为 Router0 接口 E0/0 配置路由汇总地址 172.16.64.0/23。

```
Router0(config-router)#no auto-summary
Router0(config-router)#exit
Router0(config)#interface ethernet 0/0
Router0(config-if)#ip summary-address rip 172.16.64.0 255.255.254.0
```

6.1.10 监视与维护 RIP

为显示路由表的当前 RIP 状态,在用户模式或特权模式下,使用 show ip route rip 命令。

为显示活动路由协议进程的参数和当前状态,在特权模式下,使用 show ip protocols 命令。

为显示 RIP 路由数据库项中的汇总地址项,在特权模式下,使用 show ip rip database 命令。show ip rip database 命令格式如下,其语法说明如表 6.18 所示。

```
show ip rip database [ip-address mask]
```

表 6.18 show ip rip database 命令语法说明

ip-address	(可选项)IP 地址
mask	(可选项)子网掩码

【例 6.15】 显示路由 10.11.0.0/16 的汇总地址项,包括 3 个活动子路由。show ip rip database 字段说明见表 6.19。

```
Router# show ip rip database
10.0.0.0/8        auto-summary
10.11.11.0/24     directly connected, Ethernet2
10.1.0.0/8        auto-summary
10.11.0.0/16      int-summary

10.11.10.0/24     directly connected, Ethernet3
10.11.11.0/24     directly connected, Ethernet4
10.11.12.0/24     directly connected, Ethernet5
```

【例 6.16】 带有可选项的 show ip rip database 命令输出。

```
Router# show ip rip database 172.19.86.0 255.255.255.0
172.19.86.0/24
[1] via 172.19.67.38, 00:00:25, Serial0
[2] via 172.19.70.36, 00:00:14, Serial1
```

表 6.19 show ip rip database 字段说明

字 段	说 明
10.0.0.0/16 auto-summary	汇总地址项
10.11.11.0/24 directly connected, Ethernet0	以太网接口 0 直连项
172.19.65.0/24 [1] via 172.19.70.36, 00:00:17, Serial0 [2] via 172.19.67.38, 00:00:25, Serial1	目的 172.19.65.0/24 经过 RIP 学习到的,有两个源通告它,一个是 172.19.70.36,经过串行接口 0,17 秒前被更新;另一个是 172.19.67.38,经过串行接口 1,25s 前被更新

为显示认证密钥信息,在 EXEC 模式下,使用 show key chain 命令。show key chain 命令的格式如下,其语法说明如表 6.20 所示。

```
show key chain [name-of-chain]
```

表 6.20 show key chain 命令语法说明

name-of-chain	（可选项）密钥链名

【例 6.17】 show key chain 命令输出。

```
Router# show key chain
Key-chain trees:
    key 1 -- text "chestnut"
        accept lifetime (always valid) - (always valid) [valid now]
        send lifetime (always valid) - (always valid) [valid now]
    key 2 -- text "birch"
        accept lifetime (00:00:00 Dec 5 1995) - (23:59:59 Dec 5 1995)
        send lifetime (06:00:00 Dec 5 1995) - (18:00:00 Dec 5 1995)
```

6.2 OSPF 协议配置

6.2.1 OSPF 协议概述

从较高的层次来看，OSPF 的操作并不都是那么复杂。OSPF 基本上是绘出互联网络的全图，然后根据这张图选择代价最低的路径。在 OSPF 中，每台路由器都持有整个网络的全图。如果一条链路发生了故障，OSPF 可以根据这张图很快找到目标网络的另一条路径，并能保证不会出现路由环路。因为 OSPF 知道网络中所有的路径，可以很容易地判断出一条路由是否会导致路由环路。

OSPF 是一个链路状态协议，其操作以网络连接或者链路的状态为基础。在 OSPF 中，计算网络拓扑时最基本的元素是每台路由器中每条链路的状态。通过学习每条链路连接到哪里，OSPF 可以建立一个数据库，记录网络中的所有链路，然后使用最短路径优先算法计算出到每个目标网络的最短路径。由于所有路由器都持有完全相同的网络拓扑图，因此 OSPF 不需要定时发送路由更新信息。OSPF 只在网络拓扑发生变化的情况下才会发送路由更新信息。

由于 OSPF 具有这样的操作特性，因此与距离向量协议相比，OSPF 有许多突出的优点。

(1) 开销减少。OSPF 减去了通过广播进行路由更新的网络开销。OSPF 只在检测到拓扑变化的时候发送路由更新信息，而不是定时发送整个路由表，只在有必要进行更新的时候给路由表发送改变路由的消息，而不是整个路由表。

(2) 支持 VLSM 和 CIDR。OSPF 路由更新中包括子网掩码。

(3) 支持不连续网络。

(4) 支持手工路由汇总。

(5) 收敛时间短。在一个设计合理的 OSPF 网络中，一条链路发生故障之后可以很快达到收敛，因为 OSPF 具有一个包含 OSPF 域中所有路径的完整的拓扑数据库。

(6) 无环拓扑生成。

(7) 跳步数只受路由器资源使用和 IP TTL 的限制。

6.2.2 OSPF 协议基础

学习 OSPF 路由,首先要从自治系统(AS)和区域(Area)这两个概念学起。

(1) 自治系统。自治系统是一组使用相同路由协议交换路由信息的路由器。同一个 AS 中的所有路由器必须相互连接,运行相同的路由协议,通知分配同一个 AS 号。

在 OSPF 网络中,只有在同一个 AS 中的路由器才会相互交换链路状态信息;在同一个 AS 中,所有的 OSPF 路由器都维护一个相同 AS 结构描述的数据库。该数据库中存放的是 AS 中相应链路的状态信息。OSPF 路由器正是通过这个数据库计算出其 OSPF 路由表的。而且 OSPF 可以将一个 AS 分割成多个小的区域,便于网络的拓展,而且每个 OSPF 路由器只在区域内部学习完整的链路状态信息,便于路由更新管理。

默认情况下,在 OSPF AS 中的每个 OSPF 路由器必须在其链路状态数据库(LSDB)中保持有其他每个路由器的链路状态通告(LSA)。这样一来,在较大型的 OSPF 网络中,每个路由器中所保持的 LSDB 都比较大,进行最短路径优先(SPF)运算需要消耗大量的系统资源。同时,所导致的直接后果就是路由表可能非常大,包含了到达 AS 中其他所有网络的路由。

(2) 区域。为了减少 LSDB 的大小,降低 SPF 运算的系统资源开销,减少路由表项数,OSPF 允许 AS 被划分成多个连续网络群组,这就是区域。一个区域就是指 AS 的一部分,也就是说在一个 AS 中可以划分成多个区域。通过使用区域,可将大型网络划分成适合运行 SPF 路由算法的小块。

在 OSPF 路由协议中,每一个区域中的路由器都独立计算网络拓扑结构,区域间的网络结构情况是互不可见的。在每一个区域中的路由器也不会了解外部区域的网络结构。这就意味着每一个区域都有着该区域独立的网络拓扑数据库及网络拓扑图。这样做的好处就是有利于减少网络中 LSA 报文在整个 OSPF 网络范围内的通告。

不同区域是通过一个点分十进制形式的区域 ID 来进行标识的,如 1.1.1.1。但是,一个 ID 仅是一个管理标识符,与 IP 地址没有任何关系。

为了使每个路由器的 LSDB 最小,一个区域中的网络 LSA 报文只向区域内部的路由器泛洪,而不会向区域外的路由器泛洪。每个区域以它自己的 LSDB 构成自己的链路状态域。如果一个路由器连接了多个区域,则它有多个 LSDB 和 SPF 树。它的路由表就是该路由器所有 SPF 树中的路由表项的组合。为了减少 OSPF 路由器路由表中路由条目数量,在区域内部的网络可以使用汇总路由通告(Summary-LSA)向区域外通告,也就是要给多个子网的 LSA 以一个大的网络 LSA 进行通告。

(3) 路由器类型。

① 内部路由器(Internal Router,IR)。一个 OSPF 路由器上所有直连的链路(也就是路由器上的所有接口)都处于同一个区域时(不直接与其他区域相连)。内部路由器上仅仅运行其区域的 OSPF 运算法则,仅生成区域内的路由表项。

② 区域边界路由器(Area Border Router,ABR)。一个路由器有多个接口,其中至少有一个接口与其他区域相连。区域边界路由器的各对应接口运行与其相连区域定义的 OSPF 运算法则,具有相连的每一个区域的网络结构数据库,并且了解如何将该区域的链路状态信息通告至骨干区域,再由骨干区域转发至其余区域。

③ AS 边界路由器(Autonomous System Boundary Router，ASBR)。与 AS 外部的路由器互相交换路由信息的 OSPF 路由器。该路由器在 AS 内部通告其所得到的 AS 外部路由信息，这样 AS 内部的所有路由器都知道 AS 边界路由器的路由信息。AS 边界路由器的定义与其他类型路由器的定义相独立，一个 AS 边界路由器可以是一个区域内部路由器，或是一个区域边界路由器。

④ 骨干路由器(Backbone Router)。骨干路由器是指至少有一个接口定义为属于骨干区域的路由器。任何一个与骨干区域互联的 ABR 或者 ASBR 也将成为骨干路由器。

(4) 指定路由器(DR)和备份指定路由器(BDR)。在一个广播性、多路访问的网络中，如果每个路由器都独立地与其他路由器进行链路状态更新(LSU)交换，以同步各自的 LSDB，将导致巨大的流量增长。为了防止出现这种现象，同时使路由器保存的链路状态信息最少，OSPF 在这类网络上选举出一个指定路由器(DR)和备份指定路由器(BDR)。区域内的其他路由器称为 DR Other。

DR 集中负责一个区域内各路由器间的 LSU 交换和邻接关系建立。由于 OSPF 路由器之间是通过建立邻接关系，及以后的泛洪来进行链路状态数据库同步的，因此 DR 必须与所有同一区域的 OSPF 路由器建立邻接关系(其他路由器间不必建立邻接关系)，负责集中管理、维护和组播下发区域内各路由器发来的链路状态信息。

BDR 用于在 DR 失效后接替 DR 的工作，在 DR 正常工作时，它不担当 DR 的职责。在同一个 OSPF 区域中，每个路由器都和 DR、BDR 相连。

当区域中的路由器有路由更新时，DR Other 路由器不会向其他 DR Other 路由器发送自己的 LSU，而只会向 224.0.0.6 这个组播地址发送，然后由 224.0.0.6 这个地址把 DR Other 发上来的 LSU 组播给 DR/BDR，之后 DR/BDR 都会收到这个 DR Other 的路由更新。在 DR/BDR 收到从 224.0.0.6 发过来的 LSU 后又会把这些 LSU 发给 224.0.0.5 这个组播地址，这时 224.0.0.5 会把 LSU 泛洪到区域内的所有 DR Other 路由器上。这样，区域网络上的所有 DR Other 路由器都会知道这个起源的 DR Other 路由器的路由更新，而不用每个 DR Other 路由器进行 SPF 计算。

DR 是通过接口优先级进行选举，最高优先级的路由器被选为 DR，次高者被选为 BDR；如果接口优先级相同，就按 router-id 进行选举，由最大到次大选举 DR 和 BDR。接口优先级是由 OSPF 协议定义的，可以配置的优先级值在 0～255 之间(默认值为 1，值越大，优先级越高)。但 DR 和 BDR 的选举不支持抢占，也就是一旦选举完成，即使新加入一个优先级更高的设备也不会进行重新选举，只有在 DR 或者 BDR 出现问题的时候才会发生重选。

(5) 骨干(Backbone)区域。OSPF 网络中的区域是以区域 ID 进行标识的，区域 ID 为 0 的区域规定为骨干区域。一个 OSPF 互联网络，无论有没有划分区域，总是至少有一个骨干区域。骨干区域有一个 ID 为 0.0.0.0，也称为区域 0，其主要工作是在其余区域间传递路由信息。

骨干区域作为区域间传递通信和分发路由信息的中心，区域间的通信先被路由到骨干区域，然后再路由到目的区域，最后被路由到目的区域的主机。在骨干区域中的路由器通告它们区域内的汇总路由到骨干区域中的其他路由器。这些汇总通告在区域内路由器泛洪，所以在区域内中的每台路由器都有一个反映在它所在区域内路由可用的路由表，这个路由与 AS 中其他区域的 ABR 汇总通告相对应。

6.2.3 启用 OSPF 协议

为了配置 OSPF,必须在路由器上启动 OSPF 协议,配置路由器的网络地址和区域信息。

为配置 OSPF 路由进程,在全局配置模式下,使用 router ospf 命令。为终止一个 OSPF 路由进程,使用该命令的 no 形式。router ospf 命令的格式如下,其语法说明见表 6.21。

```
router ospf process-id
no router ospf process-id
```

表 6.21 router ospf 命令语法说明

process-id	OSPF 路由进程的标识

为定义运行 OSPF 接口和这些接口的区域 ID,在路由器配置模式下,使用 network area 命令。为使用 ip-address wildcard-mask 命令对定义的接口禁用 OSPF 路由,使用该命令的 no 形式。network area 命令的格式如下,其语法说明见表 6.22。

```
network ip-address wildcard-mask area area-id
no network ip-address wildcard-mask area area-id
```

表 6.22 network area 命令语法说明

ip-address	IP 地址
wildcard-mask	反向掩码
area-id	与 OSPF 地址范围相关联的区域 ID,可以指定为一个十进制数,或者一个 IP 地址。如果一个区域与一个 IP 子网相关联,指定一个子网地址作为 area-id 参数。如果定义的 OSPF 只有单一区域,该值必须为 0 或 0.0.0.0,即定义该区域为主干区域

OSPF 的成功运行需要一个进程 ID 和路由器 ID。路由器 ID 来自于一个活动的接口。如果这个接口失效了,OSPF 进程就无法继续。为了保证 OSPF 的稳定性,配置环回地址作为路由器的 ID。

当 OSPF 进程启动时,Cisco IOS 使用最高的本地 IP 地址作为其 OSPF 路由器的 ID,但如果为环回接口配置了 IP 地址,路由器将会使用该环回接口地址,而不管它的值大小。

使用环回地址作为路由器的 ID 可以确保稳定性,因为该接口不会出现链路失效的情况。要取代最高的接口 IP 地址,该环回接口必须在 OSPF 进程开始之前配置。

在基于 OSPF 的网络中,建议所有的关键路由器都使用环回地址。为了避免路由选择问题,在配置环回地址的时候最好配置一个 32b(位)的子网掩码。

为使用固定路由器 ID,在路由器配置模式下,使用 router-id 命令。为迫使 OSPF 使用以前 OSPF 路由器 ID 行为,使用该命令的 no 形式。router-id 命令的格式如下,其语法说明见表 6.23。

```
router-id ip-address
no router-id ip-address
```

表 6.23 router-id 命令语法说明

ip-address	作为路由器 ID 的 IP 地址

【例 6.18】 初始化 OSPF 路由进程 109，定义 4 个区域：10.9.50.0、2、3 和 0。区域 10.9.50.0、2 和 3 掩码指定地址范围，区域 0 为其他所有网络启用 OSPF，设置路由器 ID。

```
Router(config)#interface ethernet 0
Router(config-if)#ip address 10.108.20.1 255.255.255.0
Router(config)#router ospf 109
Router(config-router)#network 10.108.20.0 0.0.0.255 area 10.9.50.0
Router(config-router)#network 10.108.0.0 0.0.255.255 area 2
Router(config-router)#network 10.109.10.0 0.0.0.255 area 3
Router(config-router)#network 0.0.0.0 255.255.255.255 area 0
//通过环回接口设置路由器 ID
Router(config)#interface loopback 0
Router(config-if)#ip address 192.168.1.1 255.255.255.255
//或者设置固定路由器 ID
Router(config-router)#router-id 192.168.1.1
```

6.2.4 配置接口度量

OSPF 使用成本(Cost)作为决定最佳路由的度量值(Metric)。Cisco 的 IOS 基于接口带宽(Band Width)来自动确定链路成本。成本用以下的公式计算：

$$成本 = 10^8 / 带宽$$

要让 OSPF 能够正确地计算路由，连接到同一条链路上的所有接口必须对链路使用相同的成本。可以对成本进行变更来影响 OSPF 成本计算的结果。最常见的要求成本改变的情况发生在一个存在多厂商设备的路由选择环境中，这是因为要与其他厂家的成本值相等。

基于所使用的技术，链路都有默认的成本值。管理员可以修改一条链路的 OSPF 成本值。OSPF 中的 bandwidth 命令主要用来配置接口的带宽，默认情况下，OSPF 使用 10^8 除以带宽来确定接口的成本，所以修改带宽是修改 OSPF 成本的主要方法。基于带宽的 OSPF 成本如表 6.24 所示。

表 6.24 基于带宽的默认 OSPF 成本

链　　路	成　　本
56kb/s 串行链路	1785
64kb/s 串行链路	1562
T1(1.544Mb/s 串行链路)	64
E1(2.048Mb/s 串行链路)	48
4Mb/s 令牌网	25
10Mb/s 以太网	10
16Mb/s 令牌网	6
100Mb/s 快速以太网	1
ATM	1
FDDI	1
X.25	5208
异步串行链路	10 000

设置 OSPF 接口成本的另一种方式是使用 ip ospf cost 命令,把接口成本设为一个指定的值,不考虑在接口上所配置的带宽。在需要修改 OSPF 对某一个接口的成本,而并不需要修改路由器上运行的其他接口带宽计算成本的其他路由器协议(比如 IGRP 或 EIGRP)使用的度量时,该命令是非常有用的。

为显式指定在一个接口上发送包的成本,在接口配置模式下,使用 ip ospf cost 命令。为重新设置路径成本为默认值,使用该命令的 no 形式。ip ospf cost 命令的格式如下,其语法说明见表 6.25。

```
ip ospf cost interface-cost
no ip ospf cost interface-cost
```

表 6.25 ip ospf cost 命令语法说明

interface-cost	接口成本

【例 6.19】 设置接口成本值为 65。

```
Router(config-if)# ip ospf cost 65
```

6.2.5 配置 OSPF 认证

如果确保路由选择信息来自特定的源,那么网络的安全性就得到加强。OSPF 允许路由器之间互相进行身份验证。在默认的情况下,路由器相信从一台路由器发送过来的路由选择信息,路由器也相信这些信息没有被修改过。为了保证这种信任,在一定区域内的路由器可以配置成互相验证。

身份验证也是针对接口的配置。在路由器中各个 OSPF 的接口上可以指定不同的身份验证密钥,作为同一区域 OSPF 路由器之间的密码。

为分配邻居路由器在 OSPF 明文认证中使用的密码,在接口配置模式下,使用 ip ospf authentication-key 命令。为移除以前分配的 OSPF 密码,使用该命令的 no 形式。ip ospf authentication-key 命令的格式如下,其语法说明见表 6.26。

```
ip ospf authentication-key password
no ip ospf authentication-key
```

表 6.26 ip ospf authentication-key 命令语法说明

password	密码

配置了密码后,在整个区域范围内启用身份验证。

为一个 OSPF 区域启用认证,在路由器配置模式下,使用 area authentication 命令。为移除一个区域或来自配置的指定区域的认证规范,使用该命令的 no 形式。area authentication 命令的格式如下,其语法说明见表 6.27。

```
area area-id authentication [message-digest]
no area area-id authentication [message-digest]
```

表 6.27 area authentication 命令语法说明

area-id	启用认证的区域标识
message-digest	（可选项）MD5 认证

该命令需要在所有参与的路由器上配置。

尽管关键字 message-digest 是一个可选项，但是推荐使用这条命令时，总是使用该关键字。因为在默认的情况下，认证密码是明文方式传送的，用数据包嗅探器就可轻易地捕获 OSPF 的分组，并解码出没有加密的密码。如果使用关键字 message-digest，路由器则只是在链路上传送密码的信息摘要或哈希值，而不传送密码本身。除非接收的路由器配置了正确的验证密钥，否则任何人都无法明白消息摘要的含义。

如果选择了使用 message-digest 身份验证，验证密钥就不会被使用。作为替代，必须在路由器 OSPF 的接口上配置一个消息摘要密钥。

为启用 OSPF 的 MD5 认证，在接口配置模式下，使用 ip ospf message-digest-key md5 命令。为移除一个旧的 MD5 密钥，使用该命令的 no 形式。ip ospf message-digest-key md5 命令的格式如下，其语法说明见表 6.28。

```
ip ospf message-digest-key key-id encryption-type md5 key
no ip ospf message-digest-key key-id
```

表 6.28 ip ospf message-digest-key md5 命令语法说明

key-id	标识符
encryption-type	认证类型。0 表示不加密，7 表示加密的专有等级
key	密码

【例 6.20】 为 OSPF 路由进程 201 的区域 0 配置明文认证。

```
Router(config)# interface ethernet 0
Router(config-if)# ip address 192.168.1.1 255.255.255.0
Router(config-if)# ip ospf authentication-key adcdefgh
Router(config-if)# exit
Router(config)# interface ethernet 1
Router(config-if)# ip address 172.16.1.1 255.255.0.0
Router(config-if)# ip ospf authentication-key ijklmnop
Router(config-if)# exit
Router(config)# router ospf 201
Router(config-router)# network 192.168.1.0 0.0.255.255 area 0
Router(config-router)# network 172.16.0.0 0.0.255.255 area 0
Router(config-router)# area 0 authentication
```

【例 6.21】 为 OSPF 路由进程 201 的区域 0 配置 MD5 认证。

```
Router(config)# interface ethernet 0
Router(config-if)# ip address 192.168.1.1 255.255.255.0
Router(config-if)# ip ospf message-digest-key 1 md5 adcdefgh
Router(config-if)# exit
Router(config)# interface ethernet 1
Router(config-if)# ip address 172.16.1.1 255.255.0.0
Router(config-if)# ip ospf message-digest-key 1 md5 ijklmnop
Router(config-if)# exit
Router(config)# router ospf 201
Router(config-router)# network 192.168.1.0 0.0.255.255 area 0
Router(config-router)# network 172.16.0.0 0.0.255.255 area 0
Router(config-router)# area 0 authentication message-digest
```

除了使用 area authentication 命令对整个区域启用认证，也可以使用接口配置命令 ip ospf authentication 在特定接口上启用认证。在命令后面接 null 关键字可以删除对特定接口的认证，使用 message-digest 关键字可以改变特定接口上的认证类型。

为一个接口指定认证类型，在接口配置模式下，使用 ip ospf authentication 命令。为接口移除认证类型，使用该命令的 no 形式。ip ospf authentication 命令的格式如下，其语法说明见表 6.29。

```
ip ospf authentication[message-digest | null]
no ip ospf authentication
```

表 6.29　ip ospf authentication 命令语法说明

message-digest	（可选项）消息摘要认证
null	（可选项）不使用认证

【例 6.22】 为接口启用消息摘要认证。

```
Router(config-if)# ip ospf authentication message-digest
```

OSPF 认证的密钥判断过程如下。

（1）区域认证。区域明文认证配置如下，R1/R2/R3 上，打开明文认证，在接口上先不配置密码。

```
router ospf 100
    area 0 authentication        //area 0 采用明文认证
```

这时使用 show ip ospf interface 命令可以看到 R1/R2/R3 在 area 0 上的接口将继承 area 0 的配置而采用明文认证。由于没有在接口上配置密码，采用空密码，认证仍可以通过。

可以在接口上，配置明文认证的密码，R1 上的配置如下，R2/R3 上参照配置。

```
interface s1/1
    ip ospf authentication-key cisco        //配置明文认证密码,密码只能有一个
```

区域采用密文认证配置如下,R1/R2/R3 上,打开密文认证,在接口上配置密码。

```
router ospf 100
    area 0 authentication message-digest    //采用密文认证
interface Serial1/1
ip ospf message-digest-key 1 md5 cisco      //在接口上配置 ID 1 的密码为 cisco
```

同样,如果不在接口上配置密码,认证也可以成功,这时密文认证采用 ID=0 的空密码。

(2) 链路认证。虽然接口自动继承所在区域的认证方式,但是可以在接口下进行链路认证配置,从而覆盖继承下来的认证方式,采用如下配置,R1 和 R2 的毗邻关系正常建立。

R1:

```
router ospf 100
    area 0 authentication message-digest    //区域采用密文认证
interface Serial1/1
ip ospf authentication                      //链路采用的却是明文认证
ip ospf authentication-key cisco2           //配置明文密码
```

R2:

```
router ospf 100
area 0 authentication message-digest        //区域采用密文认证
interface Serial1/0
ip ospf authentication                      //链路采用的却是明文认证
ip ospf authentication-key cisco2           //配置明文密码
```

如果链路要采用密文认证,以 R1 为例的配置如下:

```
interface Serial1/1
ip ospf authentication message-digest       //链路采用的是密文认证
ip ospf message-digest-key 1 md5 cisco      //配置密文密码
```

(3) 密文认证时的密码。OSPF 可以在修改密码过程中仍然保持毗邻关系正常,实现密码的平稳过渡,为了实现此目的,OSPF 会发送旧密码。当新加入 key 时,OSPF 把最后添加的 key 作为 Youngest key,把 Youngest key 发送给对方(并携带了 ID);对方收到后,把它和自己的全部 key ——进行比较(需要 ID 和密码都相同才算是匹配,并且是根据反顺序进行的),如果通过则采用该 key,否则继续采用旧的 key。然而 OSPF 如果发现当前正在采用的 key 不是 Youngest 的 key,则会把全部 key(并携带 ID)发送给对方;如果当前 key 是 Youngest 的 key,则只发送 Youngest 的 key,之前的 key 不再进行发送。

表 6.30 是在 R1 和 R2 之间的链路上采用密文认证时,不断增加密码的规律,用 show ip ospf interface 命令可以看到从接口上发送出去的密码。

表 6.30　OSPF 认证密码规律

序号	R1 的密码	R2 的密码	R1 发送的密码	R2 发送的密码	是否形成邻居
1	ID1＝cisco	ID1＝cisco	ID1	ID1	是，采用 ID1
2	增加 ID2＝cisco2	不改变	ID1＝cisco ID2＝cisco2	ID1	是，采用 ID1
3	不改变	增加 ID2＝cisco2	ID2＝cisco2	ID2＝cisco2	是，采用 ID2
4	增加 ID4＝cisco34	增加 ID3＝cisco34	ID1＝cisco ID2＝cisco2 ID4＝cisco34	ID1＝cisco ID2＝cisco2 ID3＝cisco34	是，采用 ID2
5	不改变	增加 ID4＝cisco44	ID4＝cisco34	ID4＝cisco44	不成功，ID4 的 key 值不同

6.2.6　NBMA 网络配置 OSPF

OSPF 在网络中建立邻接所使用的方法如下。

（1）如果选择广播模式，那么 OSPF 就把网络作为一个基于广播的多路访问网络来对待，并选举指定路由器(DR)/备份指定路由器(BDR)来建立邻接。这种网络类型正常工作需要 NBMA 网络具有完全网络拓扑，并且允许广播模拟。

（2）如果选择非广播网络类型，OSPF 就要求手工配置邻居，但仍然要求网络拓扑为完全网络拓扑并需要选举 DR/BDR。在 NBMA 网络为完全网络拓扑但是禁用广播模拟时，使用这种网络类型。

（3）如果选择点到多点网络类型，OSPF 就把整个多点网络看做一系列点到点网络，并在必要时创建主机路由，以便网络中所有路由器之间可以进行通信。不需要选举 DR/BDR。默认情况下，OSPF 认为这些多点网络可以广播，并且不需要手工配置邻居。但如果网络不能够模拟一个广播网络，则可以使用命令中可选的关键字强制手工建立邻居。

Cisco 的 IOS 提供一些配置 OSPF 的选项以克服 NBMA 的局限性，包括 neighbor 命令、点到点子接口和点到多点的配置。具体使用哪种解决方案依赖于 NBMA 网络拓扑结构。

要使得 OSPF 能在一个不支持广播的多路访问完全网络拓扑结构中正常工作，必须在每台路由器上手工输入 OSPF 的邻居路由器地址，每次一个。OSPF 的命令 neighbor 告诉路由器其邻居的 IP 地址。因此，它可以在不使用组播的情况下与邻居交换路由选择信息。

为配置连接到非广播网络的 OSPF 路由器，在路由器配置模式下，使用 neighbor 命令。为移除配置，使用该命令的 no 形式。neighbor 命令的格式如下，其语法说明见表 6.31。

```
neighbor ip-address [priority number] [poll-interval seconds] [cost number] [database-
filter all]
no neighbor ip-address [priority number] [poll-interval seconds] [cost number] [database-
filter all]
```

表 6.31 neighbor 命令语法说明

ip-address	邻居接口 IP 地址
priority *number*	(可选项)非广播邻居的路由器的优先级值,默认为 0
poll-interval *seconds*	(可选项)轮询间隔时间,单位为秒,默认为 120s
cost *number*	(可选项)分配成本到邻居
database-filter all	(可选项)过滤到 OSPF 邻居链路状态通告

指定每台路由器的邻居并不是在这种类型的环境下是 OSPF 正常工作的唯一选择。可以配置子接口,以消除对 neighbor 命令的依赖。

IOS 子接口功能可用于将多路访问型网络分隔成多个点到点型网路构成的集合,而不是 NBMA,OSPF 点到点网络不需要选举 DR。

在完全网络拓扑结构中的 neighbor 命令在部分网络拓扑结构中不能正确工作。中心路由器可以看到所有的分支路由器,并用 neighbor 命令将路由选择信息发送给它们。但分支路由器只能向中心路由器发送 hello 分组。

DR/BDR 的选举会进行,但只有中心路由器能看到所有的候选路由器。要让这样 OSPF 网络能够正常工作,必须由中心路由器担任 DR。因此,应该在所有分支路由器将 OSPF 接口的优先级设置为 0。在一个网络中,优先级为 0 的路由器是不可能被选为 DR 或者 BDR 的。

第二种处理这种拓扑结构的方法是把网络分成多个点到点连接,以彻底避免 DR/BDR 问题。点到点网络不会选择 DR/BDR。

Cisco IOS 提供了一种相对较新的方法:一个部分拓扑结构手工配置为一个点到多点的多点网络类型,就可以让逻辑拓扑结构正常工作。

在一个点到多点型网络配置中,OSPF 将非广播型网络上的所有的路由器到路由器连接都作为点到点链接处理,不需要为该网络选举 DR。

为配置 OSPF 网络类型,在接口配置模式下,使用 ip ospf network 命令。为返回到默认值,使用该命令的 no 形式。ip ospf network 命令的结构如下,其语法说明见表 6.32。

```
ip ospf network{broadcast | non-broadcast | {point-to-multipoint [non-broadcast] | point-to-point}}
no ip ospf network
```

表 6.32 ip ospf network 命令语法说明

broadcast	广播
non-broadcast	NBMA
point-to-multipoint[non-broadcast]	点到多点
point-to-point	点到点

相邻的路由器接口的子接口类型和 OSPF 网络类型必须一致,否则在路由器之间不能实现 OSPF 包交换功能。

【例 6.23】 设置 OSPF 网络作为广播网络。

```
Router(config)#interface serial 0
Router(config-if)#ip address 192.168.77.17 255.255.255.0
Router(config-if)#ip ospf network broadcast
Router(config-if)#encapsulation frame-relay
```

【例 6.24】 设置点到多点的广播网络。

```
Router(config)#interface serial 0
Router(config-if)#ip address 10.0.1.1 255.255.255.0
Router(config-if)#encapsulation frame-relay
Router(config-if)#ip ospf cost 100
Router(config-if)#ip ospf network point-to-multipoint
Router(config-if)#frame-relay map ip 10.0.1.3 202 broadcast
Router(config-if)#frame-relay map ip 10.0.1.4 203 broadcast
Router(config-if)#frame-relay map ip 10.0.1.5 204 broadcast
Router(config-if)#frame-relay local-dlci 200
Router(config)#router ospf 1
Router(config-router)#network 10.0.1.0 0.0.0.255 area 0
Router(config-router)#neighbor 10.0.1.5 cost 5
Router(config-router)#neighbor 10.0.1.4 cost 10
```

6.2.7 配置路由器优先级

网络管理员可以通过修改默认值为 1 的 OSPF 路由器优先级来操纵 DR/BDR 的选举。优先级为 0 的路由器将不会被选为 DR/BDR。每个 OSPF 的接口都可以宣告一个不同的优先级值。为了让优先级值在选举中能起作用,必须在选举前就把它配置好。优先级越高,路由器越有可能被选举成为 DR。具有最高优先级的路由器通常就会成为 DR。所有接口的默认优先级都是 1,最大值为 255。

为设置路由器的优先级,帮助决定网络的指定路由器,在接口配置模式下,使用 ip ospf priority 命令。为恢复默认值,使用该命令的 no 形式。ip ospf priority 命令的格式如下,其语法说明见表 6.33。

```
ip ospf priority number-value
no ip ospf priority
```

表 6.33 ip ospf priority 命令语法说明

number-value	指路由器优先级

【例 6.25】 设置路由器优先级值为 4。

```
Router(config)#interface ethernet 0
Router(config-if)#ip ospf priority 4
```

6.2.8 配置路由汇总

路由汇总是一个路由通告地址合并的过程。通过 OSPF 路由汇总功能,可以在 ABR 路由器上将来自一个区域的路由以单一的汇总路由向其他区域进行通告,也可以把其他类型协议分发的路由以单一汇总路由向本地 OSPF 路由进程发布。这样可以大大减少区域内部路由器中的路由条目数,提高路由查询效率。所以 OSPF 路由汇总,主要是在 ABR 或者 ASBR 路由上进行的,分别进行的是区域间路由汇总和重分发路由汇总。

在 OSPF 中 ABR 路由器将通过 LSA 通告把一个区域中的路由信息通告到其他区域中。如果一个区域中的网络号是采用连续分配方式时,则可以在 ABR 路由器上配置一个汇总路由,这样区域间的路由通告将直接以汇总路由方式进行,覆盖原来属于指定范围的区域内的所有网络路由。

为在 OSPF 区域间进行路由汇总,在路由器配置模式下,使用 area range 命令。通过它可以指定区域中要汇总的路由地址范围,同时也将以所配置的汇总地址的汇总路由向邻居区域中通告。为禁用该功能,使用该命令的 no 形式。area range 命令的格式如下,其语法说明如表 6.34 所示。

```
area area-id range ip-address mask [advertise | not-advertise] [cost cost]
no area area-id range ip-address mask [advertise | not-advertise] [cost cost]
```

表 6.34 area range 命令语法说明

参数	说明
area-id	汇总路由的区域 ID,可以是十进制数值,或者是一个 IP 地址
ip-address	汇总路由 IP 地址
mask	汇总路由的子网掩码
advertise	(可选项)设置地址范围的路由为允许通告状态,产生该汇总路由的类型 3 汇总 LSA
not-advertise	(可选项)设置地址范围的路由为禁止通告状态。该汇总路由的类型 3 汇总 LSA 被取消,分支网络间相互不可见
cost cost	(可选项)汇总路由的开销,用户 OSPF 的 SPF 路由算法来计算确定到达目标的最短路径。取值范围为 0~1 677 215

【例 6.26】 汇总区域 10.0.0.0 的路由为 10.0.0.0/8,汇总区域 0 的路由为 192.168.110.0/24 及其成本为 60,并进行通告。

```
Router(config)# interface ethernet 0
Router(config-if)# ip address 192.168.110.201 255.255.255.0
Router(config)# interface ethernet 1
Router(config)# router ospf 201
Router(config-router)# network 192.168.110.0 0.0.0.255 area 0
Router(config-router)# area 10.0.0.0 range 10.0.0.0 255.0.0.0
Router(config-router)# area 0 range 192.168.110.0 255.255.255.0 cost 60
```

6.2.9 监视与维护 OSPF

为显示路由器的定时器、过滤器、度量值、网络和其他信息等参数,在特权模式下,使用 show ip protocols 命令。

显示路由器通过学习获得的路由和这些路由是如何学习到的,在用户模式或特权模式下,使用 show ip route ospf 命令。

为显示 OSPF 路由进程的一般信息,在用户 EXEC 或特权 EXEC 模式下,使用 show ip ospf 命令。show ip ospf 命令的格式如下,其语法说明见表 6.35。

show ip ospf [*process-id*]

表 6.35　show ip ospf 命令语法说明

process-id	（可选项）进程 ID

【例 6.27】　不带 OSPF 进程 ID 的 show ip ospf 命令输出。

```
Router# show ip ospf
Routing Process "ospf 201" with ID10.0.0.1 and Domain ID 10.20.0.1
Supports only single TOS(TOS0) routes
Supports opaque LSA
SPF schedule delay 5 secs, Hold time between two SPFs 10 secs
Minimum LSA interval 5 secs. Minimum LSA arrival 1 secs
LSA group pacing timer 100 secs
Interface flood pacing timer 55 msecs
Retransmission pacing timer 100 msecs
Number of external LSA 0. Checksum Sum 0x0
Number of opaque AS LSA 0. Checksum Sum 0x0
Number of DCbitless external and opaque AS LSA 0
Number of DoNotAge external and opaque AS LSA 0
Number of areas in this router is 2. 2 normal 0 stub 0 nssa
External flood list length 0
    Area BACKBONE(0)
        Number of interfaces in this area is 2
        Area has message digest authentication
        SPF algorithm executed 4 times
        Area ranges are
        Number of LSA 4. Checksum Sum 0x29BEB
        Number of opaque link LSA 0. Checksum Sum 0x0
        Number of DCbitless LSA 3
        Number of indication LSA 0
        Number of DoNotAge LSA 0
        Flood list length 0
    Area 172.16.26.0
        Number of interfaces in this area is 0
        Area has no authentication
        SPF algorithm executed 1 times
        Area ranges are
            192.168.0.0/16 Passive Advertise
        Number of LSA 1. Checksum Sum 0x44FD
        Number of opaque link LSA 0. Checksum Sum 0x0
        Number of DCbitless LSA 1
        Number of indication LSA 1
        Number of DoNotAge LSA 0
        Flood list length 0
```

为显示指定路由器的 OSPF 相关信息列表,在 EXEC 模式下,使用 show ip ospf database 命令。show ip ospf database 命令的格式如下,其语法说明如表 6.36 所示。

show ip ospf[*process - id area - id*] **database**

表 6.36 show ip ospf database 命令语法说明

字段	说明
process-id	(可选项)进程 ID
area-id	(可选项)区域号码

【例 6.28】 不带可选项的 show ip ospf database 命令输出。show ip ospf database 命令字段说明见表 6.37。

```
Router# show ip ospf database
OSPF Router with id(192.168.239.66) (Process ID 300)
        Displaying Router Link States(Area 0.0.0.0)
Link ID         ADV Router      Age     Seq#            Checksum    Link count
172.16.21.6     172.16.21.6     1731    0x80002CFB      0x69BC      8
172.16.21.5     172.16.21.5     1112    0x800009D2      0xA2B8      5
172.16.1.2      172.16.1.2      1662    0x80000A98      0x4CB6      9
172.16.1.1      172.16.1.1      1115    0x800009B6      0x5F2C      1
172.16.1.5      172.16.1.5      1691    0x80002BC       0x2A1A      5
172.16.65.6     172.16.65.6     1395    0x80001947      0xEEE1      4
172.16.241.5    172.16.241.5    1161    0x8000007C      0x7C70      1
172.16.27.6     172.16.27.6     1723    0x80000548      0x8641      4
172.16.70.6     172.16.70.6     1485    0x80000B97      0xEB84      6
        Displaying Net Link States(Area 0.0.0.0)
Link ID         ADV Router      Age     Seq#            Checksum
172.16.1.3      192.168.239.66  1245    0x800000EC      0x82E
        Displaying Summary Net Link States(Area 0.0.0.0)
Link ID         ADV Router      Age     Seq#            Checksum
172.16.240.0    172.16.241.5    1152    0x80000077      0x7A05
172.16.241.0    172.16.241.5    1152    0x80000070      0xAEB7
172.16.244.0    172.16.241.5    1152    0x80000071      0x95CB
```

表 6.37 show ip ospf database 命令字段说明

字 段	说 明
Link ID	路由器 ID 号
ADV Router	通告路由器 ID
Age	链路状态生存期
Seq#	链路状态序号
Checksum	链路状态通告完整内容的校验和
Link count	路由器探测接口的数量

为显示 OSPF 相关接口信息,在用户 EXEC 模式或特权 EXEC 模式下,使用 show ip ospf interface 命令。show ip ospf interface 命令的格式如下,其语法说明见表 6.38。

```
show ip ospf [process-id] interface [interface-type interface-number] [brief]
[multicast]
```

表 6.38 show ip ospf interface 命令语法说明

字段	说明
process-id	（可选项）进程 ID
interface-type	（可选项）接口类型
interface-number	（可选项）接口号
brief	（可选项）显示 OSPF 接口概述信息
multicast	（可选项）显示多播信息

【例 6.29】 以太网接口 0 的 show ip ospf interface 命令输出，命令字段说明见表 6.39 所示。

```
Router# show ip ospf interface ethernet 0
Ethernet 0 is up, line protocol is up
Internet Address 192.168.254.202, Mask 255.255.255.0, Area 0.0.0.0
AS 201, Router ID 192.168.99.1, Network Type BROADCAST, Cost: 10
Transmit Delay is 1 sec, State OTHER, Priority 1
Designated Router id 192.168.254.10, Interface address 192.168.254.10
Backup Designated router id 192.168.254.28, Interface addr 192.168.254.28
Timer intervals configured, Hello 10, Dead 60, Wait 40, Retransmit 5
Hello due in 0:00:05
Neighbor Count is 8, Adjacent neighbor count is 2
    Adjacent with neighbor 192.168.254.28  (Backup Designated Router)
    Adjacent with neighbor 192.168.254.10  (Designated Router)
```

表 6.39 show ip ospf interface 命令字段说明

字　段	说　明
Ethernet	物理链路状态和协议运行状态
Interface	物理链路类型
PID	OSPF 进程 ID
Area	OSPF 区域
Cost	分配到接口的管理成本
State	接口的运行状态
Nbrs F/C	OSPF 邻居数
Internet Address	接口 IP 地址、子网掩码和区域地址
AS	自治系统号（OSPF 进程 ID）、路由器 ID、网络类型和链路成本
Transmit Delay	传输延迟、接口状态和路由器优先级
Designated Router	指定路由器 ID 和接口 IP 地址
Backup Designated router	备份指定路由器 ID 和 IP 地址

为显示每个接口上的 OSPF 邻居信息，在特权 EXEC 模式下，使用 show ip ospf neighbor 命令。show ip ospf neighbor 命令的格式如下，其语法说明见表 6.40。

```
show ip ospf neighbor [interface-type interface-number] [neighbor-id] [detail]
```

表 6.40　show ip ospf neighbor 命令语法说明

interface-type interface-number	（可选项）OSPF 接口的类型和号码
neighbor-id	（可选项）邻居主机名或 IP 地址
detail	（可选项）所有指定邻居详细信息

【例 6.30】 show ip ospf neighbor 命令输出。

```
Router# show ip ospf neighbor
Neighbor ID      Pri   State          Dead Time   Address         Interface
10.199.199.137   1     FULL/DR        0:00:31     192.168.80.37   Ethernet0
172.16.48.1      1     FULL/DROTHER   0:00:33     172.16.48.1     Fddi0
172.16.48.200    1     FULL/DROTHER   0:00:33     172.16.48.200   Fddi0
10.199.199.137   5     FULL/DR        0:00:33     172.16.48.189   Fddi0
```

【例 6.31】 指定邻居的统计信息输出。

```
Router# show ip ospf neighbor 10.199.199.137
Neighbor 10.199.199.137, interface address 192.168.80.37
    In the area 0.0.0.0 via interface Ethernet0
    Neighbor priority is 1, State is FULL
    Options 2
    Dead timer due in 0:00:32
    Link State retransmission due in 0:00:04
Neighbor 10.199.199.137, interface address 172.16.48.189
    In the area 0.0.0.0 via interface Fddi0
    Neighbor priority is 5, State is FULL
    Options 2
    Dead timer due in 0:00:32
        Link State retransmission due in 0:00:03
```

【例 6.32】 show ip ospf neighbor detail 命令输出，show ip ospf neighbor detail 命令字段说明见表 6.41。

```
Router# show ip ospf neighbor detail
Neighbor 192.168.5.2, interface address 10.225.200.28
    In the area 0 via interface GigabitEthernet1/0/0
    Neighbor priority is 1, State is FULL, 6 state changes
    DR is 10.225.200.28 BDR is 10.225.200.30
    Options is 0x42
LLS Options is 0x1 (LR), last OOB-Resync 00:03:08 ago
    Dead timer due in 00:00:36
    Neighbor is up for 00:09:46
  Index 1/1, retransmission queue length 0, number of retransmission 1
    First 0x0(0)/0x0(0) Next 0x0(0)/0x0(0)
    Last retransmission scan length is 1, maximum is 1
    Last retransmission scan time is 0 msec, maximum is 0 msec
```

表 6.41　show ip ospf neighbor detail 命令字段说明

字　段	说　明
Neighbor	邻居路由器 ID
interface address	接口 IP 地址
In the area	获知 OSPF 邻居的区域和接口
Neighbor priority	邻居路由器的优先级，邻居状态
State	OSPF 状态
state changes	自从邻居创建，状态变化数
DR is	对于接口指定路由器 ID
BDR is	对于接口备份指定路由器 ID
Options	Hello 包选项字段内容
Dead timer due in	宣称邻居失效前的时间
Neighbor is up for	邻居进入 two-way 状态的时间

为显示 OSPF 流量统计信息，在用户 EXEC 模式或特权 EXEC 模式下，使用 show ip ospf traffic 命令。show ip ospf traffic 命令的格式如下，其语法说明见表 6.42。

```
show ip ospf [process-id] traffic [interface-type interface-number]
```

表 6.42　show ip ospf traffic 命令语法说明

字段	说明
process-id	（可选项）进程 ID
interface-type interface-number	（可选项）OSPF 接口的类型和号码

【例 6.33】 show ip ospf traffic 命令输出。

```
Router# show ip ospf traffic
OSPF statistics:
    Rcvd: 5300 total, 730 checksum errors
        333 hello, 10 database desc, 3 link state req
        24 link state updates, 13 link state acks
    Sent: 264 total
        222 hello, 12 database desc, 3 link state req
        17 link state updates, 12 link state acks
            OSPF Router with ID (10.0.1.2) (Process ID 100)
OSPF queues statistic for process ID 100:
    OSPF Hello queue size 0, no limit, max size 3
    OSPF Router queue size 0, limit 200, drops 0, max size 3
Interface statistics:
    Interface Loopback0
OSPF packets received/sent
    Invalid  Hellos  DB-des  LS-req  LS-upd  LS-ack  Total
Rx:   0        0       0       0       0       0       0
Tx:   0        0       0       0       0       0       0
```

```
    OSPF header errors
      Length 0, Checksum 0, Version 0, Bad Source 0,
      No Virtual Link 0, Area Mismatch 0, No Sham Link 0,
      Self Originated 0, Duplicate ID 0, LLS 0,
      Authentication 0,
    OSPF LSA errors
      Type 0, Length 0, Data 0, Checksum 0,
        Interface Serial3/0
      OSPF packets received/sent
         Invalid  Hellos  DB-des  LS-req  LS-upd  LS-ack  Total
    Rx:    0       111      3       1       7       6     128
    Tx:    0       111      4       1       12      5     133
    OSPF header errors
      Length 0, Checksum 0, Version 0, Bad Source 0,
      No Virtual Link 0, Area Mismatch 0, No Sham Link 0,
      Self Originated 0, Duplicate ID 0, LLS 0,
      Authentication 0,
    OSPF LSA errors
      Type 0, Length 0, Data 0, Checksum 0,
    Summary traffic statistics for process ID 100:
    Rcvd: 5300 total, 4917 errors
         333 hello, 10 database desc, 3 link state req
         24 link state upds, 13 link state acks, 0 invalid
    Sent: 266 total
         222 hello, 12 database desc, 3 link state req
         17 link state upds, 12 link state acks, 0 invalid
```

为清除基于 OSPF 路由进程 ID 的重分发，在特权 EXEC 模式下，使用 clear ip ospf 命令。clear ip ospf 命令的格式如下，其语法说明见表 6.43。

```
clear ip ospf[ pid ] {process | redistribution | counters [neighbor [neighbor - interface]
[neighbor - id]]}
```

表 6.43 clear ip ospf 命令语法说明

参数	说明
pid	（可选项）进程 ID
process	OSPF 进程
redistribution	OSPF 路由重分发
counters	OSPF 计数器
neighbor	（可选项）邻居
neighbor-interface	（可选项）邻居接口
neighbor-id	（可选项）邻居 ID

【例 6.34】 清除所有 OSPF 进程。

```
Router# clear ip ospf process
```

为清除 OSPF 流量统计，在用户 EXEC 模式或特权 EXEC 模式下，使用 clear ip ospf

traffic 命令。clear ip ospf traffic 命令的格式如下,其语法说明见表 6.44。

clear ip ospf [*process − id*] **traffic** [*interface − type interface − number*]

表 6.44 clear ip ospf traffic 命令语法说明

process-id	(可选项)进程 ID
interface-type	(可选项)接口类型
interface-number	(可选项)接口号码

【例 6.35】 清除 OSPF 进程 100 的 OSPF 流量统计。

Router# clear ip ospf 100 traffic

6.3 EIGRP 协议配置

6.3.1 EIGRP 协议概述

EIGRP 路由协议属于混合型的路由协议,它在路由的学习方法上具有链路状态路由协议的特点,而计算路径度量值的算法又具有距离矢量路由协议的特点。但是由于 EIGRP 路由协议是增强的 IGRP 路由协议,它是由 IGRP 路由协议发展而来的。EIGRP 是基于 IGRP 专有路由选择协议,所以只有 Cisco 的路由器之间可以使用该路由协议。

IGRP 是一种有类别路由选择协议,而 EIGRP 协议支持无类域间路由(CIDR)和可变长子网掩码(VLSM)。与 IGRP 相比,EGIRP 协议具有收敛更加迅速、可扩展性更好,更高效地处理路由环路问题等特点。

EIGRP 路由协议不但支持 IP 协议栈,而且还支持 IPX 和 AppleTalk 协议栈。EIGRP 能够取代 Novell 的路由选择信息协议(RIP)和 AppleTalk 的路由选择表维护协议(RTMP),可以使 IPX 和 AppleTalk 网络更高效地运行。

EIGRP 路由协议是一种提供最好的距离矢量和链路状态算法的混合型路由协议。从技术上讲,EIGRP 是依赖于那些通常与链路状态协议相关联的一种高级的距离矢量路由选择协议,综合了链路状态路由协议和距离矢量路由协议的优点。它在路由的学习上使用与 OSPF 类似的方法,在路径的度量值的计算上又使用与 IGRP 类似的算法。所以它具有更优化的路由算法和更快速的收敛速率。

6.3.2 EIGRP 与 IGRP 协议

1. 兼容模式

EIGRP 路由协议是由 IGRP 路由协议发展而来的,EIGRP 协议和 IGRP 协议是相互兼容的,这提供了 EIGRP 路由协议与 IGRP 路由协议之间的相互协作能力。用户可以利用两种协议的优势。但是 EIGRP 可以支持多协议栈,而 IGRP 则不能。

2. 度量值计算

EIGRP 路由协议与 IGRP 路由协议都使用相同的度量值计算公式:

度量值=[K1×带宽+(K2×带宽)/(256-负载)+(K3×延迟)]
　　　　×[K5×(可靠性+K4)]

默认情况下，K1=K3=1，K2=K4=K5=0，所以，该公式在默认情况下，度量值=带宽+延迟。从公式可以知道，EIGRP 协议和 IGRP 协议一样，都是使用带宽、延迟、负载、可靠性和最大传输单元这 5 种参数来计算度量值。

带宽的获得是从所有出口中找出最小的带宽，然后用 10 000 000 除以这个值（带宽以 kb/s 为单位）。延迟的获得是把所有出站接口的延迟都加起来，然后再除以 10（延迟以 10μs 为单位）。但是，EIGRP 用一个取值为 256 的因子扩展了 IGRP 的度量值。

带宽的计算公式为：

　　　　EIGRP 的带宽=(10 000 000/网络实际带宽)×256

延迟的计算公式为：

　　　　EIGRP 的延迟=(实际延迟时间/10)×256

3. 最大跳数

IGRP 路由协议的最大跳数是 255，而 EIGRP 路由协议的最大跳数是 224（这已经足以支持现今最大的互联网络）。也就是说，IGRP 路由协议支持的网络直径是 255 台路由器，而 EIGRP 路由协议支持的网络直径是 224 台路由器。

4. 自动路由再发布

为了使不同的路由选择协议共享信息，需要进行手动配置。但是，在 IGRP 和 EIGRP 之间共享或者重新分配信息是自动的，只要二者配置了相同的自治系统号，如图 6.4 所示，因为 IGRP 协议和 EIGRP 协议的兼容性。

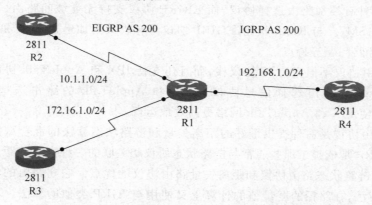

图 6.4　EIGRP 和 IGRP 自动路由再发布

5. 路由标记

在路由表的每一条路由条目都会有一个标记，用来表示路由条目的来源。显示路由器 R2 和路由器 R4 的路由表如下：

```
R2#show ip route
C    10.1.1.0  is  directly  connected,  Serial 0
D    172.16.1.0  [90/2681856]  via 10.1.1.1,  Serial 0
D EX 192.168.1.0  [170/2681856]  via 10.1.1.1,  00:00:04,  Serial 0
```

```
R4#show ip route
C    192.168.1.0 is directly connected, Serial 0
I    10.0.0.0 [100/10476] via 192.168.1.1, 00:00:04 Serial 0
I    172.16.0.0 [100/10476] via 192.168.1.1, 00:00:04, Serial 0
```

IGRP 协议的路由标记是 D,其他路由协议再发布给 EIGRP 协议的路由,EIGRP 协议的路由标记是 D EX,即 EIGRP 将它从 IGRP(或任何外部源)学到的路由标记为外部路由,因为这些路由不是起源于 EIGRP 路由器。

IGRP 不能区分内部路由和外部路由,即 IGRP 协议的路由标记是 I,而从其他路由协议再发布给 IGRP 协议的路由也标记为 I。

6.3.3 EIGRP 协议基础

1. 两个标记

"两个标记"就是指 EIGRP 路由标记分为内部路由和外部路由,凡是在 EIGRP AS 内部节点之间的路由标记为内部路由;凡是通过路由重分发过来的路由标记为外部路由,包括从 IGRP 路由自动重分发而来的路由。

2. 两种状态

"两种状态"就是指 EIGRP 路由的活跃(Active)和被动(Passive)两种状态。在 EIGRP 协议中规定,当某路由没有在进行路由重计算时,则该路由被视为被动状态,正常情况下都是处于被动状态,而当某路由正在执行路由重计算时,则该路由被视为活跃状态。

正常情况下,这些路由表项都是处于被动状态,如果该路由表项总存在可行后继,则该路由表项永远不会进入活跃状态,以避免进行路由重计算。如果到达某目的地址的路由表项没有可行后继,则该路由表项进入活跃状态,重新进行路由计算。

路由重计算是从发送一个查询包到所有邻居路由器开始的。邻居路由器如果有到达该目的地址的可行后继则进行响应,或者返回一个正在执行路由重计算的查询指示。在活跃状态时,路由器不能修改用于转发数据包的下一跳邻居路由器。一旦收到了给定查询的所有应答,则到达该目的地址的路由可以转换为被动状态,并选择一个新的后继。当到达唯一可行后继的链路关闭了,则所有通过该邻居路由器就会开始进行路由重计算,所有对应的路由表项进入活跃状态。

3. 3 张表

邻居表是通过发送和接收 Hello 包形成的,其中保存的是各路由器所发现的所有邻居路由器,可以确保邻居之间的可靠传输。

拓扑表是通过发送和接收更新包形成的,其中保存的是路由器从邻居路由器中学习到的所有路径通告,可以实现快速的路由路径查询。

路由表是拓扑表中的具有后继的表项移动到路由表中形成的。在每个路由表项中至少包括一个当前使用后继的路由路径,还可以包括一个或多个可行后继的路由路径。这样到达一个目的地址就可以有备份路由路径,以实现快速网络收敛。如果没有到达对应目的地址的后继,则对应路由表项将成为活跃状态,就要依靠扩散更新算法(Diffusing Update Algorithm,DUAL)重新进行路由计算。

4. 4个术语

(1) 后继(Successor)。后继是一台用于转发数据的邻居路由器,就是通常所说的"下一跳路由器",它到达目的地址的路径开销最小,并且保证不是路由环路中的一部分。经由后继的某条路由是最优路由,同时也是当前使用的路由。如果存在多条开销最小的等值路径,那么就有多台后继路由器。

(2) 通告距离(Advertised Distance,AD)。通告距离是指邻居路由器向本路由器通告的到达某目的地址的路由路径的度量或开销。

(3) 可行距离(Feasible Distance,FD)。可行距离是从本地路由器到达某目的地址的路由路径的最小度量或开销,是所有邻居路由器到达该目的地址的通告距离(AD)中的最小值+本地路由器到达这个最佳邻居路由器的链路开销的总和。可行距离保存在路由表中(称为路由表度量),同时也会向其他邻居路由器通告这个FD值。

(4) 可行后继(Feasible Successor,FS)。可行后继是后继的备份,为到相同目的地址提供备份的路由路径。针对具体的目的地址来说,向本地路由器通告该路径的AD值中,值最小的下一跳路由器就是后继。作为备份后继,自然它们所通告的AD值要比后继所通告的AD值要大,但是它必须满足一定的条件:仅当该邻居路由器到达某一目的地址的通告距离(AD)小于可行路离(FD)时,该条路径可视为可用,对应的该邻居路由器才可能成为到达该目的地址的可行后继。

6.3.4 启用EIGRP协议

为了配置EIGRP进程,在全局配置模式下,使用router eigrp命令。为关闭EIGRP进程,使用该命令的no形式。router eigrp命令的格式如下,其语法说明见表6.45。

```
router eigrp autonomous-system-number
no router eigrp autonomous-system-number
```

表6.45 router eigrp命令语法说明

autonomous-system-number	自治系统号

为了指定EIGRP路由进程的网络,在路由器配置模式下,使用network命令。为移除一个网络,使用该命令的no形式。network命令的格式如下,其语法说明见表6.46。

```
network ip-address [wildcard-mask]
no network ip-address [wildcard-mask]
```

表6.46 network命令语法说明

ip-address	直连网络的IP地址
wildcard-mask	(可选项)反向掩码

【例 6.36】 配置 EIGRP 自治系统 1,宣告网络 172.16.0.0/8 和 192.168.0.0/24。

```
Router(config)#router eigrp 1
Router(config-router)#network 172.16.0.0
Router(config-router)#network 192.168.0.0
```

由于 EIGRP 是根据链路的带宽及路由器的延迟计算度量值,如果这些链路的带宽没有改变,EIGRP 会使用默认带宽,这可能与实际带宽不一致。可以在接口配置模式下,使用 bandwidth 命令改变接口上的带宽:

```
Router(config-if)#bandwidth kilobits
```

该命令是逻辑地改变接口上的带宽,只能影响路由协议对链路度量值的计算,而不是真正使链路工作在该命令配置的带宽上,链路的真正速率是不会受该命令影响的。这条命令仅用于路由选择过程,并且要与接口的线路速度相匹配。

Cisco 建议在所有 EIGRP 配置中把邻居关系的变化保存在日志里,以便监控网络的稳定性和帮助发现网络问题。

为了启用将 EIGRP 邻居关系的变化保存到日志,在路由器配置模式下,使用 eigrp log-neighbor-changes 命令。为禁用 EIGRP 邻居关系日志,使用该命令的 no 形式。

```
eigrp log-neighbor-changes
no eigrp log-neighbor-changes
```

【例 6.37】 启用 EIGRP 进程 209 邻居变化日志。

```
Router(config)#router eigrp 209
Router(config-router)#eigrp log-neighbor-changes
```

6.3.5 配置负载均衡

在现实的网络管理中,往往会遇到许多用户访问某台主机,特别是那些应用服务器。而这些用户可能分布在网络的各个位置,如果仅由一个路由器来完成整个数据包的路由和转发,可能这台路由器承受不了。这时就可以通过负载均衡功能把这些路由分布在不同的 EIGRP 路由器上。

为了配置到达同一目的网络的多个等价(相对当前后继所对应的路由度量而言)或者不等价度量的路由,启用在多个路由器上的负载均衡功能,在路由器配置模式下,使用 traffic-share balanced 命令,为禁用该功能,使用该命令的 no 形式。traffic-share balanced 命令的格式如下:

```
traffic-share balanced
no traffic-share balanced
```

为了配置在 EIGRP 路由协议路由表中安装的并行路由的路由器数,在路由器配置模式下,使用 maximum-paths 命令,为了恢复默认值,使用该命令的 no 形式。maximum-paths 命令的格式如下,其语法说明见表 6.47。

```
maximum-paths number-paths
no maximum-paths
```

表 6.47 maximum-paths 命令语法说明

number-paths	一个路由协议安装在路由表中并行路由的最大数,范围是从 1 到 6

为了配置在基于 EIGRP 协议的互联网络中参与负载均衡同路由的不同度量之间的倍数,也就是配置使 EIGRP 在本地路由表中安装多个不等价开销的无环路由的可变值,在路由器配置模式下,使用 variance 命令,为了恢复默认值,使用该命令的 no 形式。variance 命令的格式如下,其语法说明见表 6.48。

```
variance multiplier
no variance
```

表 6.48 variance 命令语法说明

multiplier	倍数,取值范围从 1 到 128。默认值为 1,表示等价负载均衡

通过 EIGRP 学习到的路由要在本地路由表中安装,必须符合以下两个标准。

(1) 路由必须无环路。这个条件比较容易满足,只要路由所报告的距离小于该路由的总距离,或者该路由有一个可行后继。

(2) 路由的度量必须低于由 variance 命令 multiplier 参数配置的相对当前最优的后继路由的倍数。

【例 6.38】 启用 EIGRP 路由负载均衡,并设置最大并行路由数为 5,且只允许与当前后继所对应的路由度量相同的路由才可在本地路由表中安装。

```
Router(config)#router eigrp 1
Router(config-router)#traffic-share balanced
Router(config-router)#maximum-paths 5
Router(config-router)#variance 1
```

6.3.6 配置 EIGRP 认证

为启用 EIGRP 认证,在接口配置模式下,使用 ip authentication key-chain eigrp 命令。为禁用该认证,使用该命令的 no 形式。ip authentication key-chain eigrp 命令的格式如下,其语法说明见表 6.49。

```
ip authentication key-chain eigrp as-number key-chain
no ip authentication key-chain eigrp as-number key-chain
```

表 6.49　ip authentication key-chain eigrp 命令语法说明

as-number	自治系统号
key-chain	认证密钥链名

为指定 EIGRP 认证类型,在接口配置模式下,使用 ip authentication mode eigrp 命令。为禁用认证类型,使用该命令的 no 形式。ip authentication mode eigrp 命令的格式如下,语法说明见表 6.50。

```
ip authentication mode eigrp as-number md5
no ip authentication mode eigrp as-number md5
```

表 6.50　ip authentication mode eigrp 命令语法说明

as-number	自治系统号
md5	MD5 认证

【例 6.39】 配置 EIGRP 认证,拓扑结构图如图 6.5。

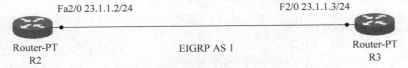

图 6.5　EIGRP 拓扑结构图

路由器 R3 配置如下:

```
R3(config)# key chain wolfbeing
R3(config-keychain)# key 1
R3(config-keychain-key)# key-string cisco
R3(config)# interface f2/0
R3(config-if)# ip authentication key-chain eigrp 1 wolfbeing
//出现提示说因为密码串启用导致邻居 down 了,然后再提示说该邻居又 up 起来了
*May 12 16:17:26.543: %DUAL-5-NBRCHANGE: IP-EIGRP(0) 1: Neighbor 23.1.1.2
(FastEthernet2/0) is down: keychain changed
*May 12 16:17:26.995: %DUAL-5-NBRCHANGE: IP-EIGRP(0) 1: Neighbor 23.1.1.2
(FastEthernet2/0) is up: new adjacency
```

R2 不启用认证,查看 R2 EIGRP 邻居表。

```
R2# sh ip ei neighbors
IP-EIGRP neighbors for process 1
H   Address     Interface   Hold Uptime   SRTT  RTO   Q    Seq
                            (sec)         (ms)        Cnt  Num
0   23.1.1.3    Fa2/0       14   00:00:18 110   660   0    17
```

两台路由器之间的邻居关系依然建立。

这时再将 R3 的 EIGRP 认证设为 MD5 加密。

```
R3(config-if)# ip authentication mode eigrp 1 md5
```

这时 R3 路由器提示认证方式已经修改。

```
*May 12 16:29:56.331: %DUAL-5-NBRCHANGE: IP-EIGRP(0) 1: Neighbor 23.1.1.2
(FastEthernet2/0) is down: authentication mode changed
```

再来查看 R2 情况, R2 出现以下提示信息, 说认证失败, 因为已经将 R3 EIGRP 认证启用, 但是 R2 并没有启用认证。

```
*May 12 16:41:55.407: %DUAL-5-NBRCHANGE: IP-EIGRP(0) 1: Neighbor 23.1.1.3
(FastEthernet2/0) is down: Auth failure
```

R2 邻居包这时也因为发出 Hello 包后,没能收到对方的 Hello,所以没能建立邻居关系,导致邻居表为空。

R2 启用 EIGRP 认证,但是使用错误的密码。

```
R2(config)# key chain itc
R2(config-keychain)# key 1
R2(config-keychain-key)# key-string wolfbeing
R2(config-if)# ip authentication mode eigrp 1 md5
```

这时在 R3 上打开 bebug eigrp packet,查看 EIGRP 数据包情况。
接收 Hello 包时,本地接口的判断:

```
*May 12 16:47:22.575: EIGRP: Received HELLO on Loopback1 nbr3.3.3.3
*May 12 16:47:22.579:    AS 1, Flags 0x0, Seq 0/0 idbQ 0/0
*May 12 16:47:22.579: EIGRP: Packet from ourselves ignored
*May 12 16:47:22.703: EIGRP: pkt key id = 1, authentication mismatch
//可以看出 R3 使用密码串中的第一个密码进行匹配
*May 12 16:47:22.703: EIGRP: FastEthernet2/0: ignored packet from 23.1.1.2, opcode = 5
(invalid authentication)
```

发出 Hello 包时,对方接口的判断:

```
*May 12 16:47:25.487: EIGRP: Sending HELLO on FastEthernet2/0
*May 12 16:47:25.487:    AS 1, Flags 0x0, Seq 0/0 idbQ 0/0 iidbQ un/rely 0/0
*May 12 16:47:27.503: EIGRP: pkt key id = 1, authentication mismatch
//可以看出 R3 使用密码串中的第一个密码进行匹配
*May 12 16:47:27.507: EIGRP: FastEthernet2/0: ignored packet from 23.1.1.2, opcode = 5
(invalid authentication)
```

发送和接收都出现认证不匹配,说明 EIGRP 认证是在接口下接收 Hello 包时进行检查的。

这时再将 R2 的密码改为正确的。

```
R2(config)#key chain itc
R2(config-keychain)#key 1
R2(config-keychain-key)#key-string cisco
```

查看 R3 路由器,可以看到:

```
* May 12 16:47:59.967: % DUAL-5-NBRCHANGE: IP-EIGRP(0) 1: Neighbor23.1.1.2
(FastEthernet2/0) is up: new adjacency        //邻居关系建立
```

R3 上邻居表为:

```
R3#show ip ei neighbors
IP-EIGRP neighbors for process 1
H  Address    Interface  Hold Uptime   SRTT  RTO  Q    Seq
                         (sec)         (ms)       Cnt  Num
0  23.1.1.2   Fa2/0      11   02:35:25 132   792  0    20
```

通过以上配置,可以得知配置 EIGRP 有以下注意事项。
(1) EIGRP 使用时密码串作为验证密码,需要定义并指定正确的密码串。
(2) 在 Cisco IOS 11.3 之后 EIGRP 只支持 MD5 认证,如果不使用 ip authentication mode eigrp 100 md5 命令,认证默认不起作用。
(3) EIGRP 认证是基于接口下对接收到的 Hello 包进行验证。

EIGRP 认证的密钥判断过程如下。

EIGRP 只支持 MD5 认证,也只是在接口上配置认证,EIGRP 也需要建立邻居关系。R1 的配置如下,R2 参照即可。

```
interface Serial1/1
ip authentication mode eigrp 90 md5                      //采用密文认证
ip authentication key-chain eigrp 90 eigrp-key-chain     //配置钥匙链
key chain eigrp-key-chain
key 1
key-string cisco
```

EIGRP 认证时,路由器发送最低 ID 的 key,并且携带 ID,只有 ID 和 key 值完全相同才能成功认证。R1 和 R2 的钥匙链配置如表 6.51 所示时,R1 和 R2 的邻居关系如表 6.51 所示中的规律。在 RIP/OSPF/EIGRP 中,key chain 的名字都只是本地有效,key chain 名字的不同不影响认证。

表 6.51 EIGRP 密文认证结果

R1 的 key chain	R2 的 key chain	是否可以形成邻居
key 1=cisco	key 2=cisco	不可以
key 1=cisco key 2=cisco	key 2=cisco key 1=abcde	不可以

R1 的 key chain	R2 的 key chain	是否可以形成邻居
key 1＝cisco key 5＝cisco	key 2＝cisco	不可以
key 1＝cisco key 2＝12345	key 1＝cisco key 2＝abced	可以

6.3.7 配置路由汇总

虽然 EIGRP 是无类的路由协议，但是在默认情况下，EIGRP 在有类边界自动汇总路由。在运行 EIGRP 协议的路由器上，如果直接连接子网 2.1.1.0/24，则路由器仍然自动把子网 2.1.1.0/24 汇总成主类网 2.0.0.0/8。

在大多数情况下，尽可能地压缩这种自动汇总保持路由选择表。但是如果存在不连续的子网，这样路由汇总会在路由学习上发生问题。如果需要使用无类的方法汇总路由，在路由器上关闭自动汇总，命令的格式如下：

```
Router(config-router)#no auto-summary
```

在 EIGRP 中，可以手动配置一个前缀用作汇总地址。为一个指定接口配置一个汇总地址，在接口配置模式下，使用 ip summary-address eigrp 命令。为禁用该配置，使用该命令的 no 形式。ip summary-address eigrp 命令的格式如下，其语法说明如表 6.52 所示。

```
ip summary-address eigrp as-number ip-address mask [admin-distance]
no ip summary-address eigrp as-number ip-address mask
```

表 6.52 ip summary-address eigrp 命令语法说明

as-number	自治系统号
ip-address	汇总 IP 地址
mask	子网掩码
admin-distance	（可选项）管辖距离

【例 6.40】 在以太网 0/0 接口上，配置汇总地址 192.168.0.0/16，管辖距离为 95。

```
Router(config)#router eigrp 1
Router(config-router)#no auto-summary
Router(config-router)#exit
Router(config)#interface Ethernet 0/0
Router(config-if)#ip summary-address eigrp 1 192.168.0.0 255.255.0.0 95
```

6.3.8 监视和维护 EIGRP

为显示配置了 EIGRP 的接口的相关信息，在特权 EXEC 模式下，使用 show ip eigrp interfaces 命令。show ip eigrp interfaces 命令的格式如下，其语法说明见表 6.53。

```
show ip eigrp interfaces [type number] [as-number] [detail]
```

表6.53 show ip eigrp interfaces 命令语法说明

type	（可选项）接口类型
number	（可选项）接口号
as-number	（可选项）自治系统号
detail	（可选项）详细信息

为显示通过 EIGRP 发现的邻居，在 EXEC 模式下，使用 show ip eigrp neighbors 命令。show ip eigrp neighbors 命令的格式如下，其语法说明见表 6.54。

```
show ip eigrp neighbors [interface-type | as-number | static | detail]
```

表6.54 show ip eigrp neighbors 命令语法说明

interface-type	（可选项）接口类型
as-number	（可选项）自治系统号
static	（可选项）静态邻居
detail	（可选项）详细邻居信息

【例6.41】show ip eigrp neighbors 命令输出，其命令字段说明如表 6.55 所示。

```
Router#show ip eigrp neighbors
P - EIGRP Neighbors for process 77
Address          Interface   Holdtime  Uptime    Q      Seq   SRTT   RTO
                             (secs)    (h:m:s)   Count  Num   (ms)   (ms)
172.16.81.28     Ethernet1   13        0:00:41   0      11    4      20
172.16.80.28     Ethernet0   14        0:02:01   0      10    12     24
172.16.80.31     Ethernet0   12        0:02:02   0      4     5      20
```

表6.55 show ip eigrp neighbors 字段说明

字　　段	说　　明
process 77	自治系统号
Address	邻居 IP 地址
Interface	接收邻居 Hello 包接口
Holdtime	宣称邻居无效前等待时间
Uptime	从第一次接收邻居信息起过去的时间
Q Count	等待发送的 EIGRP 包的数量
Seq Num	最新从邻居接收包的序号
SRTT	光滑往返时间
RTO	重传超时

为显示 EIGRP 拓扑表项目，在特权 EXEC 模式下，使用 show ip eigrp topology 命令。show ip eigrp topology 命令的格式如下，其语法说明见表 6.56。

```
show ip eigrp topology [ autonomous - system - number | ip - address [ mask ] | name
[ interfaces ] ] [ active | all - links | detail - links | pending | summary | zero - successors ]
```

表 6.56　show ip eigrp topology 命令语法说明

字段	说明
autonomous-system-number	（可选项）自治系统号
ip-address	（可选项）IP 地址
mask	（可选项）子网掩码
name	（可选项）EIGRP-IPv4 拓扑表名
interfaces	（可选项）接口
active	（可选项）活动表项
all-links	（可选项）所有表项汇总信息
detail-links	（可选项）所有表项详细信息
pending	（可选项）等待邻居更新或者回复的所有表项
summary	（可选项）表汇总信息
zero-successors	（可选项）可用路由

【例 6.42】 show ip eigrp topology 命令输出，show ip eigrp topology 命令字段说明见表 6.57。

```
Router # show ip eigrp topology
IP - EIGRP Topology Table for process 77

Codes: P - Passive, A - Active, U - Update, Q - Query, R - Reply,
       r - Reply status

P 10.16.90.0 255.255.255.0, 2 successors, FD is 0
        via 10.16.80.28 (46251776/46226176), Ethernet0
        via 10.16.81.28 (46251776/46226176), Ethernet1
        via 10.16.80.31 (46277376/46251776), Serial0
P 10.16.81.0 255.255.255.0, 1 successors, FD is 307200
        via Connected, Ethernet1
        via 10.16.81.28 (307200/281600), Ethernet1
        via 10.16.80.28 (307200/281600), Ethernet0
        via 10.16.80.31 (332800/307200), Serial0
```

表 6.57　show ip eigrp topology 命令字段说明

字　　段	说　　明
Codes	拓扑表项状态
P-Passive	目的地的 EIGRP 计算未完成
A-Active	目的地的 EIGRP 计算完成
U-Update	发送更新包到目的地
Q-Query	发送查询包到目的地
R-Reply	发送回复包到目的地
r-Reply status	发送查询后等待回复的标志
10.16.90.0	目的地 IP 网络号

续表

字 段	说 明
255.255.255.0	目的地子网掩码
successors	后继数
FD	可行距离
via	邻居 IP 地址
(46251776/46226176)	到目的地度量值/邻居通告度量值
Ethernet0	信息学习的接口
Serial0	信息学习的接口

为显示 EIGRP 发送和接收包的数量,在特权 EXEC 模式下,使用 show ip eigrp traffic 命令。show ip eigrp traffic 命令的格式如下,其语法说明见表 6.58。

show ip eigrp traffic [*as-number*]

表 6.58 show ip eigrp traffic 命令语法说明

as-number	(可选项)自治系统号

【例 6.43】 show ip eigrp traffic 输出。

```
Router# show ip eigrp traffic
IP-EIGRP Traffic Statistics for process 77
    Hellos sent/received: 218/205
    Updates sent/received: 7/23
    Queries sent/received: 2/0
    Replies sent/received: 0/2
    Acks sent/received: 21/14
```

6.4 实 验 练 习

实验拓扑结构图如图 6.6 所示。

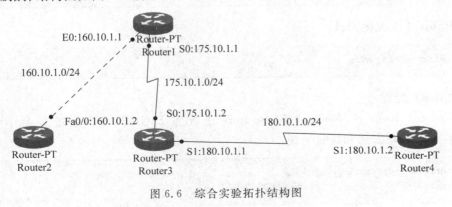

图 6.6 综合实验拓扑结构图

1. RIP 配置

在 Router1、Router2、Router3 和 router4 上所有串行接口和以太网接口配置 RIPv1。

```
Router1(config)# router rip
Router1(config-router)# network 160.10.0.0
Router1(config-router)# network 175.10.0.0
Router2(config)# router rip
Router2(config-router)# network 160.10.0.0
Router3(config)# router rip
Router3(config-router)# network 175.10.0.0
Router3(config-router)# network 180.10.0.0
Router4(config)# router rip
Router4(config-router)# network 180.10.0.0
```

在 Router1 上查看所有动态路由协议信息。

```
Router1# show ip protocols
```

在 Router4 上查看路由表。

```
Router4# show ip route
```

在 Router4 上 ping Router1 和 Router2，如果在所有路由器上配置 RIP，ping 应该成功。

```
Router4# ping 175.10.1.1
Router4# ping 160.10.1.2
```

在 Router4 上清除和重建 IP 路由表。

```
Router4# clear ip route *
```

在 Router1 上调试 RIP。

```
Router1# debug ip rip
```

在 Router1 上关闭调试。

```
Router1# undebug all
```

2. EIGRP 配置

在 Router1、Router2、Router3 和 Router4 上配置 EIGRP，自治系统号为 100，配置 EIGRP 在所有接口发送和接收更新。

```
Router1(config)# router eigrp 100
Router1(config-router)# network 160.10.0.0
```

```
Router1(config-router)#network 175.10.0.0
Router2(config)#router eigrp 100
Router2(config-router)#network 160.10.0.0
Router3(config)#router eigrp 100
Router3(config-router)#network 175.10.0.0
Router3(config-router)#network 180.10.0.0
Router4(config)#router eigrp 100
Router4(config-router)#network 180.10.0.0
```

在 Router4 上显示动态路由协议。

```
Router4#show ip protocols
```

在 Router1 上显示 EIGRP 邻居。

```
Router1#show ip eigrp neighbors
```

在 Router1 上显示发送和接收的 EIGRP 包的统计。

```
Router1#show ip eigrp traffic
```

在 Router1 上显示 EIGRP 拓扑数据库。

```
Router1#show ip eigrp topology
```

在 Router4 上显示 IP 路由表。

```
Router4#show ip route
```

从 Router4 ping Router1 和 Router2，如果在所有路由器上配置 EIGRP，这些 ping 应该成功。

```
Router4#ping 175.10.1.1
Router4#ping 160.10.1.2
```

在 Router1 上调试查看 EIGRP 路由活动。

```
Router1#debug ip eigrp
```

3. OSPF 配置

在 Router1、Router2、Router3 和 Router4 上关闭 EIGRP。

```
Router1(config)#no router igrp 200
Router2(config)#no router igrp 200
Router3(config)#no router igrp 200
Router4(config)#no router igrp 200
```

在 Router1、Router2、Router3 和 Router4 上配置 OSPF。进程 ID 为 1，配置 OSPF 在所有接口发送和接收更新。

```
Router1(config)# router ospf 1
Router1(config-router)# network 160.10.1.0 0.0.0.255 area 0
Router1(config-router)# network 175.10.1.0 0.0.0.255 area 0
Router2(config)# router ospf 1
Router2(config-router)# network 160.10.1.0 0.0.0.255 area 0
Router3(config)# router ospf 1
Router3(config-router)# network 175.10.1.0 0.0.0.255 area 0
Router3(config-router)# network 180.10.1.0 0.0.0.255 area 0
Router4(config)# router ospf 1
Router4(config-router)# network 180.10.1.0 0.0.0.255 area 0
```

在 Router4 上查看动态路由协议。

```
Router4# show ip protocols
```

在 Router1 上查看 OSPF 邻居。

```
Router1# show ip ospf neighbor
```

在 Router1 上查看运行 OSPF 接口。

```
Router1# show ip ospf interface
```

在 Router4 查看 IP 路由表。

```
Router4# show ip route
```

从 Router4 ping Router1 和 Router2，如果在所有路由器上配置 OSPF，这些 ping 应该成功。

```
Router4# ping 175.10.1.1
Router4# ping 160.10.1.2
```

习　　题

1. 写出路由器配置，拓扑结构图如图 6.7 所示，完成下列配置要求。

（1）在 Router1、Router2、Router3 和 Router4 上所有串行接口和以太网接口配置 RIPv1。

（2）在 Router1 上查看所有动态路由协议信息。

（3）在 Router4 上查看路由表。

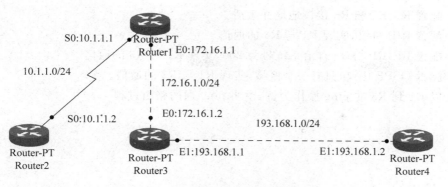

图 6.7 习题 1 拓扑结构图

(4) 在 Router4 上 ping Router1 和 Router2，这些 ping 是否成功。

(5) 在 Router4 上清除和重建 IP 路由表。

(6) 在 Router1 上调试 RIP。

(7) 在 Router1 上关闭调试。

(8) 在 Router1、Router2、Router3 和 Router4 上关闭 RIP，验证 RIP 是否关闭。

(9) 在 Router1、Router2、Router3 和 Router4 上配置 EIGRP，自治系统号为 200，配置 EIGRP 在所有接口发送和接收更新。

(10) 在 Router4 上显示动态路由协议。

(11) 在 Router1 上显示 EIGRP 邻居。

(12) 在 Router1 上显示发送和接收的 EIGRP 包的统计。

(13) 在 Router1 上显示 EIGRP 拓扑数据库。

(14) 在 Router4 上显示 IP 路由表。

(15) 从 Router4 ping Router1 和 Router2，这些 ping 是否成功。

(16) 在 Router1 上调试查看 EIGRP 路由活动。

(17) 在 Router1、Router2、Router3 和 Router4 上关闭 EIGRP。

(18) 在 Router1、Router2、Router3 和 Router4 上配置 OSPF。进程 ID 为 1，配置 OSPF 在所有接口发送和接收更新。

(19) 在 Router4 上查看动态路由协议。

(20) 在 Router1 上查看 OSPF 邻居。

(21) 在 Router1 上查看运行 OSPF 接口。

(22) 在 Router4 查看 IP 路由表。

(23) 从 Router4 ping Router1 和 Router2，这些 ping 是否成功。

2. 写出路由器 R1、R2 和 R3 配置，拓扑结构图如图 6.8 所示，完成下列配置要求。

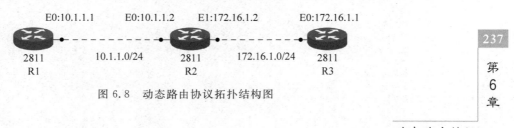

图 6.8 动态路由协议拓扑结构图

(1) 配置 R1、R2 和 R3 接口地址并激活。
(2) 配置 RIP 协议，实现 R1 与 R3 的通信。
(3) 配置 EIGRP 协议，自治系统号为 200，实现 R1 与 R3 的通信。
(4) 配置 OSPF 协议，只有一个区域，实现 R1 与 R3 的通信。
(5) 以 R1 到 R3 的 ping 操作为例，说明 ping 通的路由过程。

第 7 章　交换机基础

本章学习目标

- 了解交换机工作原理。
- 了解交换机初始配置。
- 掌握交换机网络设置配置方法。
- 掌握交换机 MAC 地址表管理配置方法。

7.1　交换机概述

交换机是第二层网络设备,主要是作为工作站、服务器、路由器、集线器和其他交换机的集中点。交换机是多端口的网桥,是当前采用星型拓扑结构的以太局域网的标准技术。交换机为所连接的两台联网设备提供一条独享的点到点的虚线路,以避免冲突。交换机可以工作在全双工模式之下,这意味着可以同时发送和接收数据。

7.1.1　交换机的工作原理

交换机根据收到数据帧中的源 MAC 地址建立该地址同交换机端口的映射,并将其写入 MAC 地址表中。交换机将数据帧中的目的 MAC 地址同已建立的 MAC 地址表进行比较,以决定由哪个端口进行转发。如果数据帧中的目的 MAC 地址不在 MAC 地址表中,则向所有端口转发。这一过程称为泛洪(flood)。广播帧和组播帧向所有的端口转发。

7.1.2　交换机功能

以太网交换机了解每一端口相连设备的 MAC 地址,并将地址同相应的端口映射起来存放在交换机缓存中的 MAC 地址表中。当一个数据帧的目的地址在 MAC 地址表中有映射时,它被转发到连接目的节点的端口而不是所有端口(如该数据帧为广播/组播帧则转发至所有端口)。当交换机包括一个冗余回路时,以太网交换机通过生成树协议避免回路的产生,同时允许存在后备路径。

7.1.3　交换机的工作特性

交换机的每一个端口所连接的网段都是一个独立的冲突域。交换机所连接的设备仍然在同一个广播域内,也就是说,交换机不隔绝广播(唯一的例外是在配有 VLAN 的环境中)。

交换机依据帧头的信息进行转发,因此说交换机是工作在数据链路层的网络设备(此处所述交换机仅指传统的二层交换设备)。

7.1.4 交换机的分类

依照交换机处理帧的不同操作模式,主要可分为以下两类。

(1) 存储转发:交换机在转发之前必须接收整个帧,并进行错误校检,如无错误再将这一帧发往目的地址。帧通过交换机的转发时延随帧长度的不同而变化。

(2) 直通式:交换机只要检查到帧头中所包含的目的地址就立即转发该帧,而无须等待帧全部被接收,也不进行错误校验。由于以太网帧头的长度总是固定的,因此帧通过交换机的转发时延也保持不变。

7.2 交换机的启动

7.2.1 交换机物理启动

交换机是专用的特殊计算机,它包括中央处理器(CPU)、随机存储器(RAM)和操作系统。交换机通常会有若干端口用于连接主机,同时还会有几个专用的管理端口,如图7.1所示。通过连接到交换机控制台端口,可以对交换机进行管理,并查看和变更交换机的配置。

图 7.1 交换机端口

交换机通常没有用于开启和关闭的电源开关,而是简单地通过连接/断开电源进行控制。如下给出了Cisco交换机启用时命令行界面的输出。

```
C2960 Boot Loader (C2960-HBOOT-M) Version 12.2(25r)FX, RELEASE SOFTWARE (fc4)
Cisco WS-C2960-24TT (RC32300) processor (revision C0) with 21039K bytes of memory.
2960-24TT starting...
Base ethernet MAC Address: 0050.0FDB.C456
Xmodem file system is available.
Initializing Flash...
flashfs[0]: 1 files, 0 directories
flashfs[0]: 0 orphaned files, 0 orphaned directories
flashfs[0]: Total bytes: 64016384
flashfs[0]: Bytes used: 4414921
flashfs[0]: Bytes available: 59601463
flashfs[0]: flashfs fsck took 1 seconds.
...done Initializing Flash.
Boot Sector Filesystem (bs:) installed, fsid: 3
Parameter Block Filesystem (pb:) installed, fsid: 4
Loading "flash:/c2960-lanbase-mz.122-25.FX.bin"...
###############################################################
[OK]

            Restricted Rights Legend
Use, duplication, or disclosure by the Government is
```

```
                    subject to restrictions as set forth in subparagraph
              (c) of the Commercial Computer Software - Restricted
              Rights clause at FAR sec. 52.227-19 and subparagraph
              (c) (1) (ii) of the Rights in Technical Data and Computer
              Software clause at DFARS sec. 252.227-7013.
                         cisco Systems, Inc.
                         170 West Tasman Drive
                         San Jose, California 95134-1706
Cisco IOS Software, C2960 Software (C2960-LANBASE-M), Version 12.2(25)FX, RELEASE
SOFTWARE (fc1)
Copyright (c) 1986-2005 by Cisco Systems, Inc.
Compiled Wed 12-Oct-05 22:05 by pt_team
Image text-base: 0x80008098, data-base: 0x814129C4
Cisco WS-C2960-24TT (RC32300) processor (revision C0) with 21039K bytes of memory.
24 FastEthernet/IEEE 802.3 interface(s)
2 Gigabit Ethernet/IEEE 802.3 interface(s)
64K bytes of flash-simulated non-volatile configuration memory.
Base ethernet MAC Address       : 0050.0FDB.C456
Motherboard assembly number     : 73-9832-06
Power supply part number        : 341-0097-02
Motherboard serial number       : FOC103248MJ
Power supply serial number      : DCA102133JA
Model revision number           : B0
Motherboard revision number     : C0
Model number                    : WS-C2960-24TT
System serial number            : FOC1033Z1EY
Top Assembly Part Number        : 800-26671-02
Top Assembly Revision Number    : B0
Version ID                      : V02
CLEI Code Number                : COM3K00BRA
Hardware Board Revision Number  : 0x01

Switch    Ports    Model            SW Version          SW Image
------    -----    -----            ----------          ----------
  *  1     26      WS-C2960-24TT    12.2                C2960-LANBASE-M
Cisco IOS Software, C2960 Software (C2960-LANBASE-M), Version 12.2(25)FX, RELEASE SOFTWARE
(fc1)
Copyright (c) 1986-2005 by Cisco Systems, Inc.
Compiled Wed 12-Oct-05 22:05 by pt_team
Press RETURN to get started!
```

7.2.2 交换机指示灯

交换机的前面板有几个指示灯,用于监控系统的活动和性能。这些指示灯称为 LED。前面板上的指示灯包括以下几个。

(1) 系统指示灯(System LED):显示系统是否已经接通电源并且正常工作。

(2) 远程电源供应(RPS)指示灯:显示交换机是否由远程电源供电。

(3) 端口模式指示灯(Port Mode LEDs):显示模式(Mode)按钮的当前状态。

(4) 端口状态指示灯(Port States LEDs):显示交换机或者单个端口的状态。

在电源线连接好之后,交换机会启动一系列称为加电自检(POST)的测试用于检测交换机是否工作正常。系统指示灯会显示 POST 成功与否。如果交换机已经加电,系统指示灯是灭的,说明 POST 正在进行。如果系统指示灯变为绿色,说明 POST 已经成功。如果系统指示灯为琥珀色,则 POST 失败。POST 失败是一个致命的错误。如果 POST 检测失败,则交换机不能可靠地工作。

端口状态指示灯也会在 POST 过程中有所变化。在交换机发现网络拓扑结构并搜索环路时,端口状态指示灯变为琥珀色并持续大约 30s。如果端口状态指示灯变成绿色,说明交换机的一个端口已经和目标成功建立链接。如果端口指示灯不亮,说明交换机端口没有连接到设备。

7.3 交换机初始配置

新的交换机会有预先设置好的配置,该配置使用厂家设定的默认值,但这些设置难以达到网络管理员的要求。可以通过命令行界面来配置和管理交换机,越来越多的联网设备也可以通过使用基于 Web 的界面和浏览器来进行设置与管理。

为了有效地管理含有交换机的网络,网络管理员必须熟悉许多管理任务。其中一些任务与维护交换机以及它的网络操作系统(IOS)有关,而另外一些任务则是为了获得最优的、稳定的和安全的操作而管理交换机的接口和各种表。

7.3.1 默认配置

与路由器不同,在没有做任何配置之前,就已经有默认的配置存在于运行配置文件中。当交换机第一次启动的时候,这个默认的配置就会被调入内存运行。在这个默认配置中,交换机的名字叫做 Switch,交换机的控制台或虚拟终端线路都没有配置口令。对于 Cisco 基于 IOS 命令的交换机,可以用 show running-config 命令来显示交换机的默认配置。

【例 7.1】 显示交换机的默认设置。

```
Switch# show running-config
Building configuration...
Current configuration : 925 bytes
version 12.2
no service password-encryption
hostname Switch
interface FastEthernet0/1
interface FastEthernet0/2
interface FastEthernet0/3
interface FastEthernet0/4
interface FastEthernet0/5
interface FastEthernet0/6
interface FastEthernet0/7
interface FastEthernet0/8
interface FastEthernet0/9
interface FastEthernet0/10
interface FastEthernet0/11
```

```
interface FastEthernet0/12
interface FastEthernet0/13
interface FastEthernet0/14
interface FastEthernet0/15
interface FastEthernet0/16
interface FastEthernet0/17
interface FastEthernet0/18
interface FastEthernet0/19
interface FastEthernet0/20
interface FastEthernet0/21
interface FastEthernet0/22
interface FastEthernet0/23
interface FastEthernet0/24
interface GigabitEthernet1/1
interface GigabitEthernet1/2
interface Vlan1
 no ip address
 shutdown
line con 0
line vty 0 4
 login
line vty 5 15
 login
end
```

7.3.2 端口属性

可以使用 show interface 命令检查交换机接口上的默认配置。接口默认的是自动双工和自动速率,也就是说该接口的双工模式和速率模式都是由其连接的设备决定的。

【例 7.2】 显示快速以太网接口 0/1 默认接口属性。

```
Switch# show interface fastEthernet 0/1
FastEthernet0/1 is down, line protocol is down (disabled)
    Hardware is Lance, address is 00d0.58da.ad01 (bia 00d0.58da.ad01)
    MTU 1500 bytes, BW 100000 Kbit, DLY 1000 usec,
       reliability 255/255, txload 1/255, rxload 1/255
    Encapsulation ARPA, loopback not set
    Keepalive set (10 sec)
    Half-duplex, 100Mb/s
    input flow-control is off, output flow-control is off
    ARP type: ARPA, ARP Timeout 04:00:00
    Last input 00:00:08, output 00:00:05, output hang never
    Last clearing of "show interface" counters never
    Input queue: 0/75/0/0 (size/max/drops/flushes); Total output drops: 0
    Queueing strategy: fifo
    Output queue :0/40 (size/max)
    5 minute input rate 0 bits/sec, 0 packets/sec
    5 minute output rate 0 bits/sec, 0 packets/sec
```

```
      956 packets input, 193351 bytes, 0 no buffer
      Received 956 broadcasts, 0 runts, 0 giants, 0 throttles
      0 input errors, 0 CRC, 0 frame, 0 overrun, 0 ignored, 0 abort
      0 watchdog, 0 multicast, 0 pause input
      0 input packets with dribble condition detected
      2357 packets output, 263570 bytes, 0 underruns
      0 output errors, 0 collisions, 10 interface resets
      0 babbles, 0 late collision, 0 deferred
      0 lost carrier, 0 no carrier
      0 output buffer failures, 0 output buffers swapped out
```

7.3.3 VLAN 属性

交换机的所有端口都属于 VLAN1。VLAN1 作为默认管理 VLAN。使用 show vlan 命令可以显示交换机中所定义的 VLAN 的相关信息。默认情况下，所有端口初始化时都属于 VLAN1。

【例 7.3】 显示了 VLAN1 默认属性。

```
Switch# show vlan
VLAN Name                             Status    Ports
1    default                          active    Fa0/1, Fa0/2, Fa0/3, Fa0/4
                                                Fa0/5, Fa0/6, Fa0/7, Fa0/8
                                                Fa0/9, Fa0/10, Fa0/11, Fa0/12
                                                Fa0/13, Fa0/14, Fa0/15, Fa0/16
                                                Fa0/17, Fa0/18, Fa0/19, Fa0/20
                                                Fa0/21, Fa0/22, Fa0/23, Fa0/24
                                                Gig1/1, Gig1/2
1002 fddi-default                     active
1003 token-ring-default               active
1004 fddinet-default                  active
1005 trnet-default                    active
VLAN Type  SAID    MTU   Parent  RingNo  BridgeNo  Stp  BrdgMode  Trans1  Trans2
1    enet  100001  1500  -       -       -         -    -         0       0
1002 enet  101002  1500  -       -       -         -    -         0       0
1003 enet  101003  1500  -       -       -         -    -         0       0
1004 enet  101004  1500  -       -       -         -    -         0       0
1005 enet  101005  1500  -       -       -         -    -         0       0
```

7.3.4 闪存目录

由于新交换机还没有配置过，它的闪存目录里没有包含 VLAN 数据库文件（vlan.dat），也没有保存的配置文件（config.text）。其中，vlan.dat 文件用来储存本地 VLAN 的信息，交换机使用该文件与其他交换机共享 VLAN 的信息。默认情况下，闪存目录里有一个包含 IOS 映像的文件、一个 env_vars 文件以及一个 html 子目录。使用 show flash 或者 dir flash 命令可以显示闪存目录的内容。

【例 7.4】 显示默认闪存目录。

```
Switch#dir flash:
Directory of flash:/
    1  -rwx-  1674921   Apr  30  2001  15:09:51  c2950-c3h2s-mz.120-5.3.WC.1.bin
    2  -rwx    269      Jan  01  1970  00:00:00  env_vars
    3  drwx   10240     Apr  30  2001  15:09:52  html
7741440 bytes total (4780544 bytes free)
```

7.3.5 版本信息

使用 show version 命令来验证 IOS 版本和配置寄存器的设置。交换机的其他信息也可以在该输出中看到,如 IOS 系统映像文件名、交换机型号、序列号码、内存大小以及端口号码和类型。

【例 7.5】 显示 IOS 版本和配置寄存器的设置。

```
Switch#show version
Cisco IOS Software, C2960 Software (C2960-LANBASE-M), Version 12.2(25)FX, RELEASE SOFTWARE (fc1)
Copyright (c) 1986-2005 by Cisco Systems, Inc.
Compiled Wed 12-Oct-05 22:05 by pt_team
ROM: C2960 Boot Loader (C2960-HBOOT-M) Version 12.2(25r)FX, RELEASE SOFTWARE (fc4)
System returned to ROM by power-on
Cisco WS-C2960-24TT (RC32300) processor (revision C0) with 21039K bytes of memory.
24 FastEthernet/IEEE 802.3 interface(s)
2 Gigabit Ethernet/IEEE 802.3 interface(s)
64K bytes of flash-simulated non-volatile configuration memory.
Base ethernet MAC Address       : 0001.C7E9.5038
Motherboard assembly number     : 73-9832-06
Power supply part number        : 341-0097-02
Motherboard serial number       : FOC103248MJ
Power supply serial number      : DCA102133JA
Model revision number           : B0
Motherboard revision number     : C0
Model number                    : WS-C2960-24TT
System serial number            : FOC1033Z1EY
Top Assembly Part Number        : 800-26671-02
Top Assembly Revision Number    : B0
Version ID                      : V02
CLEI Code Number                : COM3K00BRA
Hardware Board Revision Number  : 0x01

Switch   Ports   Model          SW Version   SW Image
*  1     26      S-C2960-24TT   12.2         C2960-LANBASE-M

Configuration register is 0xF
```

7.4 交换机网络设置

对于一台已配置好的交换机,只要求提供密码就可以访问用户 EXEC 或者特权 EXEC 模式。交换机的配置模式从特权 EXEC 模式进入。在命令行界面,默认的特权 EXEC 模式提示符为"Switch#";在用户 EXEC 模式,提示符为"Switch>"。

7.4.1 配置主机名和密码

安全性、文档和管理对于每一台互联网络设备都是非常重要的。每台交换机都应该配置一个主机名,都应该在控制台和虚拟终端线路上设置密码。

【例 7.6】 设置交换机的主机名和控制台、虚拟终端线路密码。

```
Switch(config)# hostname LanSwitch
LanSwitch (config)# line console 0
LanSwitch (config-line)# password cisco
LanSwitch (config-line)# login
LanSwitch (config-line)# line vty 0 4
LanSwitch (config-line)# password cisco
LanSwitch (config-line)# login
```

7.4.2 配置 IP 地址和默认网关

为了允许远程登录交换机并且对交换机进行配置,必须在交换机上配置 IP 地址和默认网关。在 Catalyst 2950 系列的交换机上,IP 地址配置在 VLAN1 这个虚拟接口上,在 Catalyst 1900 系列的交换机上,直接在全局配置模式下配置 IP 地址。

VLAN1 管理 VLAN,一般负责网络管理的主机都连接在 VLAN1 里。要实现对交换机的远程管理,应该在交换机上配置 IP 地址、子网掩码和网关,并且保证交换机有接口连接在管理 VLAN 中。

【例 7.7】 设置交换机 Catalyst 2950 的 IP 地址和默认网关。

```
Switch(config)# interface vlan1
Switch(config-if)# ip address 192.168.1.2 255.255.255.0
Switch(config-if)# ip default-gateway 192.168.1.1
```

7.5 MAC 地址表管理

7.5.1 配置 MAC 地址老化

交换机中各端口具有自动学习地址的功能,通过端口接收帧的源地址和端口被存储到地址表中。老化时间是影响交换机学习进程的参数。从一个地址记录加入地址表以后开始计时。如果在老化时间内,端口未收到源地址为该 MAC 地址的帧,那么,这个地址记录将从动态转发地址表中删除。静态 MAC 地址表不受地址老化时间影响。

这个时间参数被施加到所有 VLAN 上。设置老化时间太短可使地址从 MAC 地址表中过早地被删除。当交换机接收到一个未知目的地的包时，它泛洪到在同一个 VLAN 中的所有端口。这种不必要的泛洪影响性能。设置老化时间太长可使地址表充满不使用的地址，阻碍新地址被学习，同样对新地址的转发也会造成泛洪，影响性能。

为配置 MAC 地址表中项目的最大老化时间，在全局配置模式下，使用 mac-address-table aging-time 命令。为重新设置最大老化时间为默认设置，使用该命令的 no 形式。mac-address-table aging-time 命令的格式如下，其语法说明如表 7.1 所示。

```
mac - address - table aging - time
no mac - address - table aging - time seconds
```

表 7.1　mac-address-table aging-time 命令语法说明

seconds	MAC 地址表项最大老化时间，默认值是 300 秒

【例 7.8】　配置老化时间为 300 秒。

```
Router(config)# mac - address - table aging - time 300
```

7.5.2　配置静态 MAC 地址

如果想使某个 MAC 地址永久地与交换机的某一接口映射时，可以手动添加一条 MAC 地址与接口的映射到 MAC 地址表。这个 MAC 地址被称为静态 MAC 地址。通过使用静态 MAC 地址，可以达到如下目的。

（1）使该 MAC 地址不会因为超时而被交换机自动清除。

（2）一台特殊的服务器或者工作站必须连接在交换机的某一个端口上，而且其 MAC 地址是网络中的主机众所周知的。

（3）增加安全性。

为添加静态项目到 MAC 地址表，在全局配置模式下，使用 mac-address-table static 命令。为移除项目，使用该命令的 no 形式。mac-address-table static 命令的格式如下，其语法说明见表 7.2。

```
mac - address - table static mac - address vlan vlan - id interface type slot/port
no mac - address - table static mac - address vlan vlan - id interface type slot/port
```

表 7.2　mac-address-table static 命令语法说明

mac-address	MAC 地址
vlan vlan-id	与 MAC 地址项关联的 VLAN
interface type slot/port	接口类型、槽口和端口

【例 7.9】　添加静态项到 MAC 地址表。

```
Router(config)# mac - address - table static 0050.3e8d.6400 vlan 100 interface fastethernet5/7
```

7.5.3 配置端口安全

在网络中,访问层交换机提供用户的主机连接进入网络的端口。在布线的时候,一般会将网线一端连接交换机,一端连接到办公室的墙盒上,用户的主机只需要一个网线连接墙盒与主机的网卡即可。但是这样是不安全的,别有用心的人可能会把他人的主机与墙盒的连线拔开,把自己的移动计算机连接在墙盒上盗取公司的重要文件或数据。可以通过使用端口安全技术避免这样的事情发生。

交换机提供了一种称为端口安全的特性。利用该特性,可以限制在该接口上学习到的地址的数量,还可以配置交换机在这些数量超过某个值时采取相应的行动。

当在交换机的某个端口使用了端口安全之后,第一个连接上该端口的主机的 MAC 地址被锁定,以后再有任何其他主机连接上该端口,该端口都不会工作。该端口只为第一台连接上它的主机工作。

1. 启用/禁用端口安全

为在一个接口上启用端口安全,在接口配置模式下,使用 switchport port-security 命令。为禁用端口安全,使用该命令的 no 形式。switchport port-security 命令的格式如下。

```
switchport port - security
no switchport port - security
```

【例 7.10】 启用端口安全。

```
Router(config - if)# switchport port - security
```

2. 配置端口安全地址

通过限制和识别端口的 MAC 地址,使用者可控制对端口的访问。当使用者分配安全 MAC 地址到一个安全端口时,该端口不转发源地址在已定义的一组地址外的包。

使用者可配置下列类型的安全 MAC 地址。

(1) 静态安全 MAC 地址:由手工静态创建得到,被存储在地址表中,并被添加到运行配置中。

(2) 动态安全 MAC 地址:由动态学习得到,被存储在地址表中,当交换机重启时丢失。

(3) 粘性安全 MAC 地址:由动态学习或手工静态创建得到,被存储在地址表中,并添加到运行配置中。

粘性安全 MAC 地址不能自动保存在启动配置文件中。如果使用者保存粘性安全 MAC 地址在启动配置文件中,当交换机重启时,接口无须重新学习这些地址,否则它们将丢失。尽管它们可以被静态创建,但不建议这样做。

当下列情形发生时会违反安全性。

(1) 超过端口最大安全地址数目的 MAC 地址试图访问这个端口。

(2) 配置为某个端口的安全 MAC 地址试图访问其他端口。

当发生违反端口安全的行为时,使用者可配置接口处于下列 3 种处理模式。

(1) 保护(protect)。当在端口上的安全 MAC 地址数量达到允许的极限时,带有未知源地址的包被丢弃,直到使用者删除足够多的安全 MAC 地址,或增加允许的最多地址数。在该模式下,使用者不会被通知一个违反端口安全行为发生。

(2) 限制(restrict)。当在端口上的安全 MAC 地址数量达到允许的极限时,带有未知源地址的包被丢弃,直到使用者删除足够多的安全 MAC 地址,或增加允许的最多地址数。在该模式下,使用者会被通知一个违反端口安全行为发生,发送一个 SNMP 陷阱,记录日志消息,违反计数器增加计数。

(3) 关闭(shutdown)。在该模式下,一个违反端口安全行为使端口立即进入错误禁止状态,端口关闭,发送一个 SNMP 陷阱,记录日志消息,违反计数器增加计数。这是违反端口安全行为的默认处理模式。

当安全端口处于错误禁止(error-disable)状态时,使用者可用下列方法使它离开该状态。

(1) 使用全局配置模式命令 errdisable recovery cause psecure-violation。

(2) 使用接口模式配置命令,输入 shutdown 命令关闭端口,然后用 no shutdown 命令重新启用端口。

为添加一个 MAC 地址到安全 MAC 地址列表,在接口配置模式下,使用 switchport port-security mac-address 命令。为从安全 MAC 地址列表中移除一个 MAC 地址,使用该命令的 no 形式。switchport port-security mac-address 命令的格式如下,其语法说明如表 7.3 所示。

```
switchport port-security mac-address {mac-addr | {sticky [mac-addr]}}
no switchport port-security mac-address {mac-addr | {sticky [mac-addr]}}
```

表 7.3 switchport port-security mac-address 命令语法说明

mac-addr	MAC 地址
sticky	粘性地址

【例 7.11】 配置安全 MAC 地址。

```
Router(config-if)# switchport port-security mac-address 1000.2000.3000
```

【例 7.12】 在接口上启用粘性特性。

```
Router(config-if)# switchport port-security mac-address sticky
```

【例 7.13】 指定 MAC 地址作为粘性地址。

```
Router(config-if)# switchport port-security mac-address sticky 0000.0000.0001
```

为设置一个端口上安全 MAC 地址的最大数量,在接口配置模式下,使用 switchport port-security maximum 命令。为返回到默认设置,使用该命令的 no 形式。switchport port-security maximum 命令的格式如下,其语法说明如表 7.4 所示。

```
switchport port-security maximum maximum [vlan vlan | vlan-list]
no switchport port-security maximum
```

表 7.4 switchport port-security maximum 命令语法说明

maximum	接口安全地址的最大数量
vlan vlan | vlan-list	（可选项）一个 VLAN 或 VLAN 列表

【例 7.14】 设置端口上安全 MAC 地址的最大数量。

```
Router(config-if)#switchport port-security maximum 5
```

为设置当安全违反发生时采取的行动，在接口配置模式下，使用 switchport port-security violation 命令。为返回到默认设置，使用该命令的 no 形式。switchport port-security violation 命令的格式如下，其语法说明见表 7.5。

```
switchport port-security violation{shutdown | restrict | protect}
no switchport port-security violation{shutdown | restrict | protect}
```

表 7.5 switchport port-security violation 命令语法说明

shutdown	关闭接口
restrict	丢弃所有来自不安全主机的包，增加安全违反计数
Protect	丢弃所有来自不安全主机的包，但不增加安全违反计数

【例 7.15】 当安全违反发生时，设置采用的动作。

```
Router(config-if)#switchport port-security violation restrict
```

3. 配置端口安全老化

使用老化特性在一个安全端口上无须手工删除已存在的安全 MAC 地址就可删除和添加安全 MAC 地址，还可限制在一个安全端口上的安全地址数量。使用者可在一个安全端口上设置静态和动态安全地址的老化时间。下列类型的老化被支持。

（1）绝对(**absolute**)。在端口上的安全 MAC 地址在指定的老化时间消逝后从安全地址列表删除。

（2）非活动(**inactivity**)。如果安全地址在指定的老化时间内不活动，在端口上的安全 MAC 地址从安全地址列表删除。

为配置端口安全老化，在接口配置模式下，使用 switchport port-security aging time 命令。为禁用老化，使用该命令的 no 形式。switchport port-security aging time 命令的格式如下，其语法说明如表 7.6 所示。

```
switchport port-security aging {time time | type {absolute | inactivity}}
no switchport port-security aging
```

表 7.6 switchport port-security aging time 命令语法说明

time *time*	安全地址老化时间
type	老化类型
absolute	绝对老化
inactivity	只有当没有通信流量时,计时器开始运行

【例 7.16】 设置老化时间为 2 小时。

```
Router(config-if)# switchport port-security aging time 120
```

【例 7.17】 设置老化类型为绝对老化。

```
Router(config-if)# switchport port-security aging type absolute
```

【例 7.18】 设置老化类型为不活跃老化。

```
Router(config-if)# switchport port-security aging type inactivity
```

7.5.4 监视和维护 MAC 地址表

交换机通过检查在端口上接收到的帧的源地址就可以学习到连接在该端口的 PC 或工作站的 MAC 地址。然后,交换机把这些学到的 MAC 地址记录在 MAC 地址表汇总。如果帧的目的 MAC 地址已经记录在该表中,则该帧就能交换到正确的接口上。

为显示 MAC 地址表,在特权 EXEC 模式下,使用 show mac-address-table 命令。show mac-address-table 命令的格式如下,其语法说明见表 7.7。

```
show mac-address-table [secure | self | count] [address mac-addr] [interface type/number] [vlan vlan-id]
```

表 7.7 show mac-address-table 命令语法说明

secure	(可选项)只显示安全地址
self	(可选项)只显示交换机自己添加的地址
count	(可选项)显示当前在 MAC 地址表里的条目数
address *mac-addr*	(可选项)显示指定 MAC 地址的 MAC 地址表的信息
interface *type/number*	(可选项)显示指定接口的地址
vlan *vlan-id*	(可选项)显示指定 VLAN 的地址

【例 7.19】 show mac-address-table 的输出。

```
Router# show mac-address-table
Dynamic Addresses Count:              9
Secure Addresses (User-defined) Count: 0
Static Addresses (User-defined) Count: 0
```

```
System Self Addresses Count:    41
Total MAC addresses:            50
Non-static Address Table:
Destination Address    Address Type    VLAN    Destination Port
0010.0de0.e289         Dynamic         1       FastEthernet0/1
0010.7b00.1540         Dynamic         2       FastEthernet0/5
0010.7b00.1545         Dynamic         2       FastEthernet0/5
0060.5cf4.0076         Dynamic         1       FastEthernet0/1
0060.5cf4.0077         Dynamic         1       FastEthernet0/1
0060.5cf4.1315         Dynamic         1       FastEthernet0/1
0060.70cb.f301         Dynamic         1       FastEthernet0/1
00e0.1e42.9978         Dynamic         1       FastEthernet0/1
00e0.1e9f.3900         Dynamic         1       FastEthernet0/1
```

在比较大的网络中，交换机可能要学习上千个 MAC 地址。这些地址不可能全都进入交换机的 MAC 地址表，因为交换机的 MAC 地址表受限于 RAM 的大小，所有那些不经常使用的 MAC 地址就会从交换机的 MAC 地址表中清除。

另外，连接在交换机上的主机可能会关机，也可能会被移到别的地方，连接到其他交换机上，这些行为都会造成 MAC 地址表的改动。

交换机对每条 MAC 地址都设置一个计时器。如果一台主机 300s 之内没有发送数据帧到达交换机，交换机的计数器将认为它超时，交换机就会把它的 MAC 地址从 MAC 地址表中清除，以省出空间来存储别的 MAC 地址。

可以使用 clear mac-address-table 命令手动清除 MAC 地址表。利用这个命令，可以立刻清除无效的 MAC 地址，也可以清除管理员手动配置在 MAC 地址表的地址。

为从 MAC 地址表中清除指定地址或地址集，在特权 EXEC 模式下，使用 clear mac-address-table 命令。clear mac-address-table 命令格式如下，其语法说明如表 7.8 所示。

```
clear mac-address-table [dynamic | secure | static] [address mac-address] [interface type slot/port]
```

表 7.8 clear mac-address-table 命令语法说明

dynamic	（可选项）只清除动态地址
secure	（可选项）只清除安全地址
static	（可选项）只清除静态地址
address	（可选项）只清除指定地址
mac-address	（可选项）指定 MAC 地址
interface	（可选项）清除一个接口上所有地址
type	（可选项）接口类型
slot	（可选项）模块接口号
port	（可选项）端口接口号

【例 7.20】 清除 MAC 地址表中所有动态地址。

```
Router# clear mac-address-table dynamic
```

【例 7.21】 清除在以太网接口 1 上的静态地址 0040.C80A.2F07。

Router# clear mac-address-table static address 0040.C80A.2F07 interface ethernet 0/1

7.6 实验练习

实验拓扑结构图如图 7.2 所示。

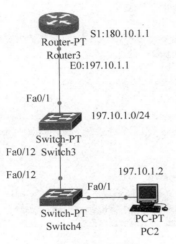

图 7.2 综合实验拓扑结构图

在 Switch3 上设置交换机的主机名和密码，保存配置；显示交换机的默认配置，设置交换机的 IP 地址为 197.10.1.99，默认网关为 197.10.1.1。

```
Switch>enable
Switch#configure terminal
Switch(config)#hostname 2950sw3
2950sw3(config)#  exit
2950sw3#show running-config
2950sw3#copy running-config startup-config
2950sw3#show startup-config
2950sw3#erase startup-config
2950sw3#reload
Swtich>enable
Switch#configure terminal
Switch(config)#hostname 2950sw3
2950sw3(config)#enable password cisco
2950sw3(config)#interface vlan1
2950sw3(config-if)#ip address 197.10.1.99 255.255.255.0
2950sw3(config-if)#no shutdown
2950sw3(config-if)#exit
2950sw3(config)#ip default-gateway 197.10.1.1
2950sw3#show interface vlan1
```

在 Switch4 上设置交换机的主机名为 2950sw4,密码为 cisco,保存配置;显示交换机的默认配置,设置交换机的 IP 地址为 197.10.1.100,默认网关为 197.10.1.1;添加静态项目到 MAC 地址表,地址为 4444-4444-4444,VLAN 为 1,端口为 Fa0/5,显示 MAC 地址表;打开交换机 Fa0/9 端口的安全功能,只允许该端口下的 MAC 条目最大数量为 1。

```
Switch>enable
Switch#configure terminal
Switch(config)#hostname 2950sw4
2950sw4(config)#enable secret cisco
2950sw4(config)#interface vlan1
2950sw4(config-if)#ip address 197.10.1.100 255.255.255.0
2950sw4(config-if)#no shutdown
2950sw4(config-if)#exit
2950sw4(config)#ip default-gateway 197.10.1.1
2950sw4#show version
2950sw4#show mac-address-table
2950sw4(config)#mac-address-table static 4444-4444-4444 vlan 1 int fa0/5
2950sw4(config)#exit
2950sw4#show mac-address-table
2950sw4(config)#interface fa0/9
2950sw4(config-if)#switchport port-security
2950sw4(config-if)#switchport port-security maximum 1
```

习 题

1. 写出交换机配置,拓扑结构图如图 7.3 所示,完成下列配置要求。

(1) 配置 Switch3 在用户模式和特权模式之间切换。
(2) 配置 Switch3 主机名为 sw3。
(3) 查看 Switch3 运行配置,并保存为启动配置。
(4) 查看 Switch3 启动配置,清除启动配置,重新启动。
(5) 配置 Switch3 特权模式口令为 cisco3。
(6) 配置 Switch3 默认管理 VLAN IP 地址为 11.1.1.3,子网掩码为 255.255.255.0,网关为 11.1.1.1。
(7) 查看 Switch3 默认管理 VLAN 接口信息。
(8) 查看 Switch3 所有接口信息。
(9) 配置 Switch4 主机名为 sw4。
(10) 配置 Switch4 特权模式加密口令为 cisco4。
(11) 配置 Switch4 默认管理 VLAN IP 地址为 11.1.1.4,子网掩码为 255.255.255.0,网关为 11.1.1.1。
(12) 配置 Switch4 添加默认管理 VLAN 的静态 MAC 地址表项,MAC 地址为 1122.3344.5566,端口为 Fa0/0。

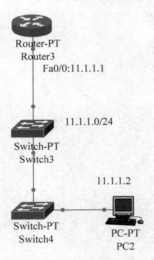

图 7.3 习题 1 拓扑结构图

(13) 查看 Switch4 MAC 地址表。

(14) 配置 Switch4 Fa0/1 端口为安全端口，允许 MAC 地址最大数目为 10。

2. 写出路由器和交换机配置，拓扑结构图如图 7.4 所示，完成下列配置要求。

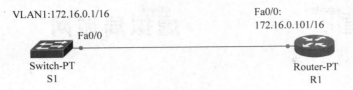

图 7.4　交换机端口安全拓扑结构图

(1) 查看 R1 的 Fa0/0 接口的 MAC 地址。
(2) 配置 S1 的 Fa0/0 端口启用端口安全，只允许一个设备接入，当违反安全规则发生时关闭端口。
(3) 允许 R1 从其 Fa0/0 接口接入。
(4) 查看 S1 MAC 地址表。
(5) 从 R1 ping S1 的管理地址，是否可以 ping 通。
(6) 配置 R1 的 Fa0/0 接口的 MAC 地址为另一个地址，是否可以 ping 通。
(7) 查看 S1 的 Fa0/0 端口信息。
(8) 查看 S1 的端口安全信息。

第 8 章　虚拟局域网

本章学习目标

- 掌握静态 VLAN 配置方法。
- 掌握 VLAN 干道配置方法。
- 掌握 VLAN 间路由配置方法。

8.1　VLAN 概述

8.1.1　VLAN 的定义

VLAN(Virtual Local Area Network)即虚拟局域网,是一种通过将局域网内的设备逻辑地而不是物理地划分成一个个网段从而实现虚拟工作组的技术,如图 8.1 所示。创建 VLAN 可以不受物理位置限制而根据用户需求进行网络分段,是对连接到第二层交换机端口网络用户的逻辑分段,这样可以方便地按部门来分割网段,实现按权限访问,提高了安全性。

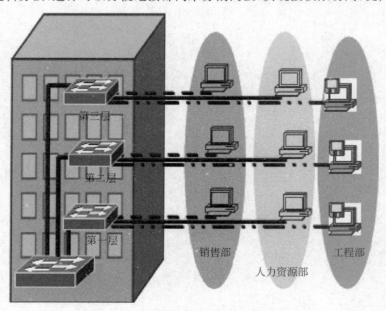

图 8.1　逻辑定义网络 VLAN

基于交换机的虚拟局域网能够为局域网解决冲突域、广播域、带宽问题。传统共享介质的以太网和交换式的以太网中,对广播风暴的控制和网络安全只能在第三层的路由器上实现,而 VLAN 技术的出现可以在第二层上实现对广播域的划分。

划分 VLAN 后,由于广播域的缩小,网络中广播包消耗带宽所占的比例大大降低,网络的性能得到显著的提高。网络管理员能通过控制交换机的每一个端口来控制网络用户对网络资源的访问,同时 VLAN 和第三层、第四层的交换结合使用能够为网络提供较好的安全措施。

VLAN 是为解决以太网的广播问题和安全性而提出的,它在以太网帧的基础上增加了 VLAN 头,用 VLAN ID 把用户划分为更小的工作组,限制不同工作组间用户的二层互访。

虚拟局域网的好处是可以限制广播范围,并能够形成虚拟工作组,动态管理网络。

既然 VLAN 隔离了广播风暴,同时也隔离了各个不同的 VLAN 之间的通信,所以不同的 VLAN 之间的通信是需要由路由来完成的。

8.1.2 VLAN 的优点

(1) 改进管理效率。VLAN 提供了有效的机制来控制由于企业结构、人事或资源变化对网络系统所造成的影响。例如,当用户从一个地点移到另一个地点时,只需对交换机的配置稍做改动即可,大大简化了重新布线、配置和测试的步骤。

(2) 控制广播活动。VLAN 可保护网络不受由广播流量所造成的影响,一个 VLAN 内的广播信息不会传送到 VLAN 之外,网络管理人员可以通过设置 VLAN 灵活控制广播域。

(3) 增强网络安全。VLAN 创造了虚拟边界,它只能通过路由跨越,因此通过将网络用户划分到不同 VLAN 并结合访问控制,可控制 VLAN 外部站点对 VLAN 内部资源的访问,提高网络的安全性。

8.1.3 VLAN 划分

(1) 根据端口来划分 VLAN。将相同或者不同交换机中的某些端口定义为一个单独的区域,从而形成一个 VLAN 网段。同一个 VLAN 网段中的计算机属于同一个 VLAN 组,不同 VLAN 组之间的用户进行通信需要通过路由器或者三层交换机进行。

基于端口的划分方式是一种静态二层访问 VLAN 划分方式,其优点是配置起来非常方便,而且大多数品牌交换机都支持这一技术,所以实现起来成本较低,配置也非常简单。这个划分方式适合于网络环境比较固定的情况,因为它是基于端口的静态划分方式。不足之处是不够灵活,当一台计算机需要从一个端口移动到另一个新的端口,而新端口与旧端口不属于同一个 VLAN 时,需要修改端口的 VLAN 设置或在用户计算机上重新配置网络地址,这样才能加入到新的 VLAN 中;否则这台计算机将无法进行网络通信。

(2) 根据 MAC 地址划分 VLAN。根据每个主机的 MAC 地址来划分,即对每个 MAC 地址的主机都配置它属于哪个组。最大优点就是当用户物理位置移动时,即从一个交换机换到其他的交换机时,VLAN 不用重新配置,所以可以认为这种根据 MAC 地址的划分方法是基于用户的 VLAN。缺点是初始化时,所有的用户都必须进行配置,如果有几百个甚至上千个用户的话,配置是非常累的。

(3)根据网络层划分 VLAN。根据每个主机的网络层地址或协议类型(如果支持多协议)划分。

如果是基于通信协议来划分,同一协议的工作站被划分为一个 VLAN,交换机检查广播帧的以太帧标题域,查看其协议类型,若已存在该协议的 VLAN,则加入源端口,否则创建一个新的 VLAN。这种 VLAN 划分方式具有非常高的职能,不但大大减少了人工配置 VLAN 的工作量,同时保证了用户自由地增加、移动和修改。不同网段上的站点可以属于同一 VLAN,在不同 VLAN 上的站点也可以在同一网段上。

如果采用基于网络地址划分的方式,通常是根据用户计算机的 IP 地址、子网掩码、IPX 网络号等来划分,交换机会自动检查每个设备的 IP 地址、子网掩码或者 IPX 网络号等,然后自动划分。该方式的优势是网络用户可以在网络内部自由移动而不用重新配置自己的工作站,尤其使用 TCP/IP 的用户,可以减少由于协议转换而造成的网络延迟,而且同一个交换机端口可以被划分到多个 VLAN 网段中。不足之处是需要分析各种协议的地址格式并进行相应的转换,这要消耗交换机设备较多的资源。

(4)根据 IP 组播划分 VLAN。将任何属于同一组播组的计算机划分到同一个 VLAN。任何一个工作站都有机会成为某一个组播组的成员,只要它对该组播组的组播确认信息给予肯定的回答,所有加入同一个组播组的工作站被视为同一个虚拟网的成员。然后,它们的这种成员身份可根据实际需求保留一定的时间。因此,给使用者带来了巨大的灵活性和可扩展性。

(5)基于策略的 VLAN。这是最灵活的 VLAN 划分方法,具有自动配置的能力,能够把相关的用户连成一体,在逻辑划分上称为"关系网络"。网络管理员只需在网络管理软件中确定划分 VLAN 的规则(或属性),那么当一个站点加入网络中时将会被发现并"感知",并被自动地包含进正确的 VLAN 中。同时,对站点的移动和改变也可自动识别和跟踪。在这种方式下,整个网络可以非常方便地通过路由器扩展规模。

8.1.4 VLAN 标准

(1) 802.10 VLAN 标准。在 1995 年,Cisco 公司提倡使用 IEEE 802.10 协议。然而,大多数 802 委员会的成员都反对推广 802.10。

(2) 802.1q。在 1996 年 3 月,IEEE 802.1 Internetworking 委员会出台的标准进一步完善了 VLAN 的体系结构,统一了不同厂商的标签格式,并制定了 VLAN 标准在未来的发展方向,形成的 802.1q 的标准在业界获得了广泛的推广。

Cisco ISL(Inter-Switch Link)标签是 Cisco 公司的专有封装方式,因此只能在 Cisco 的设备上支持。ISL 是一个在交换机之间、交换机与路由器之间及交换机与服务器之间传递多个 VLAN 信息及 VLAN 数据流的协议,通过直接在交换机的端口配置 ISL 封装,即可跨越交换机进行整个网络的 VLAN 分配和配置。

8.2 配置静态 VLAN

静态 VLAN 的配置是把交换机的端口手动地分配到 VLAN 的过程。这个过程可以使用网络管理软件完成,但是在大多数的情况下,是通过在交换机上直接以命令行的方式配置。交换机的一个端口只能属于一个 VLAN(配置为干道的端口除外)。端口一旦被属于哪个 VLAN,除非重新修改该端口的 VLAN 属性,否则该端口将一直属于该 VLAN。

在配置 VLAN 时要注意,VLAN 1 是交换机的默认 VLAN,在没有对交换机进行任何配置(也就是交换机在处于出厂值)时,所有的交换机端口都属于 VLAN 1。在对交换机进行配置时也要注意,VLAN 1 是管理 VLAN,CDP 消息和 VLAN 干道协议(VTP)域的管理信息是通过 VLAN 1 在交换机之间传递的,所以一定要在交换机上保留 VLAN 1 作为管理 VLAN。

另外,要注意交换机所能够配置的 VLAN 的数量根据交换机的型号不同而不同,所以要在配置交换机之前阅读交换机的说明书和配置指南。还要注意,一定要在 VTP 域的服务器模式的交换机上建立、添加、修改和删除 VLAN。

为了进入 VLAN 配置模式,在全局配置模式下,使用 vlan 命令。为删除一个 VLAN,使用该命令的 no 形式。vlan 命令的格式如下,其语法说明如表 8.1 所示。

```
vlan vlan-id
no vlan vlan-id
```

表 8.1　vlan 命令语法说明

vlan-id	VLAN 号,取值范围为 1~4094,可以输入一个 VLAN 号,或者输入以逗号间隔的多个 VLAN 号,或者输入以连字符间隔的 VLAN 号范围

为设置接口类型,在接口配置模式下,使用 switchport mode 命令。使用该命令的 no 形式复位设备的默认模式。switchport mode 命令的格式如下,其语法说明如表 8.2 所示。

```
switchport mode {access | trunk | dynamic {auto | desirable}}
no switchport mode
```

表 8.2　switchport mode 命令语法说明

access	设置端口为访问模式(静态访问或者动态访问依赖 switchport access vlan 命令设置)。端口被无条件设置为访问,作为非干道,单独 VLAN 接口,发送和接收非封装(非标记)帧。一个访问端口只能分配给一个 VLAN
trunk	设置端口无条件为干道。端口是一个干道 VLAN 二层接口。发送和接收用封装(标记)识别 VLAN 来源的帧。干道是在两个交换机之间或者交换和路由器之间一个点对点链路
dynamic auto	设置接口干道模式 dynamic 参数为 auto 是为了说明接口转换链路为干道链路
dynamic desirable	设置接口干道模式 dynamic 参数为 desirable 是为了说明接口主动尝试转换链路为干道链路

当接口在访问模式时,为设置所属 VLAN,在接口配置模式下,使用 switchport access vlan 命令。为恢复默认 VLAN,使用该命令的 no 形式。switchport access vlan 命令的格式如下,其语法说明如表 8.3 所示。

```
switchport access vlan vlan-id
no switchport access vlan
```

表 8.3　switchport access vlan 命令语法说明

vlan-id	VLAN 号

【例 8.1】　静态 VLAN 配置。

```
Switch(config)# vlan 2
Switch(config-vlan)# name vlan2
Switch(config)# interface fastethernet 0/1
Switch(config-if)# switchport mode access
Switch(config-if)# switchport access vlan 2
```

8.3　监视与维护 VLAN

为显示 VLAN 信息,在 EXEC 模式下,使用 show vlan 命令。show vlan 命令的格式如下,其语法说明如表 8.4 所示。

```
show vlan [brief | id vlan-id | name name]
```

表 8.4　show vlan 命令语法说明

brief	（可选项）显示 VLAN 概要信息
id vlan-id	（可选项）显示由 VLAN ID 号标识的 VLAN 信息
name name	（可选项）显示由 VLAN 名称标识的 VLAN 信息

【例 8.2】　显示所有 VLAN 的 VLAN 参数,show vlan 命令字段说明如表 8.5 所示。

```
Switch# show vlan
VLAN   Name                  Status    Ports
1      default               active    Fa0/5, Fa0/6, Fa0/7, Fa0/8
                                       Fa0/9, Fa0/10, Fa0/11, Fa0/12
                                       Fa0/13, Fa0/14, Fa0/15, Fa0/16
                                       Fa0/17, Fa0/18, Fa0/19, Fa0/20
                                       Fa0/21, Fa0/22, Fa0/23, Fa0/24
                                       Gig1/1, Gig1/2
2      VLAN0002              active    Fa0/1
3      VLAN0003              active    Fa0/2
4      VLAN0004              active    Fa0/3
5      VLAN0005              active    Fa0/4
6      VLAN0006              active
1002   fddi-default          active
1003   token-ring-default    active
1004   fddinet-default       active
1005   trnet-default         active
```

VLAN	Type	SAID	MTU	Parent	RingNo	BridgeNo	Stp	BrdgMode	Trans1	Trans2
1	enet	100001	1500	-	-	-	-	-	0	0
2	enet	100002	1500	-	-	-	-	-	0	0
3	enet	100003	1500	-	-	-	-	-	0	0
4	enet	100004	1500	-	-	-	-	-	0	0
5	enet	100005	1500	-	-	-	-	-	0	0
6	enet	100006	1500	-	-	-	-	-	0	0
1002	enet	101002	1500	-	-	-	-	-	0	0
1003	enet	101003	1500	-	-	-	-	-	0	0
1004	enet	101004	1500	-	-	-	-	-	0	0
1005	enet	101005	1500	-	-	-	-	-	0	0

【例 8.3】 只显示 VLAN 名称、状态和关联端口。

```
Switch# show vlan brief
```

VLAN	Name	Status	Ports
1	default	active	Fa0/5, Fa0/6, Fa0/7, Fa0/8
			Fa0/9, Fa0/10, Fa0/11, Fa0/12
			Fa0/13, Fa0/14, Fa0/15, Fa0/16
			Fa0/17, Fa0/18, Fa0/19, Fa0/20
			Fa0/21, Fa0/22, Fa0/23, Fa0/24
			Gig1/1, Gig1/2
2	VLAN0002	active	Fa0/1
3	VLAN0003	active	Fa0/2
4	VLAN0004	active	Fa0/3
5	VLAN0005	active	Fa0/4
6	VLAN0006	active	
1002	fddi-default	active	
1003	token-ring-default	active	
1004	fddinet-default	active	
1005	trnet-default	active	

【例 8.4】 显示多个 VLAN 的参数。

```
Router# show vlan id 1,3-5
```

VLAN	Name	Status	Ports
1	default	active	Fa0/5, Fa0/6, Fa0/7, Fa0/8
			Fa0/9, Fa0/10, Fa0/11, Fa0/12
			Fa0/13, Fa0/14, Fa0/15, Fa0/16
			Fa0/17, Fa0/18, Fa0/19, Fa0/20
			Fa0/21, Fa0/22, Fa0/23, Fa0/24
			Gig1/1, Gig1/2
3	VLAN0003	active	Fa0/2
4	VLAN0004	active	Fa0/3
5	VLAN0005	active	Fa0/4

VLAN	Type	SAID	MTU	Parent	RingNo	BridgeNo	Stp	BrdgMode	Trans1	Trans2
1	enet	100001	1500	-	-	-	-	-	0	0
3	enet	100003	1500	-	-	-	-	-	0	0
4	enet	100004	1500	-	-	-	-	-	0	0
5	enet	100005	1500	-	-	-	-	-	0	0

【例 8.5】 显示名为 VLAN0002 的 VLAN 信息。

```
Switch# show vlan name VLAN0002
VLAN      Name              Status              Ports
2         VLAN0002          active              Fa0/1
VLAN  Type   SAID     MTU   Parent  RingNo  BridgeNo  Stp  BrdgMode  Trans1  Trans2
2     enet   100002   1500   -       -       -         -    -         0       0
```

表 8.5 show vlan 命令字段说明

字　　段	说　　明
VLAN	VLAN 的号码
Name	VLAN 的名称
Status	VLAN 的状态
Ports	属于 VLAN 的端口
Type	VLAN 的介质类型
SAID	VLAN 安全关联 ID 值
MTU	VLAN 的最大传输单元大小

8.4　VLAN 干道配置

8.4.1　VLAN 干道概述

干道技术可以绑定多条虚拟链路在一条实际的物理线路上，以允许交换机之间的多个 VLAN 可以传递数据流量。在交换机上有两种链路：访问链路和干道链路。访问链路连接的是一般的属于某个 VLAN 的终端，干道链路连接的是交换机。

为了实现在一条单一的物理线路上传递多个 VLAN 的数据帧的目的，每一个通过干道传输的数据帧都要被标记上 VLAN ID，以使接收这个数据帧的交换机知道这个数据帧是由属于哪个 VLAN 的主机发送的。

在以太网为介质的干道上，有两种主要的干道标记技术：802.1q 和 ISL。802.1q 是 IEEE 制定的干道标记标准，它会在数据帧准备通过干道时对数据帧的帧头进行编辑，在数据帧的帧头上放置单一的标识，以标识数据帧来自哪个 VLAN。交换机会读懂该标识并做出相应的操作。当该数据帧离开干道时，该标识被去除，如图 8.2 所示。数据帧的标记是在 OSI 参考模型的二层上的操作，它对交换机的开销很小。由于 802.1q 是 IEEE 制定的，各个厂商的交换机几乎都支持该标准。

ISL 封装技术是由 Cisco 公司开发的私有技术。它是在帧的前面和后面增加封装信息，其中包含了 VLAN ID。在干道上，干道协议使用帧标记机制为数据帧标记上 VLAN ID 来标识数据帧的 VLAN，以达到更容易地管理数据流量和实现快速传递数据帧的目的。之所以在干道上为数据帧做标记，是因为干道并不独立属于哪一个 VLAN。标记技术能够在控制网络里的广播和应用程序的数据流量的同时，又不影响网络和应用程序的正常工作。

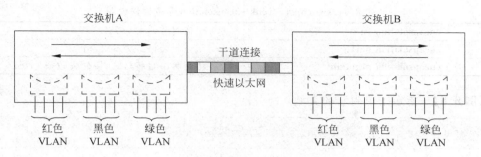

图 8.2　VLAN 干道

8.4.2　配置干道端口

为设置接口的类型,在接口配置模式下,使用 switchport mode 命令。使用该命令的 no 形式复位设备的默认模式。switchport mode 命令的格式如下,其语法说明如表 8.6 所示。

```
switchport mode { dynamic {auto | desirable} | trunk}
no switchport mode
```

表 8.6　switchport mode 命令语法说明

dynamic auto	只有邻居交换机主动与自己协商时才会变成 Trunk 接口,所以它是一种被动模式,当邻居接口为 Trunk 或 Desirable 时,才会成为 Trunk 如果不能形成 Trunk 模式,则工作在 Access 模式
dynamic desirable	主动与对方协商成为 Trunk 接口的可能性,如果邻居接口模式为 trunk/desirable/auto 之一,则接口将变成 Trunk 接口工作。如果不能形成 Trunk 模式,则工作在 Access 模式。这种模式是现在交换机的默认模式
trunk	强制接口成为 Trunk 接口,并且主动诱使对方成为 Trunk 模式,所以当邻居交换机接口为 trunk/desirable/auto 时会成为 Trunk 接口

【例 8.6】 设置接口为干道模式。

```
Switch(config-if)# switchport mode trunk
```

【例 8.7】 设置接口为动态尝试模式。

```
Switch(config-if)# switchport mode dynamic desirable
```

当接口为干道模式时,为设置干道封装的格式,在接口配置模式下,使用 switchport trunk encapsulation 命令。为恢复默认值,使用该命令的 no 形式。switchport trunk encapsulation 命令的格式如下,其语法说明如表 8.7 所示。

```
switchport trunk encapsulation { isl | dot1q | negotiate}
no switchport trunk encapsulation {isl | dot1q | negotiate }
```

表 8.7 switchport trunk encapsulation 命令语法说明

encapsulation isl	干道封装格式为 ISL
encapsulation dot1q	干道封装格式为 802.1q
encapsulation negotiate	协商解决封装格式，协商失败则为 ISL

【例 8.8】 指定干道封装的类型。

```
Switch(config-if)# switchport trunk encapsulation dot1q
```

8.4.3 配置干道允许 VLAN 列表

一个干道端口默认收发所有 VLAN 的流量。然而使用者可从允许列表中删除指定的 VLAN，以免该 VLAN 的流量在干道上通过。

当接口为干道模式时，为设置干道允许列表，在接口配置模式下，使用 switchport trunk allowed vlan 命令。为恢复默认值，使用该命令的 no 形式。switchport trunk allowed vlan 命令的格式如下，其语法说明如表 8.8 所示。

```
switchport trunk allowed vlan vlan-list
no switchport trunk allowed vlan
```

表 8.8 switchport trunk allowed vlan 命令语法说明

allowed vlan	允许 VLAN 列表
vlan-list	VLAN 列表

vlan-list 格式如下：

```
all | add | remove | except vlan-list[,vlan-list...]
```

(1) **all**：指定从 1 到 1005 的所有 VLAN。从 Cisco IOS Release 12.4(15)T 开始，有效的 VLAN ID 范围从 1 到 4094。

(2) **add**：添加定义的 VLAN 到当前设置的 VLAN 列表，而不是替换该列表。

(3) **remove**：从当前设置的 VLAN 列表移除定义的 VLAN，而不是替换该列表。

(4) **except**：通过定义的 VLAN 列表反转来计算 VLAN 列表。

(5) *vlan-list*：或者是单独从 1 到 1005 的 VLAN 号码，或者通过两个 VLAN 号描述的 VLAN 连续范围。从 Cisco IOS Release 12.4(15)T 开始，有效的 VLAN ID 范围从 1 到 4094。

【例 8.9】 从允许 VLAN 列表中删除 VLAN 3 和 10 至 15。

```
Switch(config)# interface fastethernet0/1
Switch(config-if)# switchport trunk allowed vlan remove 3 10-15
```

8.4.4 配置本征 VLAN

Native VLAN 的作用是在 Trunk 链路使用 802.1q 封装时，用 Native VLAN 指定哪个

VLAN 的数据不用做 802.1q 标记,Native VLAN 外的其他 VLAN 数据都会做 802.1q 封装的标记。

使用 Native VLAN 原因是交换管理流量以及未指定 VLAN 的流量,默认使用 Native VLAN(默认为 VLAN 1)来传送,这些流量不需要做 802.1q 封装。

当接口为干道模式时,为设置本征 VLAN,在接口配置模式下,使用 switchport trunk native vlan 命令。为恢复默认值,使用该命令的 no 形式。switchport trunk native vlan 命令的格式如下,其语法说明如表 8.9 所示。

```
switchport trunk native vlan vlan-id
no switchport trunk native vlan
```

表 8.9 switchport trunk native vlan 命令语法说明

native vlan	本征 VLAN
vlan-id	本征 VLAN 号,默认为 1

【例 8.10】 配置 VLAN 3 作为发送不带标签流量的本征 VLAN。

```
Switch(config-if)#switchport trunk native vlan 3
```

8.4.5 配置 VLAN 间路由

1. 路由器解决方案

每一个 VLAN 是一个广播域,不同 VLAN 里的主机如果不通过路由器,是不能通信的。两台交换机之间可以通过干道的连接,达到两台交换机所连接的相同 VLAN 里的主机互相通信的目的。但是,两台交换机上不同 VLAN 的主机之间还是不能通信。要让两台属于不同 VLAN 的主机之间能够通信,必须使用路由器为 VLAN 之间做路由,如图 8.3 所示。

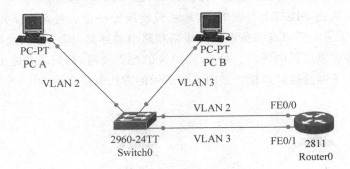

图 8.3 不同 VLAN 的主机通过路由器互相通信

在图 8.3 中,交换机使用两个分别属于 VLAN 2 和 VLAN 3 的端口连接路由器的两个以太网端口 FE0/0 和 FE0/1。在路由器的 FE0/0 接口上配置与 VLAN 2 中的主机同网段的 IP 地址,在路由器的 FE0/1 接口上配置与 VLAN 3 中的主机同网段的 IP 地址。在主机 A 上设置默认网关为路由器的 FE0/0 接口地址,在主机 B 上设置默认网关为路由器的 FE0/1 接口地址,则主机 A 与主机 B 可以实现互相通信,因为交换机把来自于主机 A 去往主机 B 的数据帧通过 VLAN 2 的端口发送给路由器的 FE0/0 端口。路由器是工作在三层上的设备，它根本不管数据帧是从哪个 VLAN 来的，它只是按照数据包 IP 包头里封装的目的 IP 地址为数据包做路由。由于数据包头里的目的 IP 地址（即主机 B 的 IP 地址）位于路由器 FE0/1 接口所连接的网段上，路由器把该数据包由 FE0/1 接口发出，该数据包从 VLAN 3 的端口到达交换机，交换机把该数据包转发给主机 B。主机 B 与主机 A 之间的通信是上述过程的逆过程。所以，VLAN 间的路由实际上就是子网间的路由。

但是，如果网络中有很多 VLAN，需要很多交换机和路由器之间的连接，一般来说，大多数路由器没有很多个接口。所以，一般用一条以太线或者光纤以干道的方式连接交换机和路由器，因为在干道上可以传输多个 VLAN 的数据。要想使用干道连接交换机和路由器，路由器和交换机两端的接口都必须是 100Mbps 以上的以太接口或光纤接口。

如图 8.4 所示的设计就可以为多个 VLAN 做路由。

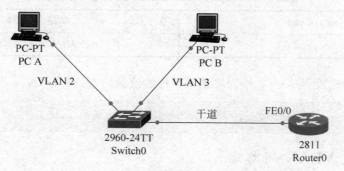

图 8.4　干道连接交换机和路由器

把每个 VLAN 与路由器有一条线路连接的、为 VLAN 间提供路由的方式成为物理连接方式，把使用干道在路由器和交换机之间传递多个 VLAN 信息的、为 VLAN 间提供路由的方式称为逻辑连接方式。把如图 8.4 所示的这种设计称为单臂路由器设计。

如果只使用一条线路作为干道连接路由器和交换机的话，路由器上只有一个物理接口和交换机连接，在该物理接口上有效的 IP 地址只能配置一个。可是要求每一个 VLAN 对应一个子网。在干道上要求有多条逻辑的线路和路由器连接，即干道上允许多少个 VLAN 通过，就应该有多少条逻辑的线路。每条 VLAN 的逻辑线路，都要求和路由器上 IP 地址属于该 VLAN 所在子网的接口连接。如图 8.5 所示的方法解决多个 VLAN 和一个物理接口对应问题。

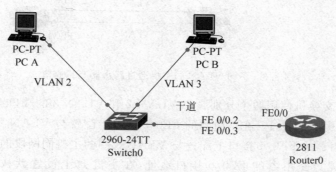

图 8.5　在物理接口上划分子接口

在图 8.5 中，可以看到路由器的物理接口 FE0/0 被逻辑地划分成了两个子接口 FE0/0.2 和 FE0/0.3，每一个子接口对应一个 VLAN 的子网。从而使干道上的每一条逻辑线路都有了一个路由器的接口与之对应，只不过这些接口都是虚拟的逻辑接口。但是路由器视这些接口为正常接口，其功能与一般物理接口一样。

在路由器的一个物理接口上，可以存在多个逻辑的子接口。可以在一个物理接口上配置与 VLAN 数量相当的子接口，使每一个 VLAN 的子网连接在一个子接口上。为每一个子接口分配其对应 VLAN 的子网中的 IP 地址，而不在物理接口上分配 IP 地址。

在图 8.5 中，把路由器上连接干道的物理接口分成了两个子接口，以对应网络中两个 VLAN。其中子接口 FE0/0.2 对应 VLAN 2，另一个子接口 FE0/0.3 对应 VLAN 3。如果 VLAN 2 的网段是 192.168.2.0，VLAN 3 的网段是 192.168.3.0，那么子接口 FE0/0.2 可被配置 192.168.2.0 网段的地址 192.168.2.1，而子接口 FE0/0.3 可被配置 192.168.3.0 网段的地址 192.168.3.1。

这样，路由器会认为自己的两个子接口直接连接了两个网段 192.168.2.0 和 192.168.3.0。路由器上的接口所直接连接的网段会直接进入路由表。所以，经过上述配置，路由器已经具备了为两个 VLAN 中的数据包进行路由的条件了。

但是，为了让 VLAN 之间能够通信，还要在 VLAN 中的主机上配置默认网关，以使 VLAN 中的主机在向其他 VLAN 的主机发送数据时，要将数据包发送到路由器上来。主机的默认网关地址就是路由器连接该主机所在 VLAN 的子接口地址。

为在一个 VLAN 中的一个子接口上启用 IEEE 802.1q 封装，在子接口配置模式下，使用 encapsulation dot1q 命令。为禁用 IEEE 802.1q 封装，使用该命令的 no 形式。encapsulation dot1q 命令的格式如下，其语法说明如表 8.10 所示。

```
encapsulation dot1q vlan_id
no encapsulation dot1q vlan_id
```

表 8.10 encapsulation dot1q 命令语法说明

vlan_id	VLAN 标识符

为启用 ISL，在子接口配置模式下，使用 encapsulation isl 命令。为禁用 ISL，使用该命令的 no 形式。encapsulation isl 命令的格式如下，其语法说明如表 8.11 所示。

```
encapsulation isl vlan-identifier
no encapsulation isl vlan-identifier
```

表 8.11 encapsulation isl 命令语法说明

vlan-identifier	VLAN 标识符

【例 8.11】 单臂路由器方式配置 VLAN 间路由，实现 PC A 与 PC B 之间通信，拓扑结构如图 8.6 所示。

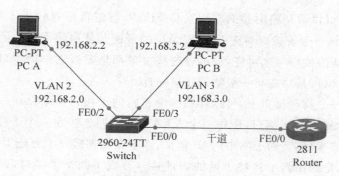

图 8.6 单臂路由器实现 VLAN 间路由

交换机 Switch 配置如下：

```
Switch(config)# vlan 2
Switch(config)# vlan 3
Switch(config)# interface fastethernet 0/2
Switch(config-if)# switchport mode access
Switch(config-if)# switchport access vlan 2
Switch(config)# interface fastethernet 0/3
Switch(config-if)# switchport mode access
Switch(config-if)# switchport access vlan 3
Switch(config)# interface fastethernet 0/0
Switch(config-if)# switchport mode trunk
Switch(config-if)# switchport trunk encapsulation dot1q
Switch(config-if)# no shutdown
```

路由器 Router 配置如下：

```
Router(config)# interface fastethernet 0/0
Router(config-if)# no shutdown
Router(config)# interface fastethernet 0/0.2
Router(config-subif)# encapsulation dot1q 2
Router(config-subif)# ip address 192.168.2.1 255.255.255.0
Router(config-subif)# no shutdown
Router(config)# interface fastethernet 0/0.3
Router(config-subif)# encapsulation dot1q 3
Router(config-subif)# ip address 192.168.3.1 255.255.255.0
Router(config-subif)# no shutdown
```

PC A 配置：IP 地址为 192.168.2.2，默认网关为 192.168.2.1。
PC B 配置：IP 地址为 192.168.3.2，默认网关为 192.168.3.1。

2. 三层交换机解决方案

单臂路由实现 VLAN 间路由时转发速率较慢，实际上，在局域网内部多采用三层交换。三层交换机通常采用硬件来实现，其路由数据包的速率是普通路由器的几十倍。

从使用者的角度，可以把三层交换机看成二层交换机和路由器的组合，这个虚拟的路由器和每个 VLAN 都有一个接口进行连接，不过这些接口的名称是 VLAN1 或者 VLAN2

等。思科早些年采用的是基于 NetFlow 的三层交换技术，现在思科主要采用 CEF 技术。在 CEF 技术中，交换机利用路由表形成转发信息库(FIB)，FIB 和路由表是同步的，关键的是，FIB 的查询是硬件化的，其查询速度很快。除了 FIB 之外，还有邻接表，该表和 ARP 表类似，主要放置了第二层的封装信息。FIB 和邻接表都是在数据转发之前就已经建立好了，这样一有数据要转发，交换机就能直接利用它们进行数据转发和封装，不需要查询路由表和发送 ARP 请求，所以 VLAN 间的路由速率大大提高。

【例 8.12】 配置三层交换实现 VLAN 间路由，实现 PC A 与 PC B 之间通信，拓扑结构如图 8.7 所示。

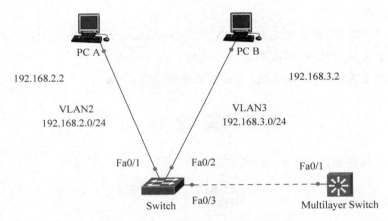

图 8.7　三层交换实现 VLAN 间路由

交换机 Switch 配置如下：

```
Switch(config)#vlan 2
Switch(config)#vlan 3
Switch(config)#interface fastethernet 0/1
Switch(config-if)#switchport mode access
Switch(config-if)#switchport access vlan 2
Switch(config)#interface fastethernet 0/2
Switch(config-if)#switchport mode access
Switch(config-if)#switchport access vlan 3
Switch(config)#interface fastethernet 0/0
Switch(config-if)#switchport trunk encapsulation dot1q
Switch(config-if)#switchport mode trunk
```

交换机 Multilayer Switch 配置如下：

```
Multilayer_Switch(config)#ip routing
Multilayer_Switch(config)#vlan 2
Multilayer_Switch(config)#vlan 3
Multilayer_Switch(config)#interface vlan 2
Multilayer_Switch(config-if)#ip address 192.168.2.1 255.255.255.0
Multilayer_Switch(config)#interface vlan 3
Multilayer_Switch(config-if)#ip address 192.168.3.1 255.255.255.0
```

```
Multilayer_Switch(config)# interface fastethernet 0/1
Multilayer_Switch(config-if)# switchport trunk encapsulation dot1q
Multilayer_Switch(config-if)# switchport mode trunk
```

PC A 配置：IP 地址为 192.168.2.2，默认网关为 192.168.2.1。

PC B 配置：IP 地址为 192.168.3.2，默认网关为 192.168.3.1。

注意：

(1) 三层交换机的端口需要执行 switchport 命令才能成为交换口（不能配 IP），否则就是路由口（可以配 IP）。

(2) 只有启用路由，并且指定端口所属 VLAN(Access 或者 Trunk)才能获得路由。

(3) 注意干道协商机制，不必都需要明确配置为 Trunk 模式。

(4) 如果配置 VLAN 干道协议，不必都需要配置 VLAN。

8.5 实验练习

实验拓扑结构图如图 8.8 所示。

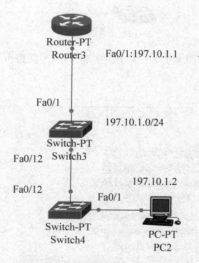

图 8.8 综合实验拓扑结构图

在 PC2 上配置 IP 地址为 197.10.1.2/24，默认网关为 197.10.1.1。
PC2 ping Router3，应该能够 ping 成功。

```
c:\>ping 197.10.1.1
```

在 Switch3 和 Switch4 上，查看 VLAN 信息。

```
2950sw3# show vlan
2950sw4# show vlan
```

在 Switch3 和 Switch4 上,创建 VLAN 20,名为 2950vlan,查看 VLAN 信息核实创建成功。

```
2950sw3(config)# vlan 20
2950sw3(config-vlan)# name 2950vlan
2950sw4(config-vlan)# exit
2950sw4# show vlan
2950sw4(config)# vlan 20
2950sw4(config-vlan)# name 2950vlan
2950sw4(config-vlan)# exit
2950sw4# show vlan
```

在 Switch3 和 Switch4 上,分配 Fa0/1 端口到新创建的 VLAN,查看 VLAN 信息核实端口已经移动到 VLAN 20。

```
2950sw3(config)# interface fastethernet 0/1
2950sw3(config-if)# switchport mode access
2950sw3(config-if)# switchport access vlan 20
2950sw3(config-if)# ctrl-z
2950sw3# show vlan
2950sw4(config)# interface fastethernet 0/1
2950sw4(config-if)# switchport mode access
2950sw4(config-if)# switchport access vlan 20
2950sw4(config-if)# ctrl-z
2950sw4# show vlan
```

从 PC2 ping Router3,应该失败。

```
c:\> ping 197.10.1.1
```

配置 Switch3 和 Switch4 之间链路为干道,查看端口 Fa0/12 信息核实干道已经启用。

```
2950sw3(config)# interface fastethernet 0/12
2950sw3(config-if)# switchport mode trunk
2950sw3(config-if)# ctrl-z
2950sw3# show interface fastethernet 0/12 switchport
2950sw4(config)# interface fa0/12
2950sw4(config-if)# switchport mode trunk
2950sw4(config-if)# ctrl-z
2950sw4# show interface fa0/12 switchport
```

从 PC2 ping Router3,应该 ping 成功。

```
c:\> ping 197.10.1.1
```

习 题

1. 写出交换机配置,拓扑结构图如图 8.9 所示,完成下列配置要求。

(1) 在 PC2 上配置 IP 地址为 11.1.1.2/24,默认网关为 11.1.1.1。

(2) 从 PC2 ping Router3,是否能够 ping 成功。

(3) 在 Switch3 和 Switch4 上,查看 VLAN 信息。

(4) 在 Switch3 和 Switch4 上,创建 VLAN 20,名为 2950vlan,查看 VLAN 信息。

(5) 在 Switch3 和 Switch4 上,分配 Fa0/0 端口到新创建的 VLAN,查看 VLAN 信息。

(6) 从 PC2 ping Router3,是否能够 ping 成功。

(7) 配置 Switch3 和 Switch4 之间链路为干道,查看端口 Fa0/1 信息。

(8) 从 PC2 ping Router3,是否能够 ping 成功。

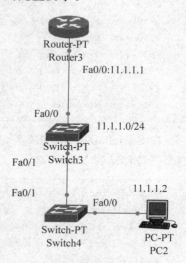

图 8.9 习题 1 拓扑图

2. 写出路由器和交换机配置,拓扑结构图如图 8.10 所示,完成下列配置要求。

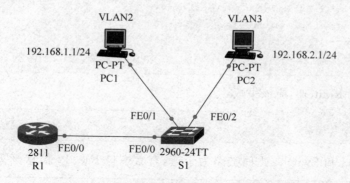

图 8.10 VLAN 路由拓扑结构图

(1) 创建 VLAN2 和 VLAN3,PC1 属于 VLAN2,PC2 属于 VLAN3。

(2) 配置 VLAN 间路由,实现 PC1 与 PC2 通信。

第 9 章 生成树协议

本章学习目标

- 理解生成树协议算法。
- 掌握生成树协议配置方法。

9.1 生成树协议概述

生成树协议（Spanning Tree Protocol，STP）是一种第二层的链路管理协议，它用于维护一个无环路的网络。IEEE 802 委员会在 IEEE 802.1d 规范中公布。STP 的目的是为了维护一个无环路的网络拓扑。当交换机和网桥在拓扑中发现环路时，它们自动地在逻辑上阻塞一个或多个冗余端口，从而获得无环路的拓扑。STP 持续探测网络，以便在链路、交换机或网桥失效或增加时都可以获得响应。在网络拓扑改变时，运行 STP 的交换机和网桥自动重新配置它们的端口，以避免失去连接或者产生环路。

在基于交换机的互联网络中，物理层的环路会导致严重的问题。广播风暴、帧的重复传送以及 MAC 数据库的不稳定都会导致网络瘫痪。交换式网络使用 STP 在有环路的物理拓扑上建立无环路的逻辑拓扑。不属于活动的无环路拓扑的那一部分链路、端口和交换机并不真正参与数据帧的转发。当活动拓扑的一部分发生故障时，必须重新建立一个新的无环路的拓扑。这时，需要尽可能快地重新计算新的无环路拓扑或者使新的无环路拓扑收敛，以便减少终端用户无法访问网络资源的时间。

9.2 生成树协议算法

当网络稳定时，网络已收敛，此时每一个网络都有一棵生成树，如图 9.1 所示。因此，对于每一个交换网络，都有一个根网桥，每个非根网桥都有一个根端口，每个网段都有一个指定端口，不使用非指定端口。根端口和指定端口用于转发（Forwarding）数据流量，非指定端口将丢弃数据流量，它们也称为阻塞（Blocking）端口。网桥的根端口是最接近根网桥的端口，每个非根网桥都必须选出一个根端口。

为使采用 STP 的网络最初收敛为一个逻辑上无环路的网络拓扑，可以通过以下 3 个步骤实现。

（1）选举一个根网桥。这个协议有一个选举根网桥的过程。在一个给定网络中，只有

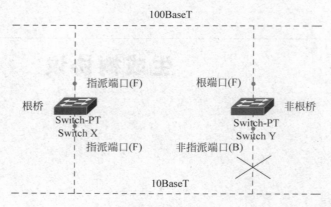

图 9.1 STP 算法

一台网桥可以作为根网桥。根网桥的所有端口都是指定端口,指定端口通常处于转发状态。当端口处于转发状态时,它可以发送和接收流量。

(2) 在非根网桥上选择根端口。STP 在每个非根网桥上建立一个根端口。这个根端口是从非根网桥到根网桥具有最低成本路径的端口。根端口一般处在转发状态。生成树的路径成本是从根网桥到该非根网桥路径上所有成本的一个累加值,这些成本是基于带宽计算出来的。

(3) 为每个网段选举指定端口。在每个网段上,STP 只选举一个指定端口。将网桥上到达根网桥有最低成本的端口选为指定端口。指定端口一般处于转发状态,为该网段转发流量。

9.2.1 网桥协议数据单元

STP 需要网络设备互相交换消息来检测桥接环路,交换机发送的用于构建无环路拓扑的消息称为网桥协议数据单元(Bridge Protocol Data Unit,BPDU)。端口会不断收到 BPDU,以保证当活动路径或设备发送故障的时候,仍然可以计算出一棵新的生成树。

BPDU 包含足够的信息,因此所有交换机利用这些信息可以完成以下的工作。

(1) 选择一台单独的交换机作为生成树的根。

(2) 计算它自身到根交换机的最短路径。

(3) 对于每一个 LAN 网段,指定一台交换机作为最接近根的交换机,称它为指定交换机。指定交换机处理所有从 LAN 到根交换机的通信。

(4) 每个非根交换机选择自身一个端口作为根端口,它是到根交换机路径最短的接口。

(5) 在每个网段上选择属于生成树一部分的端口作为指定端口。非指定端口将被阻塞。

生成树构造一个无环路拓扑时,它总是使用相同的 4 个步骤来判定。

(1) 最低的根网桥 ID(Bridge ID,BID)。

(2) 到根网桥的最低路径成本。

(3) 最低的发送网桥 ID。

(4) 最低的端口 ID。

网桥使用这4个步骤来保存各个端口中接收到最佳 BPDU 的一个副本。其中根网桥 ID 的作用是通告网络中的根网桥；根网桥路径成本表示发送此 BPDU 的交换机根端口到根桥的开销；发送网桥 ID 是发送此 BPDU 交换机的 ID；端口 ID 表示此 BPDU 是从哪个端口发出的。

9.2.2 端口状态

生成树协议的端口状态有如下 4 种。

（1）阻塞（Blocking）。阻塞状态并不是物理地使端口关闭，而是逻辑地使端口处于不收发数据帧的状态。但是，BPDU 数据帧即使是阻塞状态的端口也是允许通过的。交换机依靠 BPDU 互相学习信息，阻塞的端口必须允许这样数据帧通过，所以阻塞的端口实际上还是激活的。当网络里的交换机刚刚启动的时候，所有的端口都处于阻塞的状态，这种状态要维持 20 秒的时间。这是为了防止在启动过程中产生交换环路。

（2）监听（Listening）。阻塞状态后，端口的状态变为监听状态，交换机开始互相学习 BPDU 里的信息。这个状态要维持 15 秒，以便交换机可以学习到网络里所有其他交换机的信息。在这个状态中，交换机不能转发数据帧，也不能进行 MAC 地址与端口的映射，MAC 地址的学习是不可能的。

（3）学习（Learning）。监听状态后，端口的状态变为学习状态。在这个状态中，交换机对学习到的其他交换机的信息进行处理，开始计算生成树协议。在这个状态中，已经开始允许交换机学习 MAC 地址，进行 MAC 地址与端口的映射，但是交换机还是不能转发数据帧。这个状态也要维持 15 秒，以便网络中所有的交换机都可以计算完毕。

（4）转发（Forwarding）。当学习状态结束后，交换机已经完成了生成树协议的计算，所有应该进入转发状态的端口转变为转发状态，应该进入阻塞状态的端口进入阻塞状态，交换机开始正常工作。

综上所述，阻塞状态和转发状态是生成树协议的一般状态，监听状态和学习状态是生成树协议的过渡状态。

当出现网络故障时，发现该故障的交换机会向根交换机发送 BPDU，根交换机会向其他交换机发出 BPDU 通告该故障，所有收到该 BPDU 的交换机会把自己的端口全部置为阻塞状态，然后重复上面叙述的过程，直到收敛。

9.2.3 选举根网桥

确定根网桥的算法，是比较交换机之间的 BID，BID 为优先级加 MAC 地址所得来的值。Cisco 的交换机的优先级可以是 0～65535 范围里的值。但是由于 Cisco 的交换机默认的优先级是 32768，如果不使用命令改变优先级的话，所有 Cisco 交换机的优先级都是一样的。结果在确定根网桥时，往往是比较网桥的 MAC 地址，MAC 地址最小的交换机就成为根网桥。如果想要人为让某台交换机成为根网桥，那么需要改变交换机的优先级。

在图 9.2 中，所有交换机的优先级都是 32768，交换机 A 的 MAC 地址最小，所以交换机 A 成为根网桥。

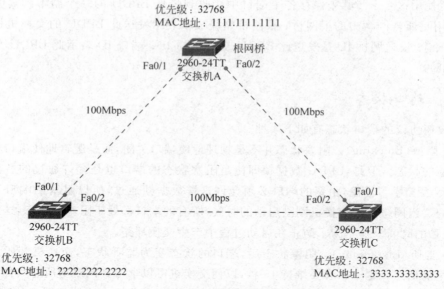

图 9.2　选举根网桥

9.2.4　选举根端口

每一台非根网桥的交换机,都有一个端口称为根端口。根端口是该交换机上到达根网桥路径成本最小的端口,该端口不能被阻塞。交换机上的每个端口都有端口成本,它的大小根据端口所连接的介质速度不同而不同。那么,端口上的路径成本就是到达某个目的设备的路径上一系列端口开销的和。常见各种介质速度和成本如表 9.1 所示。

表 9.1　各种介质速度和成本

链路速度	成　　本	链路速度	成　　本
10Gbps	2	45Mbps	39
1Gbps	4	16Mbps	62
622Mbps	6	10Mbps	100
155Mbps	14	4Mbps	250
100Mbps	19		

在图 9.3 中,非根网桥交换机 B 所有的链路都是 100Mbps 的以太网,端口 Fa0/1 和端口 Fa0/2 的端口成本都是 19,但是端口 Fa0/1 经过一个 100Mbps 的链路到达根网桥交换机 A,所以端口 Fa0/1 的路径成本是 19,端口 Fa0/2 经过两个 100Mbps 的链路到达根网桥交换机 A,所以端口 Fa0/1 的路径成本是 19+19,即为 38,所以端口 Fa0/1 是非根网桥交换机 B 上的根端口。同理,端口 Fa0/1 是非根网桥交换机 C 上的根端口,端口 Fa0/2 不是。

9.2.5　选举指定端口

桥接网络中的每个网段都有一个指定端口。该端口起到单独桥接端口的作用,也就是负责发送和接收在该网段和根网桥之间的流量。这样设置的原因是:如果只有一个端口来

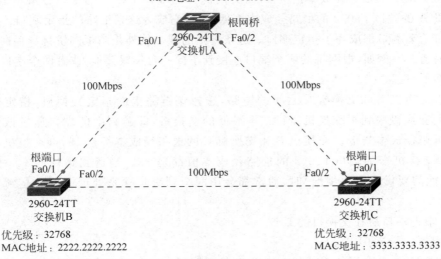

图 9.3 选举根端口

处理每一个连接流量的话,所有的环路都可以打破。包含指定端口的网桥称为该网段的指定网桥。

选举根端口的同时,基于到根网桥的路径成本累计值的指定端口选择过程也在进行。在图 9.4 中,对于交换机 A 和交换机 B 之间的链路,在该网段上有两个端口:交换机 A 的端口 Fa0/1 和交换机 B 的 Fa0/1。交换机 A 的端口 Fa0/1 的根路径成本值为 0,因为交换机 A 是根网桥。而交换机 B 的端口 Fa0/1 的根路径成本值为 19,因为从交换机 A 那里接收到的 BPDU 的成本值 0 加上分配给交换机 B 端口 Fa0/1 的路径成本值 19。因为交换机 A 的端口 Fa0/1 的根路径成本更低,所以它成为这条链路的指定端口。

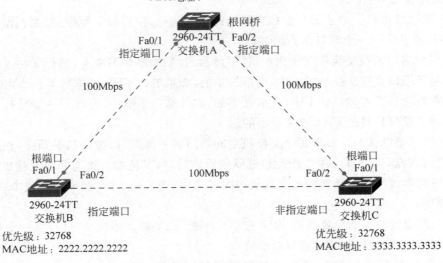

图 9.4 选举指定端口

对于交换机 A 和交换机 C 之间的链路,在该网段上也要经历相似的选举过程。交换机 A 的端口 Fa0/2 的根路径成本值为 0,而交换机 C 的端口 Fa0/1 的根路径成本值为 1。因为交换机 A 的端口 Fa0/2 的根路径成本更低,所以它成为这条链路的指定端口。注意根网桥的所有活动端口都成为了指定端口。这条规则的唯一例外是当根网桥自身存在第一层物理环路的情况。例如,根网桥的两个端口连接到了同一台集线器上,或者两个端口通过交叉线连接到了一起。

对于交换机 B 和交换机 C 之间的链路,选择该链路上的指定交换机,指定交换机是该链路上交换机中到根交换机路径成本最低的交换机,即链路上的端口通过该交换机到根交换机路径成本最低。交换机 B 和交换机 C 的根路径成本都是 19,即交换机 B 的端口 Fa0/2 和交换机 C 的端口 Fa0/2 的根路径成本值都是 38。当遇到路径成本一样的情况(或者其他需要做出判决情况)时,通常都会用两个判决步骤来处理。下面是判决的两个步骤。

(1) 最低端口所在交换机的 BID。
(2) 最低端口的 PID。

在图 9.4 中,3 台网桥都承认交换机 A 是根网桥,然后在往下对根路径成本进行估计。然而,交换机 B 和交换机 C 根路径成本值都是 19。这样就使得 BID 准则成为决定性的因素。因为交换机的 BID(32768 2222.2222.2222)比交换机 C 的 BID(32768 3333.3333.3333)小,所以交换机 B 的端口 Fa0/2 成为该网段的指定端口,交换机 C 的端口 Fa0/2 成为非指定端口。

如果在该网段上交换机 B 上还存在其他端口的根路径成本与端口 Fa0/2 一样,那么还要继续比较端口 ID,端口 ID 由端口优先级加上端口号所构成。默认的端口优先级是 128,如果交换机上的端口都使用相同的默认优先级,则具有更小的端口号的端口将成为指定端口,其他端口称为非指定端口。

综上所述,生成树协议算法过程如下。

(1) 根交换机选举。根据交换机的 BID(BID=优先级.MAC 地址),选举具有最小 BID 的交换机为根交换机。

(2) 根端口选举。对于每个非根交换机的全部端口,按照如下顺序,根据判定条件依次进行判断,选举唯一一个端口作为根端口。

① 判断端口到根交换机路径成本,选举最小的,如果端口不唯一,进行下一步判断。
② 判断端口直连交换机的 BID,选举最小的,如果端口不唯一,进行下一步判断。
③ 判断端口直连端口的 PID,选举最小的,如果端口不唯一,进行下一步判断。
④ 判断端口自身的 PID,选举最小的。

(3) 指定端口选举。对于每个交换机之间链路的全部端口,按照如下顺序,根据判定条件依次进行判断,选举唯一端口作为该链路的指定端口,其他端口作为非指定端口。

① 判断端口所在交换机到根交换机的路径成本,选举最小的,如果路径成本一致,进行下一步判断。
② 判断端口所在的交换机的 BID,选举最小的,如果端口不唯一,进行下一步判断。
③ 判断端口自身的 PID,选举最小的。

指定端口所在的交换机,就是该链路的指定交换机。根端口和指定端口处于转发状态,非指定端口处于阻塞状态,根据各个端口状态,可以唯一确定交换机之间的一条无环路径。

不同情况示例的拓扑图和结论如下,全部交换机和端口的优先级皆为默认值,所有链路皆为100Mbps。

(1) 示例1拓扑图如图9.5所示,STP计算结论如表9.2所示。

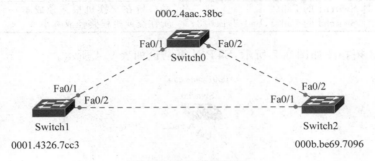

图9.5 示例1拓扑图

表9.2 示例1结论

步 骤	结 论	理 由
根交换机	Switch1	交换机 BID 小
根端口	Switch0 的 Fa0/1 Switch2 的 Fa0/1	非根交换机端口根路径成本小 非根交换机端口根路径成本小
指定端口	Switch0 的 Fa0/2 Switch1 的 Fa0/1、Fa0/2	端口所在交换机根路径成本一致,BID 小端口所在交换机根路径成本小

(2) 示例2拓扑图如图9.6所示,STP计算结论如表9.3所示。

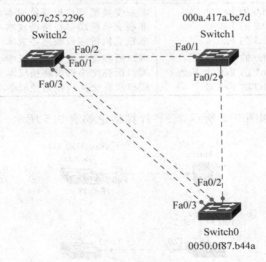

图9.6 示例2拓扑图

表 9.3 示例 2 结论

步 骤	结 论	理 由
根交换机	Switch2	交换机 BID 小
根端口	Switch0 的 Fa0/2 Switch1 的 Fa0/1	非根交换机端口根路径成本一致,直连交换机 BID 一致,直连交换机端口 PID 小 非根交换机端口根路径成本小
指定端口	Switch1 的 Fa0/2 Switch2 的 Fa0/1、Fa0/2、Fa0/3	端口所在交换机根路径成本一致,BID 小端口所在交换机根路径成本小

(3) 示例 3 拓扑图如图 9.7 所示,STP 计算结论如表 9.4 所示。

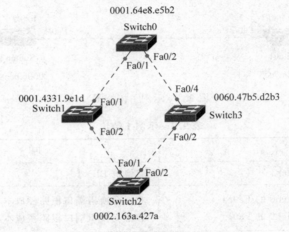

图 9.7 示例 3 拓扑图

表 9.4 示例 3 结论

步 骤	结 论	理 由
根交换机	Switch1	交换机 BID 小
根端口	Switch0 的 Fa0/1 Switch2 的 Fa0/1 Switch3 的 Fa0/4	非根交换机端口根路径成本小 非根交换机端口根路径成本小 非根交换机端口根路径成本一致,直连交换机 BID 小
指定端口	Switch0 的 Fa0/2 Switch1 的 Fa0/1、Fa0/2 Switch2 的 Fa0/2	端口所在交换机根路径成本小 端口所在交换机根路径成本小 端口所在交换机根路径成本小

(4) 示例 4 拓扑图如图 9.8 所示,STP 计算结论如表 9.5 所示。

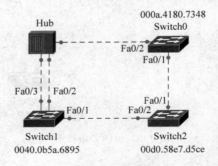

图 9.8 示例 4 拓扑图

表 9.5 示例 4 结论

步骤	结论	理由
根交换机	Switch0	交换机 BID 小
根端口	Switch1 的 Fa0/2	非根交换机端口根路径成本一致,直连交换机 BID 一致,直连交换机端口 PID 一致,端口自身 PID 小
	Switch2 的 Fa0/1	非根交换机端口根路径成本小
指定端口	Switch0 的 Fa0/1、Fa0/2	端口所在交换机根路径成本小
	Switch1 的 Fa0/1	端口所在交换机根路径成本一致,所在交换机 BID 小

(5) 示例 5 拓扑图如图 9.9 所示,STP 计算结论如表 9.6 所示。

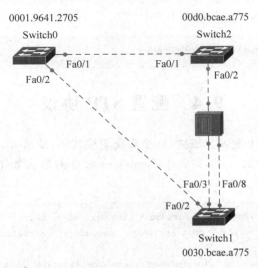

图 9.9 示例 5 拓扑图

表 9.6 示例 5 结论

步骤	结论	理由
根交换机	Switch0	交换机 BID 小
根端口	Switch1 的 Fa0/2	非根交换机端口根路径成本小
	Switch2 的 Fa0/1	非根交换机端口根路径成本小
指定端口	Switch0 的 Fa0/1、Fa0/2	端口所在交换机根路径成本小
	Switch1 的 Fa0/3	端口所在交换机根路径成本一致,所在交换机 BID 一致,端口自身 PID 小

9.3 启用或禁用 STP 协议

对于一个给定的交换机,STP 的配置会随着环境和交换机类型不同而不同。首先要判断 STP 是不是必要的。在大多数小型的网络环境下,交换机之间可能根本就不存在冗余路径。如果是这样,禁用 STP 可以使用网络带宽和网络性能得到轻微的提升。在大型的或者有冗余的网络环境下,应该激活 STP 并对其进行配置。

为在一个 VLAN 上启用 STP,在全局配置模式下,使用 spanning-tree 命令。为在一个 VLAN 上禁用 STP,使用该命令的 no 形式。spanning-tree 命令的格式如下,其语法说明如表 9.7 所示。

```
spanning-tree [vlan stp-list]
no spanning-tree [vlan stp-list]
```

表 9.7　spanning-tree 命令语法说明

stp-list	（可选项）生成树实例列表

【例 9.1】 在 VLAN5 上禁用 STP。

```
Switch(config)#no spanning-tree vlan 5
```

9.4　配置 STP 协议

为在每一个 VLAN 上配置生成树,在全局配置模式下,使用 spanning-tree 命令。为返回到默认设置,使用该命令的 no 形式。spanning-tree 命令的格式如下,其语法说明如表 9.8 所示。

```
spanning-tree vlan vlan-id [forward-time seconds | hello-time seconds | max-age seconds | priority priority | root {primary | secondary} [diameter net-diameter[hello-time seconds]]]
no spanning-tree vlan vlan-id [forward-time | hello-time | max-age | priority | root]
```

表 9.8　spanning-tree 命令语法说明

vlan-id	与生成树实例关联的 VLAN 范围
forward-time seconds	（可选项）为指定生成树实例设置转发延迟计时器。转发延迟计时器指定接口开始转发前,侦听状态和学习状态的持续时间,默认值为 15 秒
hello-time seconds	（可选项）设置根网桥发送配置 BPDU 的时间间隔,默认为 2 秒
max-age seconds	（可选项）设置从根网桥接收的生成树消息的时间间隔。如果交换机在时间间隔内没有从根网桥收到 BPDU 消息,它重新计算生成树拓扑,默认为 20 秒
priority priority	（可选项）为指定生成树实例设置交换机优先级。该设置影响交换机被选举为根网桥的可能性。较低的值增加交换机被选举为根网桥的可能性。以 4096 为增量。有效优先级值是 4096、8192、12288、16384、20480、24576、28672、32768、36864、40960、45056、49152、53248、57344 和 61440。所有其他值都被拒绝。主根网桥优先级默认为 24576,辅助根网桥优先级默认为 28672
root primary	（可选项）强制交换机成为根网桥
root secondary	（可选项）一旦主根网桥失效,设置该交换机成为根网桥
diameter net-diameter	（可选项）设置任何两个端站之间的交换机的最大数量

【例9.2】 为VLAN 20和25设置生成树转发延迟定时器为18秒。

Switch(config)# spanning-tree vlan 20,25 forward-time 18

【例9.3】 为VLAN 20到24设置生成树hello延迟定时器为3秒。

Switch(config)# spanning-tree vlan 20-24 hello-time 3

【例9.4】 为VLAN 20设置生成树最大存活期为30秒。

Switch(config)# spanning-tree vlan 20 max-age 30

【例9.5】 为VLAN 100,105到108重新设置生成树最大存活期为默认值。

Switch(config)# no spanning-tree vlan 100, 105-108 max-age

【例9.6】 为VLAN 20设置生成树优先级为8192。

Switch(config)# spanning-tree vlan 20 priority 8192

【例9.7】 为VLAN 10配置交换机作为根网桥,网络直径为4。

Switch(config)# spanning-tree vlan 10 root primary diameter 4

【例9.8】 为VLAN 10配置交换机作为辅助根网桥,网络直径为4。

Switch(config)# spanning-tree vlan 10 root secondary diameter 4

9.5 配置端口路径成本

为生成树计算设置路径成本,在接口配置模式下,使用spanning-tree cost命令。为返回到默认值使用该命令的no形式。spanning-tree cost命令的格式如下,其语法说明如表9.9所示。

```
spanning-tree [vlan vlan-id] cost cost
no spanning-tree [vlan vlan-id] cost
```

表9.9 spanning-tree cost命令语法说明

参数	说明
vlan *vlan-id*	(可选项)与一个生成树实例关联的VLAN范围
cost	路径成本

【例9.9】 设置一个端口路径成本为25。

Switch(config)# interface gigabitethernet0/1
Switch(config-if)# spanning-tree cost 25

【例 9.10】 对于 VLAN 10,12 到 15 和 20,设置路径成本为 300。

```
Switch(config-if)#spanning-tree vlan 10,12-15,20 cost 300
```

9.6 配置端口优先级

为配置端口优先级,在接口配置模式下,使用 spanning-tree port-priority 命令。为返回到默认值,使用该命令的 no 形式。spanning-tree port-priority 命令的格式如下,其语法说明如表 9.10 所示。

```
spanning-tree [vlan vlan-id] port-priority priority
no spanning-tree [vlan vlan-id] port-priority
```

表 9.10 spanning-tree port-priority 命令语法说明

vlan vlan-id	(可选项)与一个生成树实例关联的 VLAN 范围
priority	端口优先级。以 16 递增,有效值是 0、16、32、48、64、80、96、112、128、144、160、176、192、208、224 和 240。数值越小,优先级越高

【例 9.11】 如果环路存在,增加端口处在转发状态的可能性。

```
Switch(config)#interface gigabitethernet0/2
Switch(config-if)#spanning-tree vlan 20 port-priority 0
```

【例 9.12】 在 VLAN 20 到 25 上设置端口优先级。

```
Switch(config-if)#spanning-tree vlan 20-25 port-priority 0
```

9.7 配置 STP 负载分担

IEEE 802.1q 可在几个并行的干道间进行分担负载,使用者可根据流量所属的 VLAN 在干道链路之间均分流量。使用者可通过使用 STP 端口优先级或 STP 路径成本在干道端口上配置负载分担。

9.7.1 基于端口优先级

对于使用 STP 端口优先级的分担负载,负载分担的链路必须都被连到同一交换机。当在同一交换机上的两个端口构成环路时,STP 端口优先级的设置决定哪个端口被启用,哪个端口被阻塞。使用者可在一个并行干道端口上设置优先级以便该端口承载指定 VLAN 的所有流量。带较高优先级的干道端口为该 VLAN 转发流量;带较低优先级的干道端口为该 VLAN 保持在阻塞状态。

在下例中,在两台交换机之间有两个干道,如图 9.10 所示。交换机的端口优先级分配如下。

(1) VLAN 8 至 10 在干道 1 上被分配一个端口优先级 10。

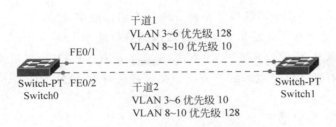

图 9.10 基于 STP 端口优先级分担负载

(2) VLAN 3 至 6 在干道 1 上保持默认的端口优先级 128。
(3) VLAN 3 至 6 在干道 2 上被分配一个端口优先级 10。
(4) VLAN 8 至 10 在干道 2 上保持默认的端口优先级 128。

于是,干道 1 承载 VLAN 8 至 10 的流量,干道 2 承载 VLAN 3 至 6 的流量。如果活动干道链路失效,具有较低优先级的干道接管并承载所有 VLAN 的流量。在任一干道端口上没有重复流量发生。

交换机 Switch0 配置:

```
Switch0(config)# interface fastethernet 0/1
Switch0(config-if)# switchport mode trunk
Switch0(config-if)# spanning-tree vlan 8-10 port-priority 10
Switch0(config-if)# spanning-tree vlan 3-6 port-priority 128
Switch0(config)# interface fastethernet 0/2
Switch0(config-if)# switchport mode trunk
Switch0(config-if)# spanning-tree vlan 8-10 port-priority 128
Switch0(config-if)# spanning-tree vlan 3-6 port-priority 10
```

9.7.2 基于端口路径成本

对于使用 STP 路径成本的负载分担,每个负载分担的链路必须都被连到同一交换机。通过在干道上设置不同的路径成本并将路径成本与不同的 VLAN 设置相关联,使用者可配置并行链路分担 VLAN 流量。带较低路径成本的干道端口为该 VLAN 转发流量;带较高路径成本的干道端口为该 VLAN 保持在阻塞状态。

在下例中,干道端口 1 和 2 是快速以太网接口,如图 9.11 所示。VLAN 的路径成本分配如下。

(1) VLAN 2 至 4 在干道端口 1 上被分配一个路径成本 30。
(2) VLAN 8 至 10 在干道端口 1 上保持默认的路径成本 19。

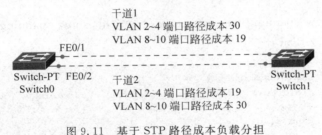

图 9.11 基于 STP 路径成本负载分担

(3) VLAN 8 至 10 在干道端口 2 上被分配一个路径成本 30。

(4) VLAN 2 至 4 在干道端口 2 上保持默认的路径成本 19。

于是,干道 1 承载 VLAN 8 至 10 的流量,干道 2 承载 VLAN 2 至 4 的流量。如果活动干道链路失效,具有较高路径成本的干道接管并承载所有 VLAN 的流量。在任一干道端口上没有重复流量发生。

交换机 Switch0 配置如下:

```
Switch0(config)#interface fastethernet 0/1
Switch0(config-if)#switchport mode trunk
Switch0(config-if)#spanning-tree vlan 2-4 cost 30
Switch0(config-if)#spanning-tree vlan 8-10 cost 19
Switch0(config)#interface fastethernet 0/2
Switch0(config-if)#switchport mode trunk
Switch0(config-if)#spanning-tree vlan 2-4 cost 19
Switch0(config-if)#spanning-tree vlan 8-10 cost 30
```

9.8 监视与维护 STP 协议

为显示 STP 信息,在特权 EXEC 模式下,使用 show spanning-tree 命令。show spanning-tree 命令的格式如下,其语法说明如表 9.11 所示。

```
show spanning-tree [active | blockedports | bridge | brief | interface interface-type interface-number | root | summary | vlan vlan-id]
```

表 9.11 show spanning-tree 命令语法说明

active	(可选项)显示活动接口的生成树信息
blockedports	(可选项)显示阻塞端口生成树信息
bridge	(可选项)显示交换机生成树信息
brief	(可选项)显示概要生成树信息
detail [active]	(可选项)显示详细生成树信息
interface interface-type interface-number	(可选项)显示指定接口生成树信息
root	(可选项)显示根网桥生成树信息
summary	(可选项)显示汇总生成树信息
vlan vlan-id	(可选项)显示指定 VLAN 生成树信息

【例 9.13】show spanning-tree summary 命令输出,show spanning-tree summary 命令字段说明如表 9.12 所示。

```
Switch#show spanning-tree summary
Name                 Blocking    Listening    Learning    Forwarding    STP Active
VLAN                 23          0            0           1             24
        1 VLAN       23          0            0           1             24
```

表 9.12　show spanning-tree summary 命令字段说明

字　段	说　　明	字　段	说　　明
Name	VLAN 名称	Learning	学习状态的端口数
Blocking	阻塞状态的端口数	Forwarding	转发状态的端口数
Listening	侦听状态的端口数	STP Active	使用 STP 的端口数

【例 9.14】 show spanning-tree brief 命令输出，show spanning-tree brief 命令字段说明如表 9.13 所示。

```
Switch# show spanning-tree brief
VLAN1
    Spanning tree enabled protocol IEEE
    ROOT ID    Priority 32768
               Address 0030.7172.66c4
               Hello Time   2 sec   Max Age 20 sec   Forward Delay 15 sec
VLAN1
    Spanning tree enabled protocol IEEE
    ROOT ID    Priority 32768
               Address 0030.7172.66c4
Port Name  Port ID  Prio  Cost   Sts   Designated Cost   Bridge ID         Port ID
Fa0/11     128.17   128   100    BLK   38                0404.0400.0001    128.17
Fa0/12     128.18   128   100    BLK   38                0404.0400.0001    128.18
Fa0/13     128.19   128   100    BLK   38                0404.0400.0001    128.19
Fa0/14     128.20   128   100    BLK   38                0404.0400.0001    128.20
Fa0/15     128.21   128   100    BLK   38                0404.0400.0001    128.21
Fa0/16     128.22   128   100    BLK   38                0404.0400.0001    128.22
Fa0/17     128.23   128   100    BLK   38                0404.0400.0001    128.23
Fa0/18     128.24   128   100    BLK   38                0404.0400.0001    128.24
Fa0/19     128.25   128   100    BLK   38                0404.0400.0001    128.25
Fa0/20     128.26   128   100    BLK   38                0404.0400.0001    128.26
Fa0/21     128.27   128   100    BLK   38                0404.0400.0001    128.27
Fa0/22     128.28   128   100    BLK   38                0404.0400.0001    128.28
Fa0/23     128.29   128   100    BLK   38                0404.0400.0001    128.29
Fa0/24     128.30   128   100    BLK   38                0404.0400.0001    128.30
Hello Time  2 sec  Max Age    20 sec  Forward Delay   15 sec
```

表 9.13　show spanning-tree brief 命令字段说明

字　段	说　　明
VLAN1	显示生成树信息的 VLAN
Spanning tree enabled protocol	生成树类型(IEEE、IBM、Cisco)
ROOT ID	根网桥
Priority	优先级
Address	端口的 MAC 地址

续表

字 段	说 明
Hello Time	发送 BPDU 时间
Max Age	BPDU 包有效时间
Forward Delay	端口在侦听或者学习模式时间
Port Name	接口类型和端口号
Port ID	端口标识符
Prio	端口优先级
Cost	端口成本
Sts	端口状态
Designated Cost	路径指定成本
Designated Bridge ID	指定网桥标识符

【例 9.15】 show spanning-tree vlan 1 命令输出。

```
Switch>show spanning-tree vlan 1
Spanning tree 1 is executing the IEEE compatible Spanning Tree protocol
    Bridge Identifier has priority 32768, address 00e0.1eb2.ddc0
Configured hello time 2, max age 20, forward delay 15
Current root has priority 32768, address 0010.0b3f.ac80
Root port is 5, cost of root path is 10
Topology change flag not set, detected flag not set, changes 1
Times: hold 1, topology change 35, notification 2
    hello 2, max age 20, forward delay 15
Timers: hello 0, topology change 0, notification 0
Interface Fa0/1   in Spanning tree 1 is down
Port path cost 100, Port priority 128
Designated root has priority 32768, address 0010.0b3f.ac80
Designated bridge has priority 32768, address 00e0.1eb2.ddc0
Designated port is 1, path cost 10
Timers: message age 0, forward delay 0, hold 0
BPDU: sent 0, received 0
```

show spanning-tree vlan 命令字段说明如表 9.14 所示。

表 9.14 show spanning-tree vlan 命令字段说明

字 段	说 明
Spanning tree	生成树类型(IEEE、IBM、Cisco)
Bridge Identifier	网桥标识符
address	网桥 MAC 地址
Root port	根端口标识符
Topology change	拓扑改变标志和定时器

【例 9.16】 show spanning-tree interface fastethernet 0/3 命令输出。

```
Switch> show spanning-tree interface fastethernet0/3
Interface Fa0/3 (port 3) in Spanning tree 1 is down
    Port path cost 100, Port priority 128
    Designated root has priority 6000, address 0090.2bba.7a40
    Designated bridge has priority 32768, address 00e0.1e9f.4abf
    Designated port is 3, path cost 410
    Timers: message age 0, forward delay 0, hold 0
    BPDU: sent 0, received 0
```

为清除生成树计数器,在特权 EXEC 模式下,使用 clear spanning-tree counters 命令。clear spanning-tree counters 命令如下,其语法说明如表 9.15 所示。

```
clear spanning-tree counters [interface interface-id]
```

表 9.15 clear spanning-tree counters 命令语法说明

interface interface-id	(可选项)在指定接口上清除所有生成树计数器

【例 9.17】 清除所有接口的生成树计数器。

```
Switch# clear spanning-tree counters
```

9.9 实验练习

实验拓扑结构图如图 9.12 所示。

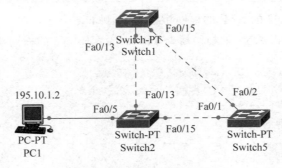

图 9.12 综合实验拓扑结构图

在 Switch1、Switch2 和 Switch5 的优先级都为默认优先级,MAC 地址从小到大依次为 Switch5、Switch1、Switch2。

在网络中配置两个 VLAN,不同 VLAN 的 STP 具有不同的根网桥,实现负载平衡。

在 Switch1、Switch2 和 Switch5 创建 VLAN2。

```
Switch1(config)# vlan 2
Switch2(config)# vlan 2
Switch5(config)# vlan 2
```

在 Switch1、Switch2 和 Switch5 之间的 3 条链路配置 Trunk。

```
Switch1(config)# interface fastethernet 0/13
Swtich1(config-if)# switchport trunk encapsulation dot1q
Switch1(config-if)# switchport mode trunk
Switch1(config)# interface fastethernet 0/15
Swtich1(config-if)# switchport trunk encapsulation dot1q
Switch1(config-if)# switchport mode trunk
Switch2(config)# interface fastethernet 0/13
Swtich2(config-if)# switchport trunk encapsulation dot1q
Switch2(config-if)# switchport mode trunk
Switch2(config)# interface fastethernet 0/15
Swtich2(config-if)# switchport trunk encapsulation dot1q
Switch2(config-if)# switchport mode trunk
Switch5(config)# interface fastethernet 0/1
Swtich5(config-if)# switchport trunk encapsulation dot1q
Switch5(config-if)# switchport mode trunk
Switch5(config)# interface fastethernet 0/2
Swtich5(config-if)# switchport trunk encapsulation dot1q
Switch5(config-if)# switchport mode trunk
```

在 Switch2 上查看 STP。

```
Switch2# show spanning-tree
```

VLAN1 和 VLAN2 的 STP 的根网桥都为 Switch5。
配置 Switch2 为 VLAN1 的根网桥，Switch1 为 VLAN2 的根网桥。

```
Switch2(config)# spanning-tree vlan 1 priority 4096
Switch1(config)# spanning-tree vlan 2 priority 4096
```

在 Switch2 上查看 STP。

```
Switch2# show spanning-tree
```

Switch2 为 VLAN1 的根网桥，Switch1 为 VLAN2 的根网桥。

对于 VLAN1，在 Switch1 和 Switch5 之间的链路上，Switch1 的 Fa0/15 为非指定端口，Switch5 的 Fa0/2 为指定端口。

对于 VLAN2，在 Switch2 和 Switch5 之间的链路上，Switch2 的 Fa0/15 为非指定端口，Switch5 的 Fa0/1 为指定端口。

对于 VLAN1，配置 Switch1 的 Fa0/15 为指定端口，Switch5 的 Fa0/2 为非指定端口。

对于 VLAN2,配置 Switch2 的 Fa0/15 为指定端口,Switch5 的 Fa0/1 为非指定端口。

```
Switch1(config)# spanning-tree vlan 1 priority 8192
Swtich2(config)# spanning-tree vlan 2 priority 8192
```

习 题

1. 写出交换机配置,拓扑结构图如图 9.13 所示,完成下列配置要求。

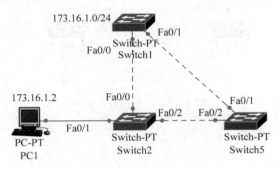

图 9.13　习题 1 拓扑结构图

在 Switch1、Switch2 和 Switch5 的优先级都为默认优先级,MAC 地址从小到大依次为 Switch5、Switch2、Switch1。在网络中配置两个 VLAN,不同 VLAN 的 STP 具有不同的根网桥,实现负载平衡。

(1) 在 Switch1、Switch2 和 Switch5 创建 VLAN10 和 VLAN20。

(2) 在 Switch1、Switch2 和 Switch5 之间的 3 条链路配置 Trunk。

(3) 在 Switch2 上查看 STP,VLAN10 和 VLAN20 的 STP 的根网桥是否都为 Switch5。

(4) 配置 Switch1 为 VLAN10 的根网桥,Switch2 为 VLAN20 的根网桥。

(5) 在 Switch2 上查看 STP,Switch1 是否为 VLAN10 的根网桥,Switch2 是否为 VLAN20 的根网桥。

(6) 对于 VLAN10,在 Switch2 和 Switch5 之间的链路上,Switch2 的 Fa0/2 和 Switch5 的 Fa0/2 哪一个端口为指定端口。

(7) 对于 VLAN20,在 Switch1 和 Switch5 之间的链路上,Switch1 的 Fa0/1 和 Switch5 的 Fa0/1 哪一个端口为指定端口。

(8) 对于 VLAN10,配置 Switch2 的 Fa0/2 为指定端口,Switch5 的 Fa0/2 为非指定端口。

(9) 对于 VLAN20,配置 Switch1 的 Fa0/1 为指定端口,Switch5 的 Fa0/1 为非指定端口。

2. 根据如图 9.14 所示的拓扑结构图描述 STP 生成树算法的过程,指出根桥、根端口、指定端口和非指定端口,并描述分析过程。

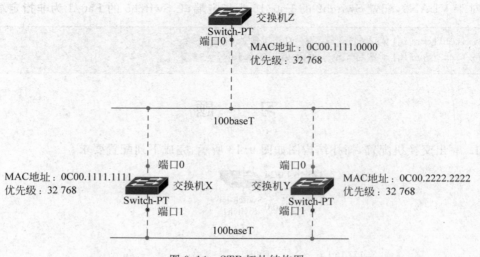

图 9.14 STP 拓扑结构图

第 10 章　VLAN 干道协议

本章学习目标

- 理解 VTP 工作模式。
- 掌握 VTP 配置方法。

10.1　VLAN 干道协议概述

　　VLAN 干道协议(VLAN Trunking Protocol,VTP)是 Cisco 专用的一种用于维护和管理动态 VLAN 的二层消息的协议。VTP 就是用来在中继链路上自动传播、交换 VLAN 配置信息,使得同一个 VTP 域中的交换机 VLAN 配置保持一致的一种二层协议。

　　VTP 协议可以实现在一台交换机上配置好了所需的 VLAN 后,通过 VTP 在同一个 VTP 域中的交换机自动创建相同 ID、名称和配置的 VLAN,这样就大大减轻了重复创建、配置 VLAN 的工作量,还可以减少多重配置和可能会引起各种问题的配置冲突。如果只是想在各交换机上手动创建基于静态访问端口类型的标准范围 VLAN,则不需要启用 VTP。

　　在创建 VLAN 前,必须决定是否需要在网络中使用 VTP。使用 VTP 可以在需要改变配置时只在一个或多个中心交换机上进行,然后会与网络中的其他交换机自动实现 VLAN 配置同步改变。如果没有 VTP,则不能发送 VLAN 配置消息到其他交换机上,其他交换机也不可能实现同步配置改变。

　　VTP 使用第二层帧,在全网的基础上管理 VLAN 的添加、删除和重命名,以实现 VLAN 配置的一致性。可以用 VTP 1 或 VTP 2 管理网络中的标准范围 VLAN 1~1005,VTP 3 还可管理扩展范围 VLAN 1006~4094。但 VTP 不适用于在同一个 VTP 域中的交换机上可能同时发生多个更新到 VLAN 数据库的情形,否则在 VLAN 数据库中可能出现同步问题。也就是说,在同一个 VTP 域中不要在多台交换机上手工配置同样的 VLAN 及配置信息,同样的 VLAN 只要在其中一台交换机上手工配置即可。另外,如果网络中的所有交换机都是在一个唯一的 VLAN 中,则不需要使用 VTP。

　　为了实现 VTP 功能,必须先建立一个 VTP 管理域,以使它能够管理网络上当前的 VLAN。在同一管理域中的交换机共享它们的 VLAN 信息,并且一个交换机只能参加到一个 VTP 管理域,不同域中的交换机不能共享 VTP 信息。

　　要使用 VTP 协议传播 VLAN 配置信息,必须为网络中的交换机配置以下 VTP 工作模式中的一种。

（1）服务器模式(Server)。交换机的默认模式，可以创建、修改和删除VLAN，并且可以为整个VTP域指定其他配置参数(VTP版本和修剪)，可以通告它们的VLAN配置到同一个VTP域中的其他网络设备，并且通过中继链路发送VTP通告消息，同步网络中的其他设备的VLAN配置。

（2）客户机模式(Client)。不能创建、修改和删除VTP域中的VLAN(包括本地交换机)。接收来自VTP服务器的通告信息，以保持与VTP服务器的VLAN配置信息同步；同时，可以转发来自VTP服务器的通告消息。VTP版本1和2中的VLAN配置不保存在NVRAM中，但在VTP版本3中，VLAN配置是保存在NVRAM中的。

（3）透明模式(Transparent)。不能通告自身的VLAN配置，可以接收，但是不能基于接收到的通告与网络中的其他交换机一起同步VLAN配置。只担当VTP通告转发的任务，本身不应用VTP通告中的配置。只可以创建、修改和删除本地交换机中的VLAN，但是这些VLAN的变更不会传播到其他任何交换机上。

（4）关闭模式(Close)。与透明模式差不多，不仅不能向其他交换机通告自己的VLAN配置，也不能转发其他交换机发来的VTP通告消息。

10.2 VTP协议配置

10.2.1 配置VTP版本

到目前为止，VTP具有3种版本：VTP版本1、2和3，默认是VTP版本1。VTP版本2支持令牌环VLAN，VTP版本1不支持。VTP版本3不能直接处理VLAN事务，只负责管理域内不透明数据库的分配任务。

为配置VTP版本，在全局配置模式下，使用vtp version{1|2|3}命令。为恢复默认版本号，使用该命令的no形式。vtp version命令的格式如下。

```
vtp version{1|2|3}
no vtp version{1|2|3}
```

【例10.1】 启用VTP版本2。

```
Switch(config)# vtp version 2
```

10.2.2 配置VTP域

VTP域是由一个或多个共享VTP域名相互连接的交换机组成的。一个交换机只可以在一个VTP域中。默认情况下，交换机处于非VTP管理域状态，直到它收到一个通过中继链路得到的VTP域中的通告消息，或者为交换机配置了VTP域名。在管理域名没有指定或者学习之前，不能在VTP服务器上创建和编辑VLAN。VLAN信息也不会广播到网络中的其他交换机上。

如果交换机通过中继链路收到VTP通告消息，它将继承管理域名称和VTP配置修订号。交换机将会忽略带有不同域名通告或者比此更早的修订号配置。

为配置管理域域名,在全局配置模式下,使用 vtp domain 命令。vtp domain 命令的格式如下,其语法说明如表 10.1 所示。

```
vtp domain domain-name
```

表 10.1　vtp domain 命令语法说明

domain-name	管理域域名

【例 10.2】 设置设备的管理域域名为 DomainChandon。

```
Switch(config)# vtp domain DomainChandon
```

可以为 VTP 域配置密码,但这不是必需的。如果为域配置了密码,则域中所有交换机共享相同的密码,所以必须对管理域中的所有交换机进行相同的密码配置。

为配置 VTP 域密码,在全局配置模式下,使用 vtp password 命令。为删除密码,使用该命令的 no 形式。vtp password 命令的格式如下,其语法说明如表 10.2 所示。

```
vtp password password-value
no vtp password
```

表 10.2　vtp password 命令语法说明

password-value	VTP 域密码

【例 10.3】 创建 VTP 域密码。

```
Switch(config)# vtp password DomainChandon
```

10.2.3　配置 VTP 模式

为配置交换机 VTP 的工作模式,在全局配置模式下,使用 vtp mode { client | server | transparent }命令。为恢复 VTP 服务器模式,使用 vtp mode { client | server | transparent }命令的 no 形式。vtp mode { client | server | transparent }命令的格式如下。

```
vtp mode { client | server | transparent }
no vtp mode { client | server | transparent }
```

【例 10.4】 设置设备为 VTP 客户机模式。

```
Switch(config)# vtp mode client
```

【例 10.5】 设置设备为 VTP 服务器模式。

```
Switch(config)# vtp mode server
```

【例 10.6】 设置设备为 VTP 透明模式。

```
Switch(config)# vtp mode transparent
```

10.2.4 配置 VTP 剪裁

一个交换机的默认行为是在网络上传播广播和未知分组。这种行为会导致不必要的数据流穿过网络。VTP 剪裁(VTP pruning)通过减少不必要的通信泛洪,如广播、组播、未知和泛洪的单播分组,来提高网络带宽。VTP 剪裁通过限制泛洪通信进入干道,来增加可用带宽。默认情况下,VTP 剪裁是禁用的。如果在一台远端交换机上没有任何来自 VLAN3 的可用设备,则剪裁可以阻止该交换机将 VLAN3 的数据流发送到干道上从而阻止带宽浪费,如图 10.1 所示。

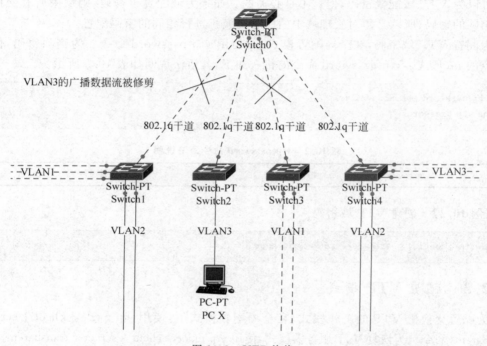

图 10.1 VTP 剪裁

在一台 VTP 服务器上启用 VTP 剪裁也就是在整个管理域启用剪裁。在启用 VTP 剪裁后,它需要几秒钟才能生效。在默认情况下,VLAN 2 到 1000 都可以剪裁。VTP 剪裁不会剪裁来自不具有剪裁资格的 VLAN 的数据通信。VLAN 1 永远没有剪裁资格,因此来自 VLAN 1 的数据通信不能被剪裁。可以在设备上有选择地设置特定 VLAN 是否具有剪裁资格。

当接口为干道模式时,为设置剪裁资格列表,在接口配置模式下,使用 swithport trunk pruning vlan 命令。为恢复默认值,使用该命令的 no 形式。swithport trunk pruning vlan 命令的格式如下,其语法说明如表 10.3 所示。

```
switchport trunk pruning vlan vlan-list
no switchport trunk pruning vlan
```

表 10.3 swithport trunk pruning vlan 语法说明

pruning vlan	具有 VTP 剪裁资格的 VLAN 列表
vlan-list	VLAN 列表

vlan-list 格式如下：

```
all | add | remove | except vlan-list[,vlan-list...]
```

（1）**all**：指定从 1 到 1005 的所有 VLAN。从 Cisco IOS Release 12.4(15)T 开始，有效的 VLAN ID 范围从 1 到 4094。

（2）**add**：添加定义的 VLAN 到当前设置的 VLAN 列表，而不是替换该列表。

（3）**remove**：从当前设置的 VLAN 列表移除定义的 VLAN，而不是替换该列表。

（4）**except**：通过定义的 VLAN 列表反转来计算 VLAN 列表。

（5）*vlan-list*：或者是单独的从 1 到 1005 的 VLAN 号码，或者通过两个 VLAN 号描述的 VLAN 连续范围。从 Cisco IOS Release 12.4(15)T 开始，有效的 VLAN ID 范围从 1 到 4094。

【例 10.7】 添加 VLAN 2 到 4、7 和 9 到修剪合格列表。

```
Switch(config-if)#switchport trunk pruning vlan add 2-4,7,9
```

10.2.5 监视与维护 VTP

为显示关于 VTP 管理域、状态和计数器的总体信息，在特权 EXEC 模式下，使用 show vtp 命令。show vtp 命令的格式如下，其语法说明如表 10.4 所示。

```
show vtp {counters | interface [type/ number] | status}
```

表 10.4 show vtp 命令语法说明

counters	显示交换机的 VTP 计数器信息
interface	显示所有接口信息
type/number	（可选项）显示指定接口信息
status	显示关于 VTP 管理域的总体信息

【例 10.8】 show vtp counters 命令输出。

```
Switch# show vtp counters
VTP statistics:
Summary advertisements received      : 38
Subset advertisements received       : 0
Request advertisements received      : 0
Summary advertisements transmitted   : 13
Subset advertisements transmitted    : 3
Request advertisements transmitted   : 0
Number of config revision errors     : 0
```

```
Number of config digest errors    : 0
Number of V1 summary errors       : 0
VTP pruning statistics:
Trunk    Join Transmitted    Join Received    Summary advts received from
                                              non – pruning – capable device
Fa0/9    827                 824              0
Fa0/10   827                 823              0
Fa0/11   827                 823              0
```

【例 10.9】 show vtp status 命令输出。

```
Switch# show vtp status
VTP Version                         : 3 (capable)
Configuration Revision              : 1
Maximum VLANs supported locally     : 1005
Number of existing VLANs            : 37
VTP Operating Mode                  : Server
VTP Domain Name                     : [smartports]
VTP Pruning Mode                    : Disabled
VTP V2 Mode                         : Enabled
VTP Traps Generation                : Disabled
MD5 digest                          : 0×26 0×EE 0×0D 0×84 0×73 0×0E 0×1B 0×69
Configuration last modified by 172.20.52.19 at 7 – 25 – 08 14:33:43
Local updater ID is 172.20.52.19 on interface Gi5/2 (first layer3 interface fou)
VTP version running                 : 2
```

【例 10.10】 显示指定接口 VTP 信息。

```
Switch# show vtp interface GigabitEthernet2/4
Interface              VTP Status
GigabitEthernet2/4     enabled
```

10.3 实 验 练 习

实验拓扑结构图如图 10.2 所示。

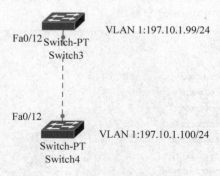

图 10.2 综合实验拓扑结构图

在 Switch3 和 Switch4 配置默认管理 VLAN 的 IP 地址。

```
Switch3(config)# interface vlan 1
Switch3(config-if)# ip address 197.10.1.99 255.255.255.0
Switch3(config-if)# no shutdown
Switch4(config)# interface vlan 1
Switch4(config-if)# ip address 197.10.1.100 255.255.255.0
Switch4(config-if)# no shutdown
```

从 Switch4 ping Switch3。

```
Switch3# ping 197.10.1.99
```

在 Switch3 上添加 VLAN 8 和 VLAN 14，分配端口 Fa0/0-5 到 VLAN 8，Fa0/6-10 到 VLAN 14。

```
Switch3(config)# vlan 8
Switch3(config)# vlan 14
Switch3(config)# interface range fastethernet 0/2-5
Switch3(config-range)# switchport access vlan 8
Switch3(config-range)# exit
Switch3(config)# interface range fastethernet 0/6-10
Switch3(config-range)# switchport access vlan 14
Switch3(config-range)# exit
Switch3(config)# exit
Switch3#
```

在 Switch3 上查看 VLAN 信息。

```
Switch3# show vlan
```

配置 Switch3 为 VTP 服务器，Switch4 为 VTP 客户机，VTP 域名为 Boson，添加 VTP 口令为 rules。

```
Switch3(config)# vtp mode server
Switch3(config)# vtp domain boson
Switch3(config)# vtp password rules

Switch4(config)# vtp mode client
Switch4(config)# vtp domain boson
Switch4(config)# vtp password rules
```

创建干道链路，从 Switch3 到 Switch4 传输 VLAN 配置。

```
Switch3# config terminal
Switch3(config)# interface fastethernet 0/12
Switch3(config-if)# switchport mode trunk
Switch3(config-if)# end
```

```
Switch4(config)# interface fastethernet 0/12
Switch4(config-if)# switchport mode trunk
Switch4(config-if)# end
```

在 Switch4 上查看来自 Switch3 的 VLAN 信息,查看 VTP 信息。

```
Switch4# show vlan
Switch4# show vtp status
```

习 题

1. 写出交换机配置,拓扑结构图如图 10.3 所示,完成下列配置要求。

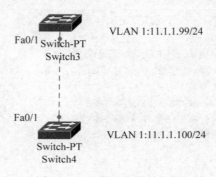

图 10.3 习题 1 拓扑结构图

(1) 在 Switch3 和 Switch4 配置默认管理 VLAN 的 IP 地址。
(2) 在 Switch3 上添加 VLAN 6 和 VLAN 10,分配端口 Fa0/2-4 到 VLAN 6,Fa0/5-7 到 VLAN 10。
(3) 在 Switch3 上查看 VLAN 信息。
(4) 配置 Switch3 为 VTP 服务器,Switch4 为 VTP 客户机,VTP 域名为 Test,添加 VTP 口令为 cisco。
(5) 创建干道链路,从 Switch3 到 Switch4 传输 VLAN 配置。
(6) 在 Switch4 上查看来自 Switch3 的 VLAN 信息,查看 VTP 信息。

2. 写出交换机配置,拓扑结构图如图 10.4 所示,完成下列配置要求。

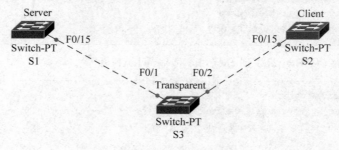

图 10.4 VTP 拓扑结构图

(1) 配置 S1 和 S3、S3 和 S2 之间链路为干道。
(2) 配置 S1 为 VTP Server，VTP 域名为 VTP-TEST，VTP 口令为 cisco。
(3) 配置 S3 为 VTP Transparent，VTP 域名为 VTP-TEST，VTP 口令为 cisco。
(4) 配置 S2 为 VTP Client，VTP 域名为 VTP-TEST，VTP 口令为 cisco。
(5) 在 S1 上创建 VLAN 2 和 VLAN 3，查看 S2 和 S3 上的 VLAN 信息。
(6) 在 S1 上查看 VTP 信息。
(7) 在 S1 上修改、创建或者删除 VLAN，在 S2 和 S3 上查看 VTP revision 数值是否增加 1。
(8) 在 S1 上配置修剪、版本 2。

第 11 章 综合案例

本章学习目标

- 理解案例配置需求。
- 整体设计地址方案。
- 综合运用路由交换配置设备。

11.1 网络拓扑

综合案例的网络拓扑结构图如图 11.1 所示。整个网络拓扑共 10 个网段,以太网、PPP 和帧中继 3 种网络类型,路由器、交换机、服务器和 PC 4 种网络设备。

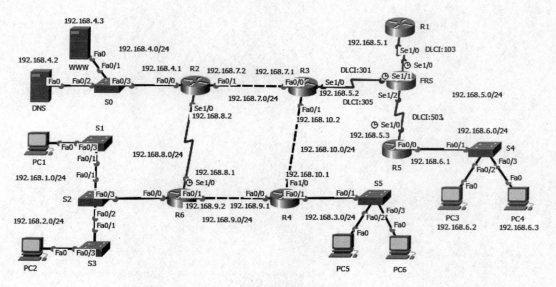

图 11.1 综合案例网络拓扑结构图

综合案例的网络地址方案如表 11.1 所示。

表 11.1 综合案例网络地址方案

名 称	地 址	设 备	备 注
网络 1	192.168.1.0/24	PC1、S1、S2	VLAN2
网络 2	192.168.2.0/24	PC2、S3、S2	VLAN3
网络 3	192.168.3.0/24	PC5、PC6、S5、R4	
网络 4	192.168.4.0/24	WWW、DNS、S0、R2	
网络 5	192.168.5.0/24	R1、R3、R5、FRS	FRS 帧中继交换机（路由器模拟）
网络 6	192.168.6.0/24	PC3、PC4、R5	
网络 7	192.168.7.0/24	R2、R3	
网络 8	192.168.8.0/24	R2、R6	
网络 9	192.168.9.0/24	R4、R6	
网络 10	192.168.10.0/24	R3、R4	

11.2 配置需求

综合案例的配置需求包括以下几个方面。

（1）网络设备接口地址和类型配置，具体参数可参考拓扑图，图中若无具体参数，则为通过 DHCP 方式获得。

（2）DHCP 配置，R4 作为 DHCP 服务器，R6 作为 DHCP 中继，为网络 1、2、3 提供 DHCP 服务，不允许分配网关地址给主机、分配主机的网关和 DNS。

（3）VTP 配置，创建 VLAN，将 PC1 和 PC2 分配到 VLAN1 和 VLAN2。

（4）VLAN 间路由，实现 PC1 和 PC2 之间通信。

（5）PPP 配置，实现 R2 和 R6 之间的 PPP 单向认证通信，认证方式为 PAP 或者 CHAP。

（6）动态路由协议配置，实现 R2、R3、R4 和 R6 之间各个网段的路由，路由协议为 RIP、EIGRP 或者 OSPF，启用路由协议支持的认证类型。

（7）ACL 配置，只允许 PC3 Telnet 访问网络 4，只允许网络 1、2 和 3 访问 DNS 和 WWW 提供的服务，不允许任何主机 ping 网络 4、网络 6，其他形式对网络 4 的 IP 通信都可以。

（8）帧中继配置，实现 R1 与 R3、R5 与 R3 之间的帧中继通信，虚电路号可参考拓扑图。

（9）NAT 配置，实现网络 6 内部源地址复用 R5 外部接口转换。

（10）静态路由配置，实现网络 6 对其他网络的路由访问。

11.3 功能配置

11.3.1 接口地址和类型配置

以某一个接口类型为例，说明接口地址和类型配置，其他同样类型的接口的配置方法完全一致,只是参数不同而已。

(1) 路由器以太网接口。以 R2 的 FastEthernet 0/0 接口为例:

```
R2# configure terminal
R2(config)# interface fastethernet 0/0
R2(config-if)# ip address 192.168.4.1 255.255.255.0
R2(config-if)# no shutdown
```

(2) 路由器 PPP 接口。以 R3 的 Serial 1/0 接口为例:

```
R3# configure terminal
R3(config)# interface serial 1/0
R3(config-if)# encapsulation ppp
R2(config-if)# ip address 192.168.8.2 255.255.255.0
R2(config-if)# no shutdown
```

(3) 路由器帧中继接口。以 R1 的 Serial 1/0 接口为例:

```
R1# configure terminal
R1(config)# interface serial 1/0
R1(config-if)# encapsulation frame-relay
R1(config-if)# ip address 192.168.5.1 255.255.255.0
R1(config-if)# no shutdown
```

11.3.2 DHCP 配置

DHCP 配置包括 DHCP 服务器 R4 配置和 DHCP 中继 R6 配置。

(1) DHCP 服务器配置:

```
R4# configure terminal
R4(config)# ip dhcp excluded-address 192.168.3.1
R4(config)# ip dhcp excluded-address 192.168.1.1
R4(config)# ip dhcp excluded-address 192.168.2.1

R4(config)# ip dhcp pool network3
R4(dhcp-config)# network 192.168.3.0 255.255.255.0
R4(dhcp-config)# default-router 192.168.3.1
R4(dhcp-config)# dns-server 192.168.4.2

R4(config)# ip dhcp pool network1
R4(dhcp-config)# network 192.168.1.0 255.255.255.0
R4(dhcp-config)# default-router 192.168.1.1
R4(dhcp-config)# dns-server 192.168.4.2

R4(config)# ip dhcp pool network2
R4(dhcp-config)# network 192.168.2.0 255.255.255.0
R4(dhcp-config)# default-router 192.168.2.1
R4(dhcp-config)# dns-server 192.168.4.2
```

（2）DHCP 中继配置。由于 R6 还要作为单臂路由器采用子接口方式实现 VLAN 间路由，因此地址要配置在子接口上。

```
R6# configure terminal
R6(config)# ip forward-protocol udp
R6(config)# interface fastethernet 0/0.1
R6(config-if)# ip helper-address 192.168.9.1
R6(config-if)# interface fastethernet 0/0.2
R6(config-if)# ip helper-address 192.168.9.1
```

11.3.3 VTP 配置

在处于服务器工作模式的 S2 创建 VLAN2 和 VLAN3，配置 S1 和 S3 处于客户机工作模式学习 S2 的 VLAN 配置。

```
S2# configure terminal
S2(config)# vtp mode server
S2(config)# vlan 2

S2(config)# vlan 3
S2(config)# interface fastethernet 0/1
S2(config-if)# switchport mode trunk

S2(config)# interface fastethernet 0/2
S2(config-if)# switchport mode trunk

S1# configure terminal
S1(config)# vtp mode client
S1(config)# interface fastethernet 0/1
S1(config-if)# switchport mode trunk

S3# configure terminal
S3(config)# vtp mode client
S3(config)# interface fastethernet 0/1
S3(config-if)# switchport mode trunk
```

11.3.4 VLAN 间路由配置

分配 PC1 和 PC2 分别属于 VLAN2 和 VLAN3 成员，配置 S2 和 R6 实现 PC1 与 PC2 所属的 VLAN 间通信。

```
S1# configure terminal
S1(config)# interface fastethernet 0/3
S1(config-if)# switch mode access
S1(config-if)# switch access vlan 2

S3# configure terminal
```

```
S3(config)#interface fastethernet 0/3
S3(config-if)#switch mode access
S3(config-if)#switch access vlan 3

S2#configure terminal
S2(config)#interface fastethernet 0/3
S2(config-if)#switch mode trunk

R6#configure terminal
R6(config)#interface fastethernet 0/0.1
R6(config-if)#encapsulation dot1Q 2
R6(config-if)#ip address 192.168.1.1 255.255.255.0
R6(config-if)#interface fastethernet 0/0.2
R6(config-if)#encapsulation dot1Q 3
R6(config-if)#ip address 192.168.2.1 255.255.255.0
```

11.3.5 PPP 配置

R2 作为服务端(验证方),R6 作为客户端(被验证方),认证方式为 PAP 或者 CHAP。
(1) PAP 认证:

```
R2#configure terminal
R2#username R6 password cisco
R2(config)#interface serial 1/0
R2(config-if)#encapsulation ppp
R2(config-if)#ppp authentication pap

R6#configure terminal
R6(config)#interface serial 1/0
R6(config-if)#encapsulation ppp
R6(config-if)#ppp pap sent-username R6 password cisco
```

(2) CHAP 认证:

```
R2#configure terminal
R2#username R6 password cisco
R2(config)#interface serial 1/0
R2(config-if)#encapsulation ppp
R2(config-if)#ppp authentication chap

R6#configure terminal
R6(config)#interface serial 1/0
R6(config-if)#encapsulation ppp
R6(config-if)#ppp chap password cisco              //接口指定认证口令
// R6(config)#username R2 password cisco           //如果不指定,则使用用户数据库
R6(config-if)#ppp chap hostname R6                 //接口指定认证用户名
// R6(config)#hostname R6                          //如果不指定,则使用设备名
```

11.3.6 动态路由协议配置

动态路由协议可以使用 RIP、EIGRP 和 OSPF,实现网络 1、2、3、4、5 通过路由器 R2、R3、R4 和 R6 实现互联互通。

(1) RIP 协议:

```
R2#configure terminal
R2(config)#router rip
R2(config-router)#network 192.168.4.0
R2(config-router)#network 192.168.7.0
R2(config-router)#network 192.168.8.0
//只有 RIP2 协议支持认证
R2(config-router)#version 2

R2(config)#key chain mychain
R2(config-keychain)#key 1
R2(config-keychain-key)#key-string cisco

R2(config)#interface serial 1/0
R2(config-if)#ip rip authentication key-chain mychain
//R2(config-if)#ip rip authentication mode text        //明文认证
R2(config-if)#ip rip authentication mode md5           //加密认证
R2(config)#interface fastethernet 0/1
R2(config-if)#ip rip authentication key-chain mychain
//R2(config-if)#ip rip authentication mode text        //明文认证
R2(config-if)#ip rip authentication mode md5           //加密认证
```

路由器 R2 当前生效配置为加密认证,认证密钥为 cisco,调整配置可支持明文认证。路由器 R3、R4 和 R6 上的 RIP 协议配置与 R2 类似,只是接口和直连网络不同而已。

(2) EIGRP 协议:

```
R2#configure terminal
R2(config)#router eigrp 100
R2(config-router)#network 192.168.4.0 0.0.0.255
R2(config-router)#network 192.168.7.0 0.0.0.255
R2(config-router)#network 192.168.8.0 0.0.0.255

R2(config)#key chain mychain
R2(config-keychain)#key 1
R2(config-keychain-key)#key-string cisco

R2(config)#interface serial 1/0
R2(config-if)#ip rip authentication key-chain mychain
R2(config-if)#ip rip authentication mode eigrp 100 md5   //只支持加密认证
R2(config)#interface fastethernet 0/1
R2(config-if)#ip rip authentication key-chain mychain
R2(config-if)#ip rip authentication mode md5             //只支持加密认证
```

路由器 R2 当前生效配置为加密认证，认证口令为 cisco。路由器 R3、R4 和 R6 上的 EIGRP 协议配置与 R2 类似，只是接口和直连网络不同而已。

（3）OSPF 协议：

```
R2#configure terminal
R2(config)#router ospf 100
R2(config-router)#network 192.168.4.0 0.0.0.255 area 0
R2(config-router)#network 192.168.7.0 0.0.0.255 area 0
R2(config-router)#network 192.168.8.0 0.0.0.255 area 0
//R2(config-router)#area 0 authentication                          //区域明文认证
R2(config-router)#area 0 authentication message-digest             //区域加密认证

R2(config)#interface serial 1/0
// R2(config-if)#ip ospf authentication                            //接口明文认证
// R2(config-if)#ip ospf authentication message-digest             //接口加密认证
// R2(config-if)#ip ospf authentication null                       //接口不启用认证
// R2(config-if)#ip ospf authentication-key cisco                  //明文认证口令
R2(config-if)#ip ospf message-digest-key 1 md5 cisco               //加密认证口令

R2(config)#interface fastethernet 0/1
// R2(config-if)#ip ospf authentication                            //接口明文认证
// R2(config-if)#ip ospf authentication message-digest             //接口加密认证
// R2(config-if)#ip ospf authentication null                       //接口不启用认证
// R2(config-if)#ip ospf authentication-key cisco                  //明文认证口令
R2(config-if)#ip ospf message-digest-key 1 md5 cisco               //加密认证口令
```

路由器 R2 当前生效配置为区域加密认证，认证口令为 cisco，调整配置可支持区域明文认证、接口加密和明文认证，同时配置区域和接口认证，接口认证优先。路由器 R3、R4 和 R6 上的 OSPF 协议配置与 R2 类似，只是接口和直连网络不同而已。

11.3.7 ACL 配置

网络 4 是服务器网络，提供 DNS 和 WWW 服务，配置 ACL 控制其他网络对网络 4 的访问，控制策略示例如下。

只允许 PC3 Telnet 访问网络 4，只允许网络 1、2 和 3 访问 DNS 和 WWW 提供的服务，网络 6 除了 PC4 之外都允许 ping 网络 4，其他没有明确允许对网络 4 的访问都禁止。

```
R2#configure terminal
R2(config)#access-list 100 permit tcp host 192.168.6.2 192.168.4.0 0.0.0.255 eq 23
R2(config)#access-list 100 deny icmp 192.168.6.3 192.168.4.0 0.0.0.255 icmp-etho
R2(config)#access-list 100 permit icmp 192.168.6.0 192.168.4.0 0.0.0.255 icmp-etho
R2(config)#access-list 100 permit udp host 192.168.1.0 host 192.168.4.2 eq 53
R2(config)#access-list 100 permit tcp host 192.168.1.0 host 192.168.4.3 eq 80
R2(config)#access-list 100 permit udp host 192.168.2.0 host 192.168.4.2 eq 53
R2(config)#access-list 100 permit tcp host 192.168.2.0 host 192.168.4.3 eq 80
R2(config)#access-list 100 permit udp host 192.168.3.0 host 192.168.4.2 eq 53
R2(config)#access-list 100 permit tcp host 192.168.3.0 host 192.168.4.3 eq 80
```

```
R2(config)#interface fastethernet 0/0
R2(config-if)#ip access-group 100 out
```

11.3.8 帧中继配置

帧中继配置包括帧中继路由接入配置和帧中继交换转发配置。

（1）帧中继路由接入配置：

```
R3#configure terminal
R3(config)#interface serial 1/0.1 multipoint
R3(config-if)#ip address 192.168.5.2 255.255.255.0
R3(config-if)#frame-relay map ip 192.168.5.1 301        //直接指定静态映射
R3(config-if)#frame-relay map ip 192.168.5.3 501
//R3(config-if)#frame-relay interface-dlci 301          //指定本地DLCI号,采用动态映射
//R3(config-if)#frame-relay interface-dlci 501

R1#configure terminal
R1(config)#interface serial 1/0
R1(config-if)#encapsulation frame-relay
R1(config-if)#ip address 192.168.5.1 255.255.255.0
//R1(config-if)#frame-relay map ip 192.168.5.2 103      //直接指定静态映射
//R1(config-if)#frame-relay interface-dlci 103          //指定本地DLCI号,采用动态映射
//不做任何映射和本地DLCI号配置,通过LMI也可以从帧中继交换学习这些信息
R5#configure terminal
R5(config)#interface serial 1/0
R5(config-if)#encapsulation frame-relay
R5(config-if)#ip address 192.168.5.3 255.255.255.0
//R1(config-if)#frame-relay map ip 192.168.5.2 503      //直接指定静态映射
//R1(config-if)#frame-relay interface-dlci 503          //指定本地DLCI号,采用动态映射
//不做任何映射和本地DLCI号配置,通过LMI也可以从帧中继交换学习这些信息
```

（2）帧中继交换转发配置。帧中继交换机用路由器FRS进行模拟替代。

```
FRS#configure terminal
FRS#frame-relay switching
FRS(config)#interface serial 1/1
FRS(config-if)#encapsulation frame-relay
FRS(config-if)#frame-relay intf-type dce
FRS(config-if)#frame-relay interface-dlci 301
FRS(config-if)#frame-relay interface-dlci 305
FRS(config-if)#frame-relay route 301 interface serial 1/0 103
FRS(config-if)#frame-relay route 305 interface serial 1/2 503

FRS(config)#interface serial 1/0
FRS(config-if)#encapsulation frame-relay
FRS(config-if)#frame-relay intf-type dce
FRS(config-if)#frame-relay interface-dlci 103
```

```
FRS(config-if)#frame-relay route 103 interface serial 1/1 301

FRS(config)#interface serial 1/2
FRS(config-if)#encapsulation frame-relay
FRS(config-if)#frame-relay intf-type dce
FRS(config-if)#frame-relay interface-dlci 503
FRS(config-if)#frame-relay route 503 interface serial 1/1 305
```

11.3.9 NAT 配置

网络 6 访问其他网段采用 NAT 复用接口方式，而不是直接采用路由方式实现。

```
R5#configure terminal
R5(config)#access-list 1 permit 192.168.6.0 0.0.0.255
R5(config)#ip nat inside source list 1 interface serial 1/0 overload
R5(config)interface fastethernet 0/0
R5(config-if)#ip nat inside
R5(config)#interface serial 1/0
R5(config-if)#ip nat outside
```

11.3.10 静态路由配置

网络 6 访问除网段 5 之外其他网段通过配置静态路由实现。

```
R5#configure terminal
R5(config)#ip route 0.0.0.0 0.0.0.0 192.168.5.2
```

附录 A 综合实验拓扑图和地址方案

综合实验拓扑图如图 A.1 所示。

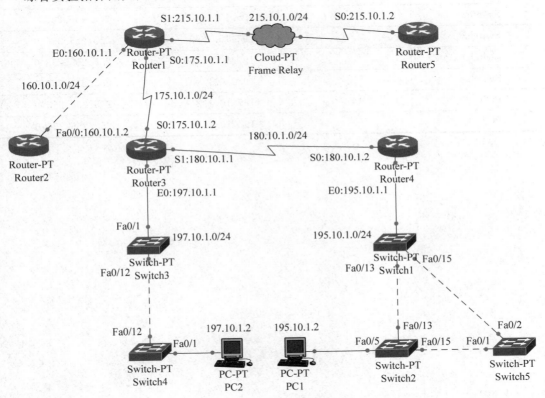

图 A.1 综合实验拓扑图

综合实验的网络地址方案如表 A.1 所示。

表 A.1 综合实验的网络地址方案

设备名称	接口名称	IP 地址	子网掩码
Router1	E0	160.10.1.1	255.255.255.0
	S0	175.10.1.1	255.255.255.0
	S1	215.10.1.1	255.255.255.0
Router2	Fa0/0	160.10.1.2	255.255.255.0

续表

设备名称	接口名称	IP 地址	子网掩码
Router3	S0	175.10.1.2	255.255.255.0
	S1	180.10.1.1	255.255.255.0
	E0	197.10.1.1	255.255.255.0
Router4	E0	195.10.1.1	255.255.255.0
	S0	180.10.1.2	255.255.255.0
Router5	S0	215.10.1.2	255.255.255.0
Switch1		195.10.1.99	255.255.255.0
Switch2		195.10.1.100	255.255.255.0
Switch3		197.10.1.99	255.255.255.0
Switch4		197.10.1.100	255.255.255.0
Switch5		195.10.1.101	255.255.255.0
PC1		195.10.1.2	255.255.255.0
PC2		197.10.1.2	255.255.255.0

附录 B 综合习题拓扑图和地址方案

综合习题拓扑图如图 B.1 所示。

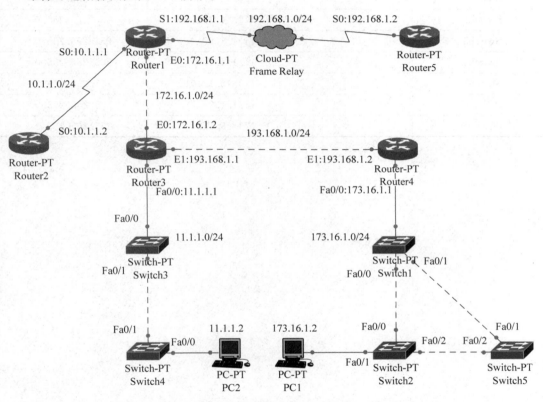

图 B.1 综合习题拓扑图

综合习题的网络地址方案如表 B.1 所示。

表 B.1 综合习题的网络地址方案

设备名称	接口名称	IP 地址	子网掩码
Router1	S0	10.1.1.1	255.255.255.0
	E0	172.16.1.1	255.255.255.0
	S1	192.168.1.1	255.255.255.0
Router2	S0	10.1.1.2	255.255.255.0

续表

设备名称	接口名称	IP地址	子网掩码
Router3	E0	172.16.1.2	255.255.255.0
	E1	193.168.1.1	255.255.255.0
	Fa0/0	11.1.1.1	255.255.255.0
Router4	Fa0/0	173.16.1.1	255.255.255.0
	E1	193.168.1.2	255.255.255.0
Router5	S0	192.168.1.2	255.255.255.0
Switch1		173.16.1.99	255.255.255.0
Switch2		173.16.1.100	255.255.255.0
Switch3		11.1.1.99	255.255.255.0
Switch4		11.1.1.100	255.255.255.0
Switch5		173.16.1.101	255.255.255.0
PC1		11.1.1.2	255.255.255.0
PC2		173.16.1.2	255.255.255.0

参 考 文 献

[1] Cisco Systems,Inc. IOS IP Configuration Guide Release 12.2. http://www.cisco.com,2001.
[2] Cisco Systems, Inc. IOS Wide-Area Networking Configuration Guide Release 12.2. http://www.cisco.com,2001.
[3] Cisco Systems,Inc. IOS Security Configuration Guide Release 12.2. http://www.cisco.com,2001.
[4] Cisco Systems,Inc. IOS Dial Configuration Guide Release 12.2. http://www.cisco.com,2001.
[5] Cisco Systems,Inc. IOS Voice,Video and Fax Configuration Guide Release 12.2. http://www.cisco.com,2001.
[6] Cisco Systems,Inc. IOS Route-Switching Configuration Guide Release 12.2. http://www.cisco.com,2001.
[7] Cisco Systems,Inc. IOS Interface Configuration Guide Release 12.2. http://www.cisco.com,2001.
[8] [美]Robert Caputo. Cisco 分组语音与数据集成技术. 北京：机械工业出版社,2000.
[9] Cisco Systems,Inc. 思科网络技术学院教程(第一、二学期)(第3版). 北京：人民邮电出版社,2004.
[10] Cisco Systems,Inc. 思科网络技术学院教程(第三、四学期)(第3版). 北京：人民邮电出版社,2004.
[11] [美]Mark McGregor. 思科网络技术学院教程(第五学期)高级路由. 北京：人民邮电出版社,2001.
[12] [美]Mark McGregor. 思科网络技术学院教程(第六学期)远程接入. 北京：人民邮电出版社,2003.
[13] [美]Wayne Lewis. 思科网络技术学院教程(第七学期)多层交换. 北京：人民邮电出版社,2003.
[14] [美]Allan Leinwand,Bruce Pinsky. Cisco 路由器配置(第2版). 北京：电子工业出版社,2001.
[15] Cisco Systems,Inc. Catalyst 2950 and Catalyst 2955 Switch Software Configuration Guide Release 12.1. http://www.cisco.com,2003.
[16] [美]特洛华·梅蒂. TCP/IP Professional Guide. 北京：北京希望电子出版社,2001.
[17] [美]Elliot Lewis. Cisco VoIP 配置指南. 北京：机械工业出版社,2001.
[18] [美]Held G,Hundley K. Cisco 访问列表配置指南. 北京：机械工业出版社,2000.
[19] [美]Brian Hill. Cisco 完全手册. 北京：电子工业出版社,2002.
[20] [美]George C Sacket. Cisco 路由器手册. 北京：机械工业出版社,2001.
[21] [美]Louis R. Rossi,Louis D. Rossi,Thomas L. Rossi. Cisco Catalyst LAN Switching. McGraw-Hill Companies, Inc. ,2000.
[22] [美]Eric Rivard,Jim Doherty. CCNA 认证考试冲刺指南(第2版). 北京：人民邮电出版社,2004.
[23] [美]Denise Donohue,Tim Sammut,Brent Stewart. CCNP 认证考试冲刺指南. 北京：人民邮电出版社,2004.
[24] [美]David Hucaby,Steve McQyerry. Cisco 现场配置手册. 北京：人民邮电出版社,2003.
[25] [美]Henry Benjamin. Cisco 实战指南：路由. 北京：人民邮电出版社,2003.
[26] [美]Mark A. Sportack. IP 寻址基础. 北京：人民邮电出版社,2003.
[27] [美]Robert Wright. IP 路由技术基础. 北京：清华大学出版社,1999.
[28] [美]Mark A. Sportack. IP 路由技术原理. 北京：清华大学出版社,1999.
[29] [美]Ravi Malhotra. Cisco IP Routing. O'Reilly Publisher,2002.
[30] [美]Dimitry Bokotey,Andrew Mason,Raymond Morrow. CCIE Security 实验指南. 北京：人民邮电出版社,2005.
[31] [美]Thomas M. Thomas. OSPF 网络设计解决方案. 北京：人民邮电出版社,2004.
[32] [美] Sean Odom,Hanson Nottingham. Cisco Switching Black Book. The Coriolis Group,2001.

[33] [美]Barry Raveendran Greene,Philip Smith. Cisco ISP 必备手册. 北京:人民邮电出版社,2002.
[34] [美]Peter Rybaczyk. Cisco 路由器故障排除手册. 北京:电子工业出版社,2000.
[35] [美]Faraz Shamim,Zaheer Aziz,Johnson Liu,Abe Martey. IP 路由协议疑难解析. 北京:人民邮电出版社,2003.
[36] [美]Catherine Paquet,Diane Tear. CCNP 自学指南:组建可扩展的 Cisco 互联网络(BSCI). 北京:人民邮电出版社,2004.
[37] [美]Richard Froom,Balaji Sivasubramanian,Erum Franhim. CCNP 自学指南:组建 Cisco 多层交换网络(BCMSN). 北京:人民邮电出版社,2006.
[38] [美]Wayne Lewis. 思科网络技术学院教程:CCNP 故障排除. 北京:人民邮电出版社,2005.
[39] [美]Sean Convery. 网络安全体系结构. 北京:人民邮电出版社,2005.
[40] Cisco Systems,Inc. Cisco Networking Academy Program. 思科网络技术学院教程:网络安全基础. 北京:人民邮电出版社,2005.
[41] [美]James Pike. Cisco 网络安全. 北京:清华大学出版社,2004.
[42] [美]Gert De Laet,Gert Schauwers. 网络安全基础. 北京:人民邮电出版社,2006.
[43] [美]Ido Dubrawsky,Paul Grey. CCSP CSI 认证考试指南. 北京:人民邮电出版社,2005.
[44] [美]Steve Kalman. Web 安全实践. 北京:人民邮电出版社,2003.
[45] [美]Todd Lammle,Carl Timm,Sean Odom. CCNP/CCIP:BSCI 学习指南. 北京:电子工业出版社,2003.
[46] [美]John F. Roland. CCSP 自学指南:安全 Cisco IOS 网络(SECUR). 北京:人民邮电出版社,2005.
[47] [美]Richard A. Deal. Cisco 路由器防火墙安全. 北京:人民邮电出版社,2006.
[48] [美]David Lovell. Cisco IP 电话技术. 北京:人民邮电出版社,2002.
[49] [美]Wei Luo,Carlos Pignataro,Dmitry Bototey,Anthony Chan. 第二层VPN体系结构. 北京:人民邮电出版社,2006.
[50] [美]Todd Lammle,Carl Timm. CCSP:思科 IOS 网络安全全息教程. 北京:电子工业出版社,2003.
[51] [美]Todd Lammle,Eric Quinn. CCNP:交换学习指南. 北京:电子工业出版社,2003.
[52] [美]Todd Lammle,Arthur Pfund. CCNP:支持学习指南. 北京:电子工业出版社,2003.
[53] [美]Robert Padjen,Todd Lammle,Wade Edwards. CCNP:远程访问学习指南. 北京:电子工业出版社,2003.
[54] 王达. Cisco 路由器配置与管理完全手册(第 2 版). 北京:中国水利水电出版社,2013.
[55] 王达. Cisco 交换机配置与管理完全手册(第 2 版). 北京:中国水利水电出版社,2013.
[56] 王文彦. 计算机网络实践教程——基于 GNS3 网络模拟器(Cisco 技术). 北京:人民邮电出版社,2014.

图书资源支持

感谢您一直以来对清华版图书的支持和爱护。为了配合本书的使用,本书提供配套的资源,有需求的读者请扫描下方的"书圈"微信公众号二维码,在图书专区下载,也可以拨打电话或发送电子邮件咨询。

如果您在使用本书的过程中遇到了什么问题,或者有相关图书出版计划,也请您发邮件告诉我们,以便我们更好地为您服务。

我们的联系方式:

清华大学出版社计算机与信息分社网站:https://www.shuimushuhui.com/

地　　址:北京市海淀区双清路学研大厦 A 座 714

邮　　编:100084

电　　话:010-83470236　　010-83470237

客服邮箱:2301891038@qq.com

QQ:2301891038(请写明您的单位和姓名)

资源下载:关注公众号"书圈"下载配套资源。

书圈

清华计算机学堂

观看课程直播